U0175211

实战
AI大模型

尤洋◎著

机械工业出版社
CHINA MACHINE PRESS

本书是一本旨在填补人工智能（AI）领域（特别是 AI 大模型）理论与实践之间鸿沟的实用手册。书中介绍了 AI 大模型的基础知识和关键技术，如 Transformer、BERT、ALBERT、T5、GPT 系列、InstructGPT、Chat-GPT、GPT-4、PaLM 和视觉模型等，并详细解释了这些模型的技术原理、实际应用以及高性能计算（HPC）技术的使用，如并行计算和内存优化。

同时，本书还提供了实践案例，详细介绍了如何使用 Colossal-AI 训练各种模型。无论是人工智能初学者还是经验丰富的实践者，都能从本书学到实用的知识和技能，从而在迅速发展的 AI 领域中找到适合自己的方向。

图书在版编目（CIP）数据

实战 AI 大模型/ 尤洋著 . —北京：机械工业出版社，2023. 10
（2024. 10 重印）
（人工智能科学与技术丛书）
ISBN 978-7-111-73878-7

Ⅰ.①实…　Ⅱ.①尤…　Ⅲ.①人工智能　Ⅳ.①TP18

中国国家版本馆 CIP 数据核字（2023）第 177369 号

机械工业出版社（北京市百万庄大街 22 号　邮政编码 100037）
策划编辑：李培培　　　　　　责任编辑：李培培　丁　伦
责任校对：贾海霞　梁　静　　责任印制：刘　媛
涿州市般润文化传播有限公司印刷
2024 年 10 月第 1 版第 7 次印刷
184mm×240mm · 16. 25 印张 · 345 千字
标准书号：ISBN 978-7-111-73878-7
定价：99. 00 元

电话服务　　　　　　　　网络服务
客服电话：010-88361066　机 工 官 网：www. cmpbook. com
　　　　　010-88379833　机 工 官 博：weibo. com/cmp1952
　　　　　010-68326294　金 书 网：www. golden-book. com
封底无防伪标均为盗版　　机工教育服务网：www. cmpedu. com

前　言
PREFACE

今天，人工智能技术的快速发展和广泛应用已经引起了大众的关注和兴趣，它不仅成为技术发展的核心驱动力，更是推动着社会生活的全方位变革。特别是作为 AI 重要分支的深度学习，通过不断刷新的表现力已引领并定义了一场科技革命。大型深度学习模型（简称 AI 大模型）以其强大的表征能力和卓越的性能，在自然语言处理、计算机视觉、推荐系统等领域均取得了突破性的进展。尤其随着 AI 大模型的广泛应用，无数领域因此受益。

然而，AI 大模型的研究和应用是一次复杂且困难的探索。其在训练方法、优化技术、计算资源、数据质量、安全性、伦理性等方面的挑战和难题需要人们去一一应对和破解。以上就是作者编写本书的初衷和目标：希望通过本书能为研究者、工程师、学者、学生等群体提供一份详尽的指南和参考，为读者提供一个理论与实践相结合的全面视角，使他们能够理解并运用 AI 大模型，同时也希望本书能引领读者探索更多的新问题，从而推动人工智能的持续发展。

AI 大模型的训练需要巨大的计算资源和复杂的分布式系统支持。从机器学习到 AI 大模型的发展历程来看，只有掌握了深度学习的基本概念、经典算法和网络架构，才能更好地理解和应用 AI 大模型。此外，分布式训练和并行策略在 AI 大模型训练中起着关键作用，能够有效提升训练效率和模型性能。同时，AI 大模型的应用也涉及自然语言处理、计算机视觉等多个领域，为各类读者提供了更广阔的应用空间。

为了帮助读者更好地理解和应用 AI 大模型，本书详细介绍了从基本概念到实践技巧的诸多内容。每章均将重点放在介绍核心概念、关键技术和实战案例上。涵盖了从基本概念到前沿技术的广泛内容，包括神经网络、Transformer 模型、BERT 模型、GPT 系列模型等。书中详细介绍了各个模型的原理、训练方法和应用场景，并探讨了解决 AI 大模型训练中的挑战和优化方法。此外，书中还讨论了分布式系统、并行策略和内存优化等关键技术，以及计算机视觉和自然语言处理等领域中 Transformer 模型的应用。总体而言，本书提供了一个全面的视角，帮助读者深入了解 AI 大模型和分布式训练在深度学习领域的重要性和应用前景。

本书内容安排如下。

第 1 章介绍了 AI 大模型的兴起、挑战和训练难点，以及神经网络的发展历程和深度学习框架的入门指南。

第 2 章介绍了分布式 AI 系统和大规模分布式训练平台的关键技术，以及梯度累积、梯度裁剪以及大批量优化器的应用。

第 3 章介绍了数据并行和张量并行在分布式环境下处理大规模数据和张量数据的方法，以及混合并行策略对分布式训练效果的提升。

第 4 章介绍了 Transformer 模型的结构和自注意力机制的实现，探讨了自然语言处理中的常见任务和 Transformer 模型在文本处理中的应用。

第 5 章介绍了 BERT 模型的架构和预训练任务，以及利用参数共享和句子顺序预测来优化模型性能和减少内存使用的方法。

第 6 章介绍了 T5 模型的架构、预训练方法和关键技术，预训练任务的统一视角以及结合不同预训练范式的混合去噪器的应用。

第 7 章介绍了 GPT 系列模型的起源、训练方法和关键技术，以及 GPT-2 和 GPT-3 模型的核心思想、模型性能和效果评估。

第 8 章介绍了能与互联网和人类交互的 ChatGPT 和 InstructGPT 模型，以及 ChatGPT 模型的应用和 GPT-4 模型的特点与应用。

第 9 章介绍了稀疏门控混合专家模型和基于 MoE 的 Switch Transformer 模型，以及 PaLM 模型的结构、训练策略和效果评估。

第 10 章介绍了 ViT 模型在计算机视觉中的应用和性能，以及图像分类、目标检测和图像生成等任务中 Transformer 的应用前景。

无论是 BERT、GPT，还是 PaLM，每种模型都是人工智能技术演进的结晶，背后包含了深厚的理论基础和实践经验。这正是本书选择对每种模型进行单独讨论的原因，以确保对每种模型的深度和广度都有充分覆盖。对于训练这些模型所需的技术，本书也进行了全面介绍：从高性能计算（HPC）到并行处理，从大规模优化方法到内存优化，每一种技术都是精心挑选并进行过深入研究的，它们是 AI 大模型训练的基石，也是构建高性能 AI 系统的关键。

然而，掌握理论知识只是理解大模型的起点。AI 的实际应用需要解决 AI 大模型训练的一系列挑战，如计算资源的管理、训练效率的优化等。这就引出了书中特别强调的一部分内容——Colossal-AI。

通过使用 Colossal-AI，本书提供了一系列实战内容，包括如何一步步地训练 BERT、GPT-3、PaLM、ViT 及会话系统。这些实战内容不仅介绍了模型训练的具体步骤，还深入解析了 Colossal-AI 的关键技术和优势，帮助读者理解如何利用这个强大的工具来提升他们的研究和工作。最后，本书设计了一系列实战训练，目的是将理论转化为实践。这样的设计也符合编程学习中"实践出真知"的经验，只有真正动手实际操作，才能真正理解和掌握这些复杂的 AI 大模型背后的原理。

本书面向对深度学习和人工智能领域感兴趣的读者。无论是学生、研究人员还是从业者，都可以从书中获得有价值的知识和见解。对于初学者，本书提供了深度学习和 AI 大模型的基础概念和算法，帮助他们建立必要的知识框架；对于有一定经验的读者，本书深入探讨了大模型和分布式训练的关键技术和挑战，使他们能够深入了解最新的研究进展和实践应用。

本书提供了丰富的资源，以帮助读者更好地理解和应用所学知识。书中的内容经过了作者的精心编排和整理，具有系统性和连贯性，读者可以从中获得清晰的知识结构和学习路径。同时，书中也提供了大量的代码示例和实践案例，读者可以通过实际操作来巩固所学的概念和技术。此外，书中还提供了进一步学习的参考文献，帮助读者深入研究感兴趣的主题。除此以外，本书还附带了丰富的额外资源，旨在进一步吸引读者在书籍知识之外继续自己的探索学习。这些资源包括：

- 开源工具和库：书中介绍了许多常用的开源深度学习工具和库，读者可以获得这些工具的详细说明、用法和示例代码，从而更方便地应用于实际项目中。
- 数据集和模型下载：书中涵盖了多个领域的数据集和预训练模型，读者可以通过书中提供的链接或附带的访问代码，轻松获取这些资源，节省了大量的数据收集和模型训练时间。
- 案例研究和实际应用：书中详细介绍了一些成功的深度学习案例和实际应用，包括自然语言处理、计算机视觉、语音识别等领域，读者可以通过这些案例了解主流的技术趋势和行业应用。
- 在线交流社区：读者可以通过作者提供的 Colossal-AI 在线交流社区与其他读者和专家进行交流和讨论。这个社区提供了问题解答、经验分享和学习资源推荐等功能，为读者提供了一个互动和合作的平台。

读者可以综合利用这些代码、数据集、模型（GitHub 开源链接地址为 https://github.

com/hpcaitech/ColossalAI, Colossal-AI 官网代码教程地址为 https://colossalai.org/docs/get_started/installation/）和在线学习社区（地址为 https://app.slack.com/client/T02N7KV99E1/C02NAJARJ9Y）等资源，获得更丰富的学习体验，并将所学知识应用于实际项目中，加速自己的学习和成长。

这里还要感谢所有对本书创作和出版做出贡献的人和机构。感谢所有为本书做出贡献的人员，他们付出了大量的心血和努力，为本书添加了丰富、详尽的核心知识资源，帮助读者深入了解 AI 大模型的各个方面。他们分别是（排名不分先后，按照拼音首字母排序）：卞正达、曹绮桐、韩佳桐、巩超宇、李永彬、刘勇、柳泓鑫、娄宇轩、路广阳、马千里、申琛惠、许凯、杨天吉、张耿、张懿麒、赵望博、赵轩磊、郑奘巍、郑子安和朱子瑞。

感谢所有提供代码、数据集和模型的研究者和机构，这些宝贵资源使读者能够更好地理解和运用 AI 大模型技术。此外，还要感谢那些为本书提供反馈和建议的审读人，他们的意见和建议对于书稿的改进和完善起到了重要作用。最后，感谢所有支持和购买本书的读者，这份支持和信任使得这本书能够帮助更多人深入学习和应用 AI 大模型。

希望本书能够为广大读者提供有价值的知识和资源，推动 AI 大模型的发展和应用。

由于水平有限，书中不足之处在所难免，欢迎读者批评指正。

作　者

CONTENTS 目录

第10章　实现 Transformer 向计算机视觉进军的 ViT 模型　/ 224
CHAPTER.10

第1章

▶▶▶▶▶▶

深度学习中的 AI 大模型

本章将探索深度学习中的 AI 大模型。首先，回顾 AI 大模型在人工智能领域的兴起，并讨论它们所面临的风险与挑战。最后，展示构建神经网络并训练一个文本分类器的全过程。通过本章的学习，读者将掌握深度学习中 AI 大模型的核心概念和技术，为应用这些模型打下坚实的基础。

1.1 AI 大模型在人工智能领域的兴起

当前，人们正身处于一个日新月异的数字化时代，其中，人工智能技术的发展速度和规模令人惊叹，已然成为驱动技术进步的一股不可忽视的力量。在众多的人工智能技术中，大模型尤其引人注目，它已成为实现超凡性能的关键因素之一。不论是在自然语言处理、计算机视觉、机器翻译还是智能对话等领域，大模型都表现出了无比出色的性能，而这些都是人工智能无限潜力的生动展现。

AI 大模型指的是那些拥有大量参数的人工智能模型。这些模型通常通过大量的数据进行训练，可以学习和理解复杂的模式和关系。近两年来，大模型技术呈现爆发式的增长，而且在各个研究领域和实践任务上都取得了引人注目的成果。诸多科技巨头公司也纷纷投身于大模型的研发与应用中。在最早应用大模型的自然语言处理（NLP）领域，OpenAI 推出了拥有 1750 亿个参数的 ChatGPT，这一行动激发了一系列的应用热潮：微软（Microsoft）将 ChatGPT 接入了其搜索引擎 Bing；谷歌（Google）推出了自家的语言大模型 PaLM 和对话模型 Bard，并且已经开始了 PaLM2 的研发；我国百度、字节跳动、华为等公司也都在积极推出了自己的语言大模型。这些语言大模型展示了出色的问答、知识挖掘、推理、规划能力，充分展现了人工智能的无穷可能。OpenAI 的一份报告指出，美国约 80% 的工作领域都可能会受到 ChatGPT 的影响。从这一点可以看出，NLP 大模型具有巨大的市场潜力和价值。

在 NLP 大模型取得了巨大成功的鼓舞下，其他领域也涌现出了大模型的身影。在语音识别领域，OpenAI 和谷歌分别推出了拥有 15 亿参数的 Whisper 模型和 20 亿参数的 USM 模型，而微软则推出了能够在几秒钟内准确模仿任何人说话声音和语调的语音生成模型 VALL-E；在视觉领域，基于大模型工作的 GPT-4 和 OpenCLIP 进行了语音和视觉的跨模态训练，使得这些模型能够用自然语言的方式去理解图片。此外，谷歌和脸书公司也各自采用了监督学习和非监督学习的方式，分别训练了 220 亿参数和 65 亿参数的 Vision Transformer 视觉大模型，这些模型在性能上大大超越了参数数量更少的模型；在强化学习领域，谷歌和 Deepmind 公司开发的 PaLM-E 和 Gato，也开始探索和实验强化学习大模型的可能性。总体来看，大模型的热潮正在各个人工智能领域席卷而来，预示着更广阔的应用前景和可能性。

这股 AI 大模型的热潮并不仅仅局限于研发和科技公司，也将渗透到更为广泛的应用领域。例如，在医疗健康、金融、教育、零售及制造等领域，大模型都展示出了巨大的潜力。基于大模型的人工智能工具可以助力医生进行更精确的诊断，帮助金融机构做出更精准的投资决策，协助教师进行个性化教学，以及帮助零售商家进行更有效的客户分析等。因此，大模型不仅仅改变了人工智能的研究和开发，也正在深度影响人们的日常生活。

与此同时，AI 大模型所引发的热潮也带来了一些值得深思的问题。模型的规模和复杂度的增加，使得模型训练和运行需要的计算资源和能源消耗也大大增加，这无疑加大了环境压力。此外，随着大模型在各个领域的应用，如何保证其决策的公平性、透明性，以及用户隐私的保护都成了一些亟待解决的问题。解决这些问题需要在推动 AI 大模型的发展和应用的同时，思考并采取有效的措施来优化其痛点问题。

不可否认，AI 大模型的热潮在各领域带来了深远影响，它们的表现力和潜力令人瞩目。然而，随着技术的进步，人们也应继续努力，以确保这些大模型的发展和应用在带来巨大收益的同时，尽可能地减少其潜在的负面影响。人工智能的未来仍然广阔无垠，而人类正站在这个探索和发展的大潮之中。

▶▶ 1.1.1　AI 大模型的发展与挑战

与传统模型相比，AI 大模型具有更强的学习和理解能力。由于大模型的参数数量多，它们可以学习和理解更复杂、更细微的模式，从而使任务（如文本理解、图像识别等）达到更好的效果。同时，它们可以处理更复杂的任务，如机器翻译、自然语言理解、医学影像识别等。在诸如医疗、能源、环保等领域，问题往往十分复杂，而大模型的强大学习能力可以帮助人们更快地找到解决方案。

尽管 AI 大模型带来了巨大的机会和价值，但其也伴随着一些风险和挑战，这些挑战主要集

中在以下几个方面。

- 数据和隐私问题：训练大型 AI 模型需要大量的数据，这可能导致数据隐私和数据安全问题。需要在收集、存储和处理数据的过程中确保用户的隐私权和数据安全。
- 计算资源需求：大型 AI 模型需要大量的计算资源进行训练和运行，这不仅加大了资源消耗，同时也可能导致这种先进技术只能在资源富裕的组织或者国家得到应用推广，进一步加剧了技术鸿沟。
- 模型的可解释性：大型 AI 模型由于其复杂性和"黑箱"特性，模型的决策过程和原理往往难以理解和解释。这可能会导致其在某些需要高度透明和解释性的领域（如医疗、法律）中应用受限。
- 偏见和公平性：如果训练数据中存在偏见，大型 AI 模型可能会放大这种偏见，导致模型的预测结果存在不公平性。需要在模型设计和训练阶段就注意避免偏见的引入，保证 AI 的公平性。
- 泛化能力：虽然大型 AI 模型在训练数据上的表现通常很好，但在面对新的、未见过的数据时，其表现可能会下降。这种情况在 AI 领域被称为过拟合问题，是大型 AI 模型需要解决的关键问题之一。

面对这些挑战，有关部门需要采取相应的策略和措施来解决。例如，通过制定严格的数据管理政策来保护数据隐私，采用高效的模型和算法来减少计算资源需求，利用模型可解释性技术来提高模型的透明度，同时在模型设计和训练阶段就注重避免偏见的引入，提高模型的泛化能力等。

为了减少 AI 大模型对环境的影响，可以采取多种措施。一方面，努力优化模型的计算效率，减少能源消耗，如采用模型剪枝、量化和压缩等技术来减小模型的规模；另一方面，推动使用可再生能源和高效能源供应链来支持大规模的模型训练和推理。此外，建立绿色 AI 的研究方向和标准，促进环境友好型的人工智能发展也是至关重要的。

确保 AI 大模型的决策公平性、透明性和用户隐私保护是至关重要的。为了避免潜在的偏见和不公平性，应该进行数据集的多样性和平衡性验证，避免对特定群体的歧视。同时，开发可解释和可追溯的模型方法，使得模型的决策过程能够被理解和解释，增强其透明性。此外，还要加强数据隐私保护的技术和法律措施，确保用户的个人数据不被滥用和泄露。

加强人工智能伦理和法规的建设也是必要的。制定适应人工智能发展的法律法规，明确人工智能系统的责任和义务，确保其符合伦理和社会价值。同时，建立跨学科的合作和多方参与的机制，让政府、学术界、产业界和公众能够共同参与 AI 大模型的发展和应用，促进更全面的讨论和决策。

在 AI 大模型的兴起中，人们应该既关注技术的进步和创新，又注重社会的可持续发展和人的福祉。通过共同努力，人们可以探索并塑造一个 AI 大模型广泛应用的未来，为人类创造更多的机遇和福利。

除了环境影响、公平性和隐私保护外，AI 大模型的兴起还带来了其他值得思考的问题和挑战。

构建和训练大规模的 AI 模型需要庞大的计算资源和数据集，使得只有少数研究机构和科技巨头能够承担这样的成本和工作量。这导致了资源集中，甚至可能会加剧技术差距和创新壁垒，使得其他机构和个人很难进入和发展。因此，需要寻求降低技术门槛和促进资源共享的方法，以确保 AI 大模型的发展具有更广泛的参与性和可持续性。

另外，虽然 AI 大模型在许多领域展示出巨大的潜力，但其广泛应用也可能对就业市场和经济结构产生影响。某些传统的工作岗位可能会受到自动化的冲击，需要重新思考教育和职业发展的策略，以应对这一变革。此外，AI 大模型的广泛应用还可能导致数据和算法的垄断现象，进一步加剧数字鸿沟和不平等问题。因此，需要制定相应的政策和措施，以确保技术进步的同时，也能够促进包容性增长和公平分配。

伦理和价值观的问题也值得重视。随着 AI 大模型在决策和影响力方面的扩大，需要审慎思考和讨论其背后的伦理和道德问题。例如，模型的决策是否应该受到人类的监督和干预？模型是否应该具有道德判断和责任感？如何平衡技术的效益和风险，以及人类的自主性和权益？这些问题需要集合多方的智慧和参与，进行广泛的讨论和共识建设。

AI 大模型的兴起给人工智能领域带来了巨大的创新和发展机遇。然而，也必须认识到其中的挑战和潜在风险，并采取相应的措施来解决这些问题。通过科技界、政府、企业和社会各界的合作，可以共同推动 AI 大模型的可持续发展，实现人工智能在实践中的最大利益和最大效益。

▶▶ 1.1.2　AI 大模型为何难以训练

在大模型还未兴起的时期，深度学习相关任务常见的模型训练方式是单机单卡，也就是使用一台服务器节点上的一块 GPU 设备完成模型训练任务。然而，随着大模型时代的到来，模型参数量和训练数据量急剧增长，规模的增加给模型训练带来了新的难题。数据量的增加使得每次训练迭代的计算量增加，训练时间更长，而模型参数量的增加不仅使得模型的训练计算量和训练时间增长，更重要的是单个设备的显存容量无法再容纳模型参数及训练中产生的梯度、优化器参数、激励值。为了解决这些问题，研究者们希望能增加计算资源，使模型和数据可以分布到不同节点、不同 GPU 设备上，并采用多种分布式训练技术来进行高效且可扩展的大模型训练。

然而，大部分大模型相关从业人员能获取的计算资源有限，如何利用有限的显存容量进行高效的大模型训练成为从业人员关注的热点。堆叠硬件设备数量可以保证顺利容纳模型参数，但其计算效率并不能线性提高，由于硬件设备数量增加，训练产生的节点与节点间、GPU 设备之间的通信开销也将相应的增加，因此成为大模型训练中新的瓶颈。最后，分布式情况下的模型训练引入了额外的工程实现难题，如何利用操作系统、计算机网络和并行计算等领域的相关知识实现高效可靠且具有扩展性的分布式模型并行训练策略成为实现大模型训练的关键。

总体来讲，可以将大模型训练的瓶颈分为 4 类：数据量、计算、内存和通信，本节对这 4 类问题分别进行介绍。

1. 数据量瓶颈

大规模、多样化的训练数据集是大模型卓越的语义理解能力的关键，OpenAI GPT-1 的无监督训练使用了超过 7000 本不同题材的书籍，GPT-2 的训练集是一个 40GB 的私有数据集 WebText，GPT-3 的训练集超过了 570GB，而 Meta 开源的 LLaMA 使用的训练集更是达到了 4.7TB。面对如此庞大规模的数据量，即便是简单的遍历也将花费大量的时间，将其输入入模型并进行训练的时间开销则更大，同样一个模型在同样的计算环境下，随着其训练数据量的增长，其训练时间也将相应增加。

为了加速训练，一个常用的方法是使用数据并行技术，对数据集进行切分，采用单机多卡或多机多卡的服务器集群，每个 GPU 设备上保留相同的模型参数，在训练时分别读取不同的数据进行训练，并采用集合通信同步参数更新。通常，原本单个 GPU 设备一次迭代仅能输入一批样本，同时使用多个 GPU 设备则可以同时训练多批样本，通过增加输入的数据量，减少了模型训练的迭代次数，从而减少模型训练时间。

然而，单独使用数据并行通常要求每个 GPU 设备都能保存模型的全部参数，但是由于大模型的参数量较大，单个 GPU 设备往往无法容纳整个模型的参数，因此，数据并行通常还需要与其他分布式训练技术结合使用来加速大模型的训练。

2. 计算瓶颈

计算瓶颈主要体现在数据量与模型参数量规模增长带来的计算量陡增，以及对计算资源的利用效率低的问题。

从计算量来看，数据量的增长使得模型语义理解能力提升，性能更强，但这也导致模型训练迭代次数更多，计算量也更多；增加模型参数量是取得模型性能提升的另一个有效途径，但这使得每次训练迭代内部的计算量也增加。表 1-1 给出了现有的部分大语言模型的参数量以及训练所需的数据量，其中 B 代表 Billion（十亿），T 代表 Trillion（万亿）。

表 1-1 现有大语言模型参数量和数据量

模　　型	模型参数量（Number of Parameter）	数据量（Number of Token）
LaMDA	137B	168B
GPT-3	175B	300B

（续）

模　型	模型参数量（Number of Parameter）	数据量（Number of Token）
Jurassic	178B	300B
Gopher	280B	300B
MT-NLG 530B	530B	270B
Chinchilla	70B	1.4T

Hoffmann 等人注意到，在给定的计算资源下，为了达到预定的一个目标性能，通常需要在模型参数量和数据量之间进行折中，因此采用多种不同方法分析了二者之间的关系。表 1-2 给出了在不同参数量的情况下，为了达到特定性能需要的计算量和数据量，其中 FLOPs 代表浮点运算数量。

表 1-2　不同参数量模型对计算量（FLOPs）和数据量的需求

参数量（Number of Parameter）	计算量（FLOPs）	数据量（Number of Token）
400M	1.92×10^{19}	8.0 B
1B	1.21×10^{20}	20.2 B
10B	1.23×10^{22}	205.1 B
67B	5.76×10^{23}	1.5 T
175B	3.85×10^{24}	3.7 T
280B	9.90×10^{24}	5.9 T
520B	3.43×10^{25}	11.0 T
1T	1.27×10^{26}	21.2 T
10T	1.30×10^{28}	216.2T

从计算资源的利用率来看，深度学习和人工智能技术的火热也推动着 GPU 设备的不断发展，GPU 设备这类高性能硬件的算力不断增强，采用更高算力的 GPU 设备进行模型训练能显著提升训练速度，从而能部分解决计算量的问题。然而，针对不同目标进行优化的分布式并行训练技术通常会导致计算或通信的额外开销，从而降低计算设备的利用率。

为了最大化计算设备的利用率，提升训练速度，降低训练成本，可以从不同粒度对模型训练技术进行优化。在算子层面，可以采用算子融合的技术减少算子产生的中间变量，从而在减少内存开销的同时提升计算设备的利用率。基于算子间的结合性或可交换性，采用算子替换技术也可以提升计算效率；在计算图层面，主要是考虑模型并行技术对模型进行切分时，得到通信效率最高的模型并行策略，从而降低通信时延，提升计算设备的利用效率。使用基于流水线的模型并行策略时，通过减少流水线内部的气泡，可最大化单个 GPU 设备的计算负荷；在任务调度层面，可以考虑设计自动并行策略。根据不同规模的计算资源，自适应选取混合的分布式并行策略，并考虑用计算时间覆盖通信的时延或者降低通信量，从而最大化计算设备的利用率。

3. 内存瓶颈

不同于便宜的主存，模型训练通常采用的是成本昂贵的 GPU 芯片，而 GPU 设备的内存容量有限，常见的 GPU 芯片的内存容量规格较大的也只有 80GB 或 40GB 等，远远不及常见的主存规格，因此，内存成了制约大模型训练的重要瓶颈。模型训练过程的内存开销分为静态和动态两个部分，静态内存开销包括模型自身的参数和一些优化器的状态参数，而动态内存开销则是模型在针对输入数据进行计算的时候产生的临时变量，包括前向传播产生的激励值、反向传播产生的梯度，以及一些算子计算过程中的中间变量。静态内存开销由于跟模型固有结构有关，在训练时又通常需要驻留在 GPU 设备中，难以对其进行优化，因此，模型训练的内存瓶颈主要考虑动态产生的内存开销。

为了对动态的内存开销进行优化，有多种不同的分布式训练技术。例如，通过混合精度技术，可以降低部分参数表示所需要的字节数，将一个双精度 8 字节的浮点数转为 2 字节的浮点数即可将参数量缩减到原来的 1/4，然而，这一方法通常会影响模型的计算精度；通过模型并行技术中的张量并行，可以将一个参数矩阵拆分到不同 GPU 设备，从而减小单个设备上的计算数据量；通过模型并行技术中的流水线并行，将不同模型层划分到不同节点或不同设备，同样可以减小单个设备的数据量，并且可以通过流水线的原理，覆盖每次迭代模型层之前的通信开销；采用 Gradient Checkpointing 技术可以减少模型训练时激励值占用的内存开销；基于 Offload 技术可以结合 GPU、CPU、NVMe 实现异构内存的模型训练，将内存开销部分转移到便宜的主存中。

然而，在计算机领域中时间和空间的优化之间普遍存在折中，以上方法虽然可以对内存瓶颈进行优化，但却引入了额外的通信或计算开销，因此需要针对具体训练任务下的模型参数量进行分析，才能得到最合适的内存优化策略。

4. 通信瓶颈

大模型参数规模极大，通常需要采用模型并行等技术，将参数放置到不同节点、不同 GPU 设备上，才能使得硬件设备能完全容纳模型参数，然而，这样就不可避免地引入了额外的通信开销。

一个计算节点通常有多个 GPU 设备，而一个计算集群通常有多个计算节点，由于 GPU 这类芯片具有高速并行计算的特性，大规模模型训练时节点内的通信带宽远高于节点间的通信带宽，因此计算资源的增加也导致了通信开销增加。此外，如果仅增加节点间或节点内的通信带宽，也并不能保证直接提升模型训练的效率，这是因为现有的模型训练常采用同步的集合通信，每次训练迭代过程中需要同步操作，因此通信将受最慢一次通信的限制。以集合通信常见的 Ring All-Reduce 为例，随着计算节点的增加，通信的环将增加，通信次数变多，由此使得通信时延增加。

总之，为了对模型训练中的通信效率进行优化，通常需要考虑多方面的因素，包括网络拓扑结构、计算资源的带宽、模型的参数量等，从而设计出通信效率最大化的模型并行具体策略。

综上所述，大模型训练由于参数量和数据量规模较大，需要采用分布式技术进行训练，在训练过程中往往会受限于数据量、计算、内存和通信 4 个方面的问题，四者相互之间又存在不同程度的影响，为了减小通信开销，最大化硬件设备的利用率，缩短模型训练时间，降低模型训练成本，需要考虑多种限制因素，包括数据量、参数量、网络拓扑结构、通信带宽、硬件设备内存容量和算力等，采用多种优化技术对不同瓶颈进行优化。

1.2　深度学习框架入门

PyTorch 是一种流行的深度学习框架，它是由 Facebook 的人工智能研究团队在 2016 年首次发布的。PyTorch 的主要特点是强大而灵活的设计，这使得它在学术界和工业界都受到了广泛欢迎。PyTorch 是一种基于 Python 的科学计算包，主要两个用途：作为 NumPy 的替代品，以使用 GPU 的强大计算能力；提供最大的灵活性和速度，用于深度学习研究平台。

PyTorch 的主要特点如下。

- 定义即执行：不像 TensorFlow 等框架需要首先定义整个计算图然后执行，PyTorch 采用的是定义即执行模型，也称为动态计算图。这使得 PyTorch 更易于理解和调试。

- Pythonic 设计：PyTorch 的设计完全融入了 Python 生态系统，它可以与许多 Python 库（如 NumPy、SciPy）无缝集成。

- 广泛的原生支持：PyTorch 本身支持很多类型的深度学习架构，如自然语言处理、计算机视觉、强化学习等。

- 自动微分系统（Autograd）：PyTorch 通过其 Autograd 系统，提供了自动微分和梯度优化的功能。这对于构建和训练神经网络是至关重要的。

- 分布式训练：PyTorch 支持分布式训练，从而可以在大规模数据集上进行模型训练。

总体来说，PyTorch 是一个功能强大的深度学习框架，它旨在提供最大的灵活性和计算效率。它特别适合用于研究，但也在一些商业环境中找到了应用。本节将提供 PyTorch 的入门指南。下面将介绍搭建一个小型文本分类器 PyTorch 神经网络的方法。

▶▶ 1.2.1　搭建神经网络

PyTorch 是一个强大的深度学习框架，其中最核心的部分是神经网络。本节将介绍如何在 PyTorch 中搭建一个简单的神经网络。神经网络的基本组成单位是层（Layers），一般由多个层叠加而成。PyTorch 的 torch.nn 库中含有所有常见的层类型。例如，一个简单的全连接层可以由 nn.

Linear 实现，卷积层由 nn.Conv2d 实现。

首先，需要定义一个类来构建神经网络。这个类需要继承 PyTorch 的 nn.Module 基类。定义神经网络的步骤主要有两部分：一是在 __init__ 函数中定义网络结构和层；二是在 forward 函数中定义数据（通过网络的方式）。

下面是一个简单的神经网络示例。

```python
import torch
import torch.nn as nn
class Net(nn.Module):
    def __init__(self):
        super(Net, self).__init__()
        self.fc1 = nn.Linear(16, 32)
        self.fc2 = nn.Linear(32, 10)
    def forward(self, x):
        x = torch.relu(self.fc1(x))
        x = self.fc2(x)
        return x
```

该代码定义了一个两层全连接网络（Fully-Connected Networks）。输入数据首先通过 fc1 层，并应用 ReLU 激活函数，然后通过 fc2 层，最后输出结果。在实际操作中，神经网络需要代价函数、训练数据、优化器等工具，以达到一定效果。下一节将以训练一个简单的文本分类器为背景介绍它们。

▶▶ 1.2.2 训练一个文本分类器

本节将介绍如何利用词袋模型进行文本分类。首先，导入需要的所有库，并下载需要使用的数据集。将使用一个包含了不同新闻类别的新闻组数据集，这里只取其中的 comp.graphics 和 sci.space 两个类别的新闻。

```python
import torch
import torch.nn as nn
import torch.optim as optim
from sklearn.datasets import fetch_20newsgroups
from sklearn.feature_extraction.text import CountVectorizer
from sklearn.model_selection import train_test_split

# 从 sklearn 的 datasets 中下载 20 个新闻组数据集的子集。这是一个经常用于文本分类任务的数据集
newsgroups_train = fetch_20newsgroups(subset='train', categories=['comp.graphics', 'sci.space'])
newsgroups_test = fetch_20newsgroups(subset='test', categories=['comp.graphics', 'sci.space'])
```

接着，需要将文本数据转换为模型可以理解的数值型数据，这里选择了词袋模型（Bag of

Words，BoW）进行转换。然后将数据和标签转换为 PyTorch 可以处理的张量形式。

```python
# 使用 CountVectorizer 将文本数据转换为词袋模型表示的数据
vectorizer = CountVectorizer(stop_words='english', max_features=1000)
inputs_train = vectorizer.fit_transform(newsgroups_train.data).toarray()
inputs_test = vectorizer.transform(newsgroups_test.data).toarray()

# 将输入和标签数据转换为张量。在 PyTorch 中,数据需要以张量的形式进行处理
inputs_train = torch.tensor(inputs_train, dtype=torch.float32)
labels_train = torch.tensor(newsgroups_train.target, dtype=torch.long)
inputs_test = torch.tensor(inputs_test, dtype=torch.float32)
labels_test = torch.tensor(newsgroups_test.target, dtype=torch.long)
```

接下来，定义模型。这是一个拥有两个隐藏层并带有 ReLU 激活函数的神经网络模型。

```python
# 定义模型。这是一个包含两个隐藏层和一个输出层的神经网络模型
class BoWClassifier(nn.Module):
    def __init__(self, num_labels, vocab_size):
        super(BoWClassifier, self).__init__()

        # 隐藏层 1,输入为词袋向量,输出维度为 128
        self.hidden1 = nn.Linear(vocab_size, 128)
        # 隐藏层 2,输入为隐藏层 1 的输出,输出维度为 64
        self.hidden2 = nn.Linear(128, 64)

        # 输出层,输入为隐藏层 2 的输出,输出维度为类别数
        self.output = nn.Linear(64, num_labels)

        # ReLU 激活函数
        self.relu = nn.ReLU()

    def forward(self, bow_vec):
        # 通过隐藏层 1,然后通过 ReLU 激活函数
        hidden1 = self.relu(self.hidden1(bow_vec))
        # 通过隐藏层 2,然后通过 ReLU 激活函数
        hidden2 = self.relu(self.hidden2(hidden1))
        # 通过输出层
        return self.output(hidden2)
```

初始化模型，并定义损失函数和优化器。

```python
# 根据训练数据和类别数初始化模型
vocab_size = inputs_train.shape[1]
num_labels = 2
model = BoWClassifier(num_labels, vocab_size)
```

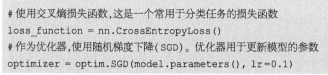

```
# 使用交叉熵损失函数,这是一个常用于分类任务的损失函数
loss_function = nn.CrossEntropyLoss()
# 作为优化器,使用随机梯度下降(SGD)。优化器用于更新模型的参数
optimizer = optim.SGD(model.parameters(), lr=0.1)
```

接下来开始训练模型。

```
# 训练模型。将数据传入模型,计算输出和损失,然后反向传播更新模型参数
for epoch in range(100):
    model.zero_grad()
    out = model(inputs_train)
    loss = loss_function(out, labels_train)
    loss.backward()
    optimizer.step()
```

最后,评估模型的性能。

```
# 评估模型。将测试数据传入模型,计算输出,然后与标签进行比较,计算准确率
out_test = model(inputs_test)
_, predicted = torch.max(out_test, 1)
correct = (predicted == labels_test).sum().item()
accuracy = correct / labels_test.size(0)
print('准确率:', accuracy) # 0.9438
```

上面的代码主要介绍了如何在 PyTorch 中使用基于词袋模型的分类器进行文本分类。这里使用了一个较小的 20Newsgroups 数据集子集,其中包括两个类别的新闻 (comp. graphics 和 sci.space)。通过 CountVectorizer 将文本数据转换为词袋向量,然后利用随机梯度下降和交叉熵损失进行训练,最后在测试集上计算准确度。

第2章

▶▶▶▶▶▶▶

分布式系统：AI大模型的诞生之所

本章将探索深度学习与分布式系统的关系，介绍从分布式计算发展到分布式 AI 系统，深入讨论大规模分布式训练平台的关键技术以及 Colossal-AI 应用实践。接着，将介绍大模型训练方法，包括梯度累积和梯度剪裁、大批量优化器 LARS/LAMB，以及模型精度与混合精度训练。之后，还将探讨异构训练的基本原理和实现策略。最后提供实战分布式训练的指南，包括 Colossal-AI 环境搭建和使用 Colossal-AI 训练第一个模型，以及针对 AI 大模型的异构训练策略。通过本章的学习，读者将深入了解分布式系统在大模型训练中的关键技术和实践经验，为构建高效的分布式 AI 系统提供有力支持。

2.1 深度学习与分布式系统

随着深度学习模型规模和数据集迅速增长，分布式系统在深度学习中的应用变得越来越普遍和重要。从 2012 年 AlexNet 在两个 GPU 上进行训练赢得 ImageNet 竞赛的冠军开始，到如今在顶级人工智能会议上，多 GPU 训练已成为主流。

这一趋势的出现有多个原因。首先，模型的规模不断扩大。随着时间的推移，深度学习模型的参数数量呈指数级增长。2015 年的 ResNet50 只有 2000 万个参数，而到 2018 年的 BERT-Large 已经增长到 3.45 亿个参数。2018 年的 GPT-2 则拥有 15 亿个参数，而 2020 年的 GPT-3 更是达到了 1750 亿个参数的惊人规模。目前，已经有超过 1000 亿参数的巨型模型问世。相较于小型模型，这些超大型模型通常具有更强大的性能和表示能力。其次，数据集的大小也在迅速增加。最早用于训练模型的数据集通常是 MNIST 和 CIFAR10 等小规模数据集。然而，这些数据集相对于著名的 ImageNet 数据集来说非常有限。如 Google 公司甚至拥有自己的未公开 JFT-300M 数据集，其中包含大约 3 亿张图片，几乎比 ImageNet-1k 数据集大 300 倍。庞大的数据集对于训练深度学习模型至关重要，但也带来了挑战。第三，计算能力的提升也推动了分布式系统在深度学习中的应用。随着半导体技术的进步，图形处理器（GPU）变得越来越强大。由于 GPU 拥有更多的核心，成为深度学习最常用的计算平台。从 2012 年的 K10 GPU 到 2020 年的 A100 GPU，计算能力已经提升了数百倍。这使得能够更快地执行计算密集型任务，而深度学习正是这样一项任务。

然而，由于模型规模的增大和数据集的扩展，单个 GPU 已经无法满足训练的需求。现今的模型可能过大，无法适应单个 GPU 的内存限制，而数据集也可能足够庞大，导致在单个 GPU 上训练需要数百天的时间。为了克服这些挑战，分布式训练成为一种解决方案。通过在多个 GPU 上使用不同的并行化技术，例如数据并行化和模型并行化，可以将训练过程加速并在合理的时间内获得结果。分布式训练通过将模型参数和数据分布到多个计算节点上进行并行计算，实现了训练任务的加速和可扩展性。

分布式系统的发展和硬件技术也在不断进步，如 GPU 互连技术（如 NVIDIA 的 NVLink）和高速网络（如以太网和 InfiniBand），分布式训练在深度学习中的应用变得越来越广泛。通过充分利用多个计算节点的计算资源和存储能力，分布式训练可以在更短的时间内训练出更大规模的模型，并提高深度学习模型的性能和效果。

从分布式计算到分布式 AI 系统的发展，为深度学习提供了重要的支持和发展空间，同时也为深度学习带来了重要的机遇和挑战。分布式系统通过提供更大规模的计算资源、加速训练过程、提高模型性能和效果，以及支持实时和高效的推理，推动了深度学习的快速发展。随着技术的进步和经验的积累，分布式系统在深度学习中的应用将变得更加普遍和成熟。

分布式系统的引入使得训练过程更加高效和可扩展，能够应对不断增长的模型规模和数据集大小。通过分布式训练，研究人员和工程师能够利用多个 GPU 进行并行计算，加速训练过程并取得更好的结果。随着技术的不断进步，分布式 AI 系统将在未来进一步推动深度学习的发展。随着硬件和软件技术的不断演进，分布式 AI 系统在训练和推理阶段都能够发挥重要作用。在训练阶段，分布式系统能够提供更大规模的计算资源和存储容量，使得研究人员和工程师能够设计和训练更复杂、更精确的深度学习模型。通过分布式训练，模型的训练时间可以大大缩短，甚至可能从数周或数月缩短到数小时或数天。这样的提速对于快速迭代和优化模型设计至关重要，加快了创新和研发的速度。此外，分布式训练还可以通过并行计算和数据分发来提高模型的泛化能力和鲁棒性。通过在多个计算节点上进行训练，可以更好地捕捉不同样本之间的变化和关联性，从而提高模型的泛化性能。同时，分布式训练可以减轻单个节点的计算和存储压力，降低过拟合的风险，使得模型更具鲁棒性。

除了训练阶段，分布式系统在推理阶段也发挥着重要作用。由于深度学习模型在推理过程中需要进行大量的计算和数据处理，传统的单节点计算已经无法满足实时和高效推理的需求。分布式推理系统可以利用多个计算节点的并行计算能力，提高推理的速度和吞吐量。这对于需要实时响应和高并发处理的应用场景尤为重要，例如自动驾驶、智能语音助手和工业控制系统等。值得注意的是，尽管分布式系统在深度学习中有诸多优势，但也面临一些挑战和考虑因素。例如，通信和同步开销可能会成为分布式训练的瓶颈，需要进行有效的算法和系统优化来减少延迟和提高吞吐量。此外，分布式系统的配置和管理也需要一定的专业知识和技能，确保节点之间的协调和协作。

未来，随着模型规模和数据集的不断增长，分布式系统将继续发挥重要作用。预计模型的规模将进一步增加，达到甚至超过千亿参数的级别。此外，随着新的领域和应用场景的涌现，对深度学习模型的要求也将变得更加复杂和多样化。这将进一步推动分布式系统在深度学习中的应用，以满足对更大规模、更高性能的模型训练和推理的需求。随着边缘计算和物联网的兴起，对于在资源受限的设备上进行深度学习推理的需求也在增加。分布式系统可以计算任务分布到边缘设备和云端服务器之间，实现更高效的计算和通信，从而满足对实时性和隐私保护的要求。

除了计算能力的提升，分布式系统还需要关注可靠性、安全性和可扩展性等方面的挑战。例如，如何处理节点故障和通信中断的情况，如何保护数据的隐私和安全，以及如何有效管理大规模分布式系统的配置和资源分配等。这些问题需要深入研究和技术创新，以确保分布式系统在深度学习中的可靠运行和高效利用。

综上所述，分布式系统在深度学习中的应用已经成为一种常见的实践，随着模型规模和数据集的增长，其重要性将进一步提升。通过充分利用多个计算节点的计算能力和存储容量，分布式系统可以加速训练过程、提高模型性能，并支持实时和高效的推理。未来，随着技术的进步和挑战的解决，分布式系统将继续为深度学习的发展和应用开辟更广阔的空间。

▶▶ 2.1.1 从分布式计算到分布式 AI 系统

在当今的深度学习领域，引入分布式系统变得至关重要且关键。分布式系统是由多个软件组件在多台机器上运行组成的。传统的数据库通常在单台机器上运行，然而随着数据量的剧增，单台机器已无法满足企业的性能需求，特别是在像"黑色星期五"（促销日）这样可能导致网络流量异常高峰的情况下。为了应对这种压力，现代高性能数据库被设计为在多台机器上运行，并通过协同工作为用户提供高吞吐量和低延迟的服务。

在分布式系统中，一个重要的评估指标是可伸缩性。例如，当在 4 台机器上运行一个应用程序时，研究人员自然希望该应用程序的运行速度能够提高 4 倍。然而，由于通信开销和硬件性能差异的存在，实现线性加速是非常困难的。因此，在实施分布式系统时，考虑如何提高应用程序的速度变得非常重要。通过设计良好的算法和系统优化，可以提供良好的性能，有时甚至可以实现线性和超线性加速效果。这对于应对不断增长的模型大小和数据集规模所带来的挑战至关重要，因为现今的模型可能过大而无法适应单个 GPU，并且数据集可能足够庞大以至于在单个

GPU 上训练需要数百天的时间。只有通过在多个 GPU 上使用不同的并行化技术进行训练，才能加快训练过程并在合理的时间内获得结果。因此，引入分布式系统成为了实现高效深度学习的关键策略。

随着 AI 领域的快速发展和深度学习模型的复杂性增加，分布式 AI 系统的重要性日益凸显。分布式 AI 系统可以将模型的训练和推理过程分散到多个计算节点上，提供更大的计算资源和存储能力，从而加速模型的训练和推理速度。同时，分布式系统还可以解决单台机器无法处理大规模数据集的问题，使得 AI 模型能够更好地捕捉数据的统计特征和复杂关系。

▶▶ 2.1.2 大规模分布式训练平台的关键技术

随着深度学习模型规模不断发展，传统的训练方法已经无法满足大规模模型训练的需求。单机训练的方式在训练庞大模型时面临诸多挑战，包括内存限制、计算速度慢以及训练时间长等问题。为了克服这些问题，人们开始转向新的训练范式，采用并行化和优化技术来提高训练效率和性能。

在分布式 AI 系统中，数据并行和模型并行是常用的并行化技术。数据并行将大规模数据集分割成多个子集，分配给不同的计算节点进行处理，然后将处理的结果进行汇总和同步，以获得最终的模型更新。模型并行则将复杂的模型分割成多个子模型，分配给不同的计算节点进行训练，然后将它们的更新进行整合，以得到最终的全局模型。这些并行化技术使得分布式 AI 系统能够有效地利用多台计算机的计算能力，加快了训练过程并提升了模型的性能。

除了训练过程，分布式 AI 系统在推理阶段也发挥着重要作用。通过将模型部署在分布式系统中，可以实现高吞吐量和低延迟的推理服务。例如，在大规模的语音识别应用中，分布式 AI 系统可以并行处理多个语音输入，并实时返回识别结果，从而满足实时性和高并发性的需求。此外，分布式 AI 系统还能够实现模型的动态扩展和负载均衡，根据实际需求自动调整计算资源的分配，以提供更好的服务质量和用户体验。

从分布式计算到分布式 AI 系统的发展，为人工智能的广泛应用提供了重要支撑。它不仅加快了模型的训练和推理速度，也提升了模型的性能和准确性。分布式 AI 系统的引入使得越来越多的行业和领域能够充分利用人工智能的潜力，如医疗诊断、智能交通、金融风控等。同时，分布式 AI 系统也带来了挑战和问题，如数据的一致性和同步、通信开销的管理、模型的分布式训练和部署等。因此，未来的研究和发展需要进一步探索和解决这些问题，以实现更加高效、可靠和可扩展的分布式 AI 系统。

Colossal-AI 作为一个统一的系统，旨在提供一整套综合的训练技巧和工具，以满足训练大规模模型的需求，其中包括一些常见的训练工具，例如混合精度训练和梯度累积。混合精度训练利用半精度浮点数进行计算，既能减少内存占用，又能提高计算速度，从而加快训练过程。梯度累积则允许将梯度计算和参数更新的过程分成多个小批次进行，以减少显存的需求，使得可以训练更大规模的模型。

除了常见的训练工具外，Colossal-AI 还提供了多种并行化技术，包括数据并行、张量并行和流水线并行。数据并行将大规模的训练数据划分为多个子集，在多个计算设备上并行地进行训练，每个设备处理不同的数据子集。这样可以提高训练速度，并且在模型的参数更新过程中实现信息的交流和同步。张量并行将大规模的模型参数划分多个子集，在不同的设备上并行地进行计算，然后通过通信机制进行参数的交互和同步。这种方法适用于参数量庞大的模型，能够充分利用多个计算设备的计算能力。流水线并行将模型的不同层划分到不同的计算设备上，并通过流水线的方式进行并行计算，从而减少训练的整体时间。

在 Colossal-AI 中，还针对不同的并行化技术进行了优化。例如，针对张量并行，采用了多维分布式矩阵乘法算法来优化张量间的计算，提高了并行计算的效率和性能。同时，还提供了多种流水线并行的方法，让用户可以根据自己的需求和硬件配置选择最适合的方式来进行模型的并行计算。此外，Colossal-AI 还引入了一些高级功能，如数据卸载技术。数据卸载可以将部分计算任务从主设备（如 GPU）转移到辅助设备（如 CPU），以减轻主设备的负载，从而提高整体计算效率。这种技术在训练大规模模型时尤为重要，可以更好地利用多设备之间的协同计算能力。

Colossal-AI 作为一个全面的训练系统，提供了多种训练技巧和工具，以及并行化和优化技术，帮助用户高效、快速地训练大规模深度学习模型。通过引入这些新的训练范式，硬件设备能够充分发挥计算能力、缩短训练时间、提高训练效率，为深度学习的发展带来了新的机遇和挑战。

1. 分布式多维并行策略

相较于目前已有的并行化方案，如数据并行、一维张量并行和流水线并行，Colossal-AI 进一步提供了 2/2.5/3 维张量并行（高维张量并行）和序列并行，并且提供了便捷的多维混合并行解决方案，为深度学习训练带来了更多的灵活性和效率。

高维张量并行是 Colossal-AI 引入的一项重要功能，它可以显著减少显存的消耗，并提升通信效率，使得计算资源得到更加高效的利用。通过将模型参数划分为 2/2.5/3 维的张量子集，在多个计算设备上并行计算，可以减少每个设备所需的显存，从而允许更大规模的模型训练。此外，高维张量并行还通过优化通信机制，减少了设备之间梯度交互的时间开销，加快了训练过程。

序列并行是针对处理大图片、视频、长文本、长时间医疗监测等长序列数据而设计的一种并行化策略。传统的训练方法往往受限于设备的内存和计算能力，难以直接处理这些长序列数据。而序列并行通过将长序列划分为多个子序列，并在不同的计算设备上并行处理，这样可以充分利用多个设备的计算能力来加速处理过程。该策略的引入可以突破原有机器能力的限制，使得训练大规模长序列模型成为可能。

除了高维张量并行和序列并行，Colossal-AI 还提供了便捷的多维混合并行解决方案。这种解决方案结合了不同的并行化策略，根据具体的模型和数据特点，灵活地选择并应用多个并行化技术。通过混合使用不同的并行化方案，可以更好地适应不同的训练需求和硬件配置，进一步提升训练效率和性能。

2. 异构系统 AI 训练

在 GPU 数量有限的情况下，要增加模型规模，异构训练是一种高效的方法。它通过将模型数据同时存储在 CPU 和 GPU 中，并在需要时将数据移动到当前使用的设备上，从而突破了单个 GPU 内存的限制。异构训练可以充分利用 GPU 内存和 CPU 内存（包括 CPU DRAM 或 NVMe SSD 内存），为大规模训练提供了更大的内存容量。

异构训练的优势不仅在于解决内存限制问题，还在于并行计算的能力。在大规模训练下，除了异构训练，其他并行化方案如数据并行、模型并行和流水线并行等也可以与之结合，进一步扩展 GPU 规模。通过将模型分成多个部分，在多个 GPU 上并行计算，可以加快训练速度并提高效率。数据并行将训练数据划分为多个子集，在不同的 GPU 上同时训练模型。模型并行将模型的不同部分分配给不同的 GPU 进行计算。流水线并行将计算过程划分为多个阶段，在不同的 GPU 上并行执行这些阶段。

通过在异构训练的基础上进一步扩展 GPU 规模，可以更好地利用多个 GPU 的计算资源，提高训练效率和性能。这种组合并行化的方法能够应对更大规模的模型和数据，从而使深度学习训练能够应对更复杂的任务和挑战。

3. 大模型训练优化

大规模优化技术是指在深度学习训练中使用专门设计的优化器来加速大规模训练任务的收敛过程。在处理庞大的模型和大量的训练数据时，传统的优化算法可能无法高效地收敛，因此需要针对大规模训练任务进行优化的特殊技术和策略。

一种常见的大规模优化技术是分布式优化。在分布式优化中，训练任务可以分布在多台计算设备上进行并行计算。每个设备处理一部分数据或模型参数，并根据本地计算结果进行梯度更新。通过协调不同设备之间的通信和同步，分布式优化可以大大提高训练的效率和速度。例如，使用分布式优化可以将一个巨大的模型分成多个子模型，在不同设备上并行训练，然后通过集成各个子模型的结果来更新全局模型。

另一种常见的大规模优化技术是自适应学习率调整。在大规模训练中，数据的复杂性和模型的规模往往导致训练过程中梯度的变动较大。传统的固定学习率可能无法有效地适应这些变动，导致训练过程收敛缓慢或陷入局部最优解。自适应学习率调整算法能够根据当前梯度的情况动态地调整学习率，以提高收敛速度和训练效果。常见的自适应学习率调整算法涉及 Adagrad、RMSProp、Adam 等普通类型，以及 LARS、LAMB 等大 batch 类型。

▶▶ 2.1.3 Colossal-AI 应用实践

Colossal-AI 作为一种领先的人工智能系统，已经引发了行业内外的广泛关注。它不仅改变了训练和部署 AI 大模型的方式，也为 AI 的未来应用提供了无限可能。下面将介绍 Colossal-AI 的应用实践。

Colossal-AI 实现了高效快速地部署 AI 大模型的训练和推理，降低了 AI 大模型的应用成本。这对于许多公司和研究机构来说无疑是一个巨大的福音，它们现在可以用更低的成本获得更强大的 AI 能力。通过 Colossal-AI，可以低成本复现 ChatGPT 等复杂的语言模型。这说明，无论是在处理自然语言任务，还是在进行机器学习的其他领域，Colossal-AI 都能发挥重要的作用。

Colossal-AI 开源以来，已经多次在 GitHub 热榜位于前列，获得了 GitHub Star 超 33000 颗（截至 2023 年 9 月），并成功入选了 SC、AAAI、PPoPP 等国际 AI 与 HPC 顶级会议。这证明了它在全球开源社区和 AI 行业中的影响力。

1. 低成本训练 ChatGPT

ColossalChat 是一个基于 AI 大模型的开源项目，目标是实现低成本的 ChatGPT 模型复现流程。该项目使用新的开源预训练模型 LLaMA，并通过完整的强化学习微调（RLHF）流程，达到与 ChatGPT 和 GPT-3.5 相近的效果。

ColossalChat 的优势主要体现在以下几个方面。首先，它提供了完整的开源复现流程，包括模型训练代码、数据集和推理部署。这使得科研人员和中小企业可以独立进行模型训练和部署，降低了应用 AI 大模型的成本。其次，相比于原始的 ChatGPT 和 GPT-3.5 模型，ColossalChat 的模型规模较小，仅需不到百亿的参数，并且通过简单的微调就能达到相近的效果。这降低了模型训练和推理的硬件成本。ColossalChat 具备多语言能力，可以进行中文和英文的对话。它可以用于知识问答、中英文对话、内容创作、编程等任务，类似于 ChatGPT 模型的功能。此外，ColossalChat 开源了一个包含约 10 万条中英双语问答数据集，其中包括真实提问场景的种子数据集和通过 Self-Instruct 技术生成的扩展数据集。这个数据集质量较高，涵盖了多个话题，可用于模型的微调和 RLHF 训练。ColossalChat 采用了完整的强化学习微调（RLHF）流程，包括监督微调、奖励模型训练和强化学习算法。这使得生成的内容更符合人类价值观，提升了对话效果和交互体验。此外，ColossalChat 还可以通过与 Colossal-AI 基础设施和优化技术的结合进行系统性能优化。例如，采用了无冗余优化器（ZeRO）、低秩矩阵微调（LoRA）、4bit 量化推理等技术，以提高训练速度、降低硬件成本并扩展模型规模。

2. 扩散模型 Stable Diffusion

扩散模型最早于 2015 年被提出，在生成任务中取得了显著的成果，超越了传统的生成模型，如 GAN 和 VAE。它包括前向扩散和反向生成两个过程。扩散模型的训练（如 Stable Diffusion），复杂而资源密集，需要精心管理内存和计算。

Colossal-AI 通过实施 ZeRO、Gemini 和基于块的内存管理等策略以及 Flash Attention 模块来优化训练过程。这些优化显著降低了扩散模型训练过程中的内存消耗，使得可以在像 RTX 3080 这样的消费级 GPU 上进行训练，甚至可以在像 A100 这样的专用 GPU 上实现单卡批大小为 256 的训练，相较于传统的分布式数据并行（DDP）训练，速度提升了约 6.5 倍。这意味着训练成本大幅降低，使得 AIGC 的训练更加可行和经济实惠。

对于个性化微调，Colossal-AI 提供了一个开源解决方案，允许用户为特定下游任务训练最新的专业模型。解决方案包括完整的训练配置和脚本，使用户可以更加方便地进行相应训练。它在像 GeForce RTX 2070/3050 这样的消费级 GPU 上实现微调，相较于高端 GPU 如 RTX 3090 或 4090，硬件成本降低了约 7 倍。Colossal-AI 的方法降低了使用 Stable Diffusion 等模型的门槛，使用户能够根据其特定需求定制模型。它还与 PyTorch Lightning 集成，提供无缝的训练体验。

AIGC 行业因其在跨模态应用中的出色表现（如 Stable Diffusion、Midjourney、NovelAI 和 DALL-E 等）而备受关注。然而，高昂的硬件需求和训练成本严重阻碍了 AIGC 行业的快速发展。AIGC 应用通常依赖于诸如 GPT-3 或 Stable Diffusion 等大型模型，针对特定下游任务进行微调以实现令人印象深刻的性能。例如，仅 Stable Diffusion v1 的训练就需要超过 4000 个 NVIDIA A100 GPU，这导致了巨大的运营成本。Colossal-AI 通过优化预训练并实现资源高效的微调来解决这些挑战。

3. AlphaFold

蛋白质折叠问题长期以来一直是生物学领域的难题，而 AlphaFold 作为一种使用 Transformer 模型的蛋白质结构预测算法，首次实现了原子级别的精度，并在生物研究和药物开发领域得到广泛应用。

FastFold 是 Colossal-AI 推出的一个开源项目，旨在解决蛋白质结构预测领域中的挑战。实际应用 AlphaFold 模型时会存在一些问题，为了克服这些问题，FastFold 进行了技术优化。

1）它通过细粒度的显存管理优化，重构和优化了分块计算技术，引入局部分块和重计算，以降低显存消耗。此外，FastFold 还采用了显存共享技术，避免了显存复制，减少了显存开销。

2）FastFold 对 GPU Kernel 进行了优化，采用算子融合等计算优化技术，并重新实现了 LayerNorm 和 Fused Softmax 等算子，提高了在 GPU 平台上的计算效率。最新版本的 FastFold 使用了更优化的算子，并结合 Triton 实现了进一步的优化，平均提速约 25%。

3）FastFold 创新地引入了动态轴并行技术，根据 AlphaFold 的计算特点，在蛋白质特征的序列方向上进行数据划分，并使用 All_to_All 通信。与传统的张量并行不同，动态轴并行具有多个优势，包括支持所有计算模块、较小的通信量、较低的显存消耗和更多计算通信重叠的优化空间。通过动态轴并行，FastFold 可以将计算分布到多个 GPU 上，显著降低长序列模型的推理时间，相比原版 AlphaFold，性能提升可达 9~11 倍（使用 8 个 GPU）。

4）FastFold 利用 Ray 作为分布式计算引擎，实现了全流程的并行加速。在预处理过程中，通过数据并行和计算并行技术，充分利用多个 GPU 进行计算加速。

这些优化使得 FastFold 成为一种高效、经济的蛋白质结构预测工具，不仅显著降低了显存需求，提高了推理速度，还能够在普通消费级显卡上进行推理，为更多的研究者和机构提供了使用蛋白质结构预测的可能性。FastFold 的出现有助于推动蛋白质结构预测领域的进展，并为生物学研究和药物开发等领域提供了强大且易于使用的工具。

2.2 AI 大模型训练方法

随着深度学习模型的规模和复杂性不断增加，训练大型模型已成为一项具有挑战性的任务。即使使用计算高效的优化方法，如随机梯度下降（SGD），在大规模数据集上训练深度神经网络仍然需要巨大的计算资源和时间。为了应对这个问题，研究人员一直在努力提出新的大规模优化技术，以加快训练速度并提高模型的性能。

在大规模神经网络训练中，常用的技术之一是梯度累积。梯度累积通过在多个小批量样本上计算梯度，并将它们累积起来，然后一次性更新模型的参数。这样可以减少通信开销和参数更新的频率，从而加快训练速度。另一个常用的技术是梯度裁剪，它通过限制梯度的范围来防止梯度爆炸或梯度消失问题，从而提高模型的稳定性和收敛速度。

同时，为了提高训练效率和内存使用效率，混合精度训练也被广泛采用。混合精度训练利用低精度（如半精度）和高精度（如单精度）的浮点数表示来进行计算，从而减少内存占用和计算开销。通过将前向传播和反向传播过程中的激活值和梯度转换为低精度表示，同时保持权重的高精度表示，可以在几乎不损失模型精度的情况下显著提高训练速度。除了上述方法，还有一些其他的大模型训练技术和策略值得关注。一种方法是参数服务器架构，它将模型参数存储在分布式的参数服务器上，并通过网络进行参数更新和通信。这种架构可以有效地处理大量参数，并提高训练速度和可扩展性。另一种方法是模型并行化，其中模型的不同部分在多个设备或机器上并行训练。这种并行化方法可以加快训练速度，特别适用于大型模型，其中单个设备无法容纳整个模型。通过将模型划分为多个部分，并在多个设备上同时进行计算和参数更新，可以显著缩短训练时间。

此外，基于梯度的优化算法也在大模型训练中发挥着重要的作用。例如，自适应优化算法（如 Adam、Adagrad 和 RMSProp）可以根据梯度的统计信息自适应地调整学习率，以提高优化的效果和收敛速度。这些算法可以更好地处理大规模模型训练中的梯度稳定性和学习率问题。除了这些常用的技术，还有一些大批量优化方法被广泛应用于加速神经网络训练。其中之一是

LARS（Layer-wise Adaptive Rate Scaling），它根据每个层的梯度大小自适应地调整学习率，从而实现更平衡和高效的训练。另一个方法是 LAMB（Layer-wise Adaptive Moments optimizer for Batching training），它结合了 LARS 和自适应矩阵估计算法，进一步提高了优化的效果和收敛速度。

综上所述，训练大型深度学习模型是一项具有挑战性的任务，但通过采用各种大规模优化技术可以取得显著的改进。如梯度累积、梯度裁剪、自适应的大批量优化器（LARS、LAMB）、参数服务器/模型并行和混合精度训练等方法都被广泛应用于加速和优化神经网络的训练过程。这些方法的综合应用可以显著提高训练速度和效率，使研究人员和工程师能够更快地开发和训练复杂的深度学习模型。

在本节中首先介绍在大规模神经网络训练中常用的技术，如梯度累积和梯度裁剪。然后，介绍当前常用的提升神经网络训练速度的大批量优化器，如 LARS 和 LAMB。最后，介绍当前常用的训练神经网络的模型精度，以及进一步优化内存使用以及提升训练效率的混合精度训练机制。

▶▶2.2.1　梯度累积和梯度裁剪

梯度累积和梯度裁剪是在大规模深度学习模型训练中常用的优化技术。它们旨在解决训练过程中梯度更新的稳定性和效率问题，从而提高训练速度和收敛性。

1. 梯度累积

对于神经网络的训练，Mini-Batch 的大小是一个非常重要的超参数，会在一定程度上影响模型最终的收敛性能。然而，Mini-Batch 的大小往往会受限于显存的大小。在计算资源有限的情况下，很难直接设置一个较大的 Mini-Batch 进行训练。因此，如何在有效的资源下，模拟较大的 Batch 进行模型的训练变得非常重要。梯度累积正是实现这一目的的重要方法。

传统的随机梯度下降（SGD）每次只使用一个小批量样本的梯度进行参数更新，这可能导致训练过程中的梯度方差较大，参数更新不稳定。通过梯度累积，可以减小梯度方差，平滑参数更新，提高参数更新的稳定性。梯度累积还可以在内存有限的情况下，利用更大的批量样本进行训练，从而提高训练效果。

2. 梯度裁剪

为了加快神经网络的训练过程，同时寻找全局最优解以获得更好的性能，越来越多的相关工作者尝试对学习率的调控进行优化。具体来说，就是尝试通过控制学习率来调整训练中的损失值的下降速度。这使得梯度向量在每一步的优化过程中都变得更加统一。在这种情况下，损失值下降的速度也可以按照预期得到控制。基于以上思想，梯度裁剪被提出，该方法是一种可以将梯度向量归一化，以将梯度的长度进行限制的技术。对于那些希望模型训练的更好更稳定的研究者来说，梯度裁剪往往是一种不可或缺的技术。

梯度剪裁用于限制梯度的范围，以避免梯度爆炸或梯度消失的问题。在深度学习模型中，梯度通常会受到网络结构、激活函数和优化算法等因素的影响，可能出现较大或较小的梯度值。梯度剪裁通过设置梯度的上限或下限，将梯度限制在一个合理的范围内。这有助于防止梯度过大导致的参数更新不稳定，或者梯度过小导致的训练困难。梯度剪裁可以提高训练过程的稳定性和收敛速度，使模型更容易学习和优化。

综合来看，梯度累积和梯度剪裁是针对大规模深度学习模型训练中梯度更新的稳定性和效率问题的两种常用优化技术。梯度累积通过累积多个小批量样本的梯度来平滑参数更新，提高训练的稳定性和效果。梯度剪裁则通过限制梯度的范围，防止梯度过大或过小导致的问题，提高训练的收敛性和速度。这些技术的综合应用可以帮助研究人员和工程师更好地应对大规模深度学习模型训练的挑战，提高训练效率和加速模型优化的过程。同时，这些技术也可以在有限的硬件资源下实现更大规模的训练，进一步提升模型性能。

▶▶ 2.2.2 大批量优化器 LARS/LAMB

在大规模数据上训练大模型时，大批量训练会带来一系列优势，比如更高的计算效率，更小的分布式通信开销，更快的收敛速度等。而常见的自适应优化器（如 Adam）在面对大批量训练时会遇到训练稳定性差，显存利用率低的问题，因此为了克服这些挑战，研究人员提出了一系列的大批量优化器，其中最著名的是 LARS（Layer-wise Adaptive Rate Scaling）和 LAMB。

LARS 是一种专门设计用于大规模批量训练的优化器。它通过在层级上自适应地缩放学习率来平衡不同层级的梯度更新速度，从而提高模型的训练效率和性能。LARS 通过计算每个层级的梯度和参数的比例来动态调整学习率，并将较大的学习率分配给梯度较小的层级，以避免梯度爆炸的问题。这种自适应的学习率调整可以帮助模型更好地收敛，并提高模型的泛化能力。

LAMB 是基于 LARS 的进一步改进，它不仅可以自适应地调整学习率，还结合了自适应梯度裁剪和自适应矩估计。梯度裁剪可以防止梯度爆炸，并确保梯度的范数在一定的阈值范围内。自适应矩估计用于计算适应性的自适应学习率，同时考虑了梯度和参数的二阶矩信息。LAMB 在优化过程中综合考虑了梯度的大小和方向，以及参数的规模和变化情况，从而提供更准确和稳定的学习率更新。

LARS 和 LAMB 作为大批量优化器，能够充分利用显存资源，加速神经网络的训练过程。它们在大规模深度学习任务中取得了显著的成果，并被广泛应用于各种领域，如自然语言处理、计算机视觉和语音识别等。通过合理调整学习率和梯度裁剪等参数，LARS 和 LAMB 可以提高模型的收敛速度，增强模型的鲁棒性，并且在一定程度上减少了超参数的选择和调整的复杂性。

大批量优化器（如 LARS 和 LAMB）为大规模深度学习模型的训练提供了重要的技术支持。它们通过自适应地调整学习率、梯度裁剪和自适应矩估计等手段，实现了对大规模数据集的高效处理和模型参数的优化。随着深度学习模型和数据集不断扩大，大批量优化器的研究和应用将持续发展，为深度学习领域的进一步突破提供有力支持。下面将介绍当前主流的大批量优化器 LARS 和 LAMB。

1. LARS

标准的随机梯度下降（SGD）在所有层中使用相同的学习率 λ：$w_{t+1} = w_t - \lambda \nabla L(w_t)$。当 λ 较大时，更新步长 $\| \lambda * \nabla L(w_t) \|$ 可能大于权重的模 $\| w \|$，这可能导致发散，使得训练的初始阶段对权重初始化和初始学习率非常敏感。You 等在 2017 年提出了 LARS 算法，其发现权重和梯度的 L2 范数比值 $\dfrac{\| w \|}{\| \nabla L(w_t) \|}$ 在不同层之间存在显著的变化。例如，以 AlexNet-BN 经过一次迭代为例。第一卷积层（conv1.w）的比值为 5.76，而最后一个全连接层（fc6.w）的比值为 1345，见表 2-1。这个比值在初始阶段较高，并在几个轮次后迅速下降。

表 2-1　AlexNet-BN 模型在第一次迭代中的梯度 norm 与梯度 norm 的分析

Layer	conv1.b	conv1.w	conv2.b	conv2.w	conv3.b	conv3.w	conv4.b	conv4.w
$\| w \|$	1.86	0.098	5.546	0.16	9.40	0.196	8.15	0.196
$\| \nabla L(w) \|$	0.22	0.017	0.165	0.002	0.135	0.0015	0.109	0.0013
$\dfrac{\| w \|}{\| \nabla L(w) \|}$	8.48	5.76	33.6	83.5	69.9	127	74.6	148
Layer	conv1.b	conv1.w	conv2.b	conv2.w	conv3.b	conv3.w	conv4.b	conv4.w
$\| w \|$	0.65	0.16	30.7	6.4	20.5	6.4	20.2	0.316
$\| \nabla L(w) \|$	0.09	0.0002	0.26	0.005	0.30	0.013	0.22	0.016
$\dfrac{\| w \|}{\| \nabla L(w) \|}$	73.6	69	117	1345	68	489	93	19

如果全局的学习率（LR）与每个层计算出的 ratio 相比差异较大，可能会导致训练变得不稳定。通过设置学习率的"预热（warmup）"，可以在一定程度上解决这个问题。通过从较小的学习率开始，并逐渐增加学习率，使得该学习率可以安全地应用于所有层，直到权重增长到足够大，可以使用较大的学习率，从而试图克服这个困难。

LARS 希望采用不同的方法，为每个层分配不同的学习率 $\gamma^{(i)}$：

$$\Delta x_t^{(i)} = \eta * \gamma^{(i)} * \nabla L(x_t^{(i)}) \tag{2-1}$$

其中 η 是全局学习率，在第 t 次迭代计算得到的梯度为 $g_t = \nabla L(x_t)$，为每个层定义的学习率 $\gamma^{(i)}$ 可以定义为：

$$\gamma^{(i)} = \frac{\| x_t^{(i)} \|}{\| \nabla L(x_t^{(i)}) \|} \tag{2-2}$$

需要注意的是，现在每个层的更新量不再取决于梯度的大小，因此它有助于部分消除梯度消失和梯度爆炸问题。这个定义可以很容易地扩展到基于动量的随机梯度下降（SGD）算法：

$$m_t = \beta_1 m_{t-1} + (1-\beta_1)(g_t + \lambda x_t)$$

$$\gamma^{(i)} = \frac{\| x_t^{(i)} \|}{\| m_t^{(i)} \|} \tag{2-3}$$

算法 2-1 LARS

输入：模型权重 $x_t \in R^d$，学习率 $\{\eta_t\}^T_{t=1}$

令 $m_0 = 0$

For $t = 1$ to T：

　　从数据集中采样 b 个样本组成 S_t 作为一个 mini-batch

　　计算梯度：$g_t = \dfrac{1}{|S_t|} \Sigma_{s_t \in S_t} L(x_t, s_t)$

　　$m_t = \beta_1 m_{t-1} + (1-\beta_1)(g_t + \lambda x_t)$

　　$x^{(i)}_{t+1} = x_t^{(i)} - \eta_t \dfrac{\| x_t^{(i)} \|}{\| m_t^{(i)} \|} m_t^{(i)}$

---

2. LAMB

Adam 优化器在深度学习社区中很受欢迎，并且已经证明对于训练诸如 BERT 等先进的语言模型具有良好的性能。因此，LAMB 尝试将 LARS 中对每一层分配一个独立的学习率的思想与 Adam 相结合，期望能够在基于 Transformer 的语言模型中取得良好的性能。然而，与 LARS 不同的是，LAMB 的自适应性有以下两个方面。

1）参考 Adam 中的设计，使用二阶矩的平方根对每个维度归一化：

$$v_t = \beta_2 v_{t-1} + (1-\beta_2) g_t^2 \tag{2-4}$$

$$r_t = \frac{m_t}{\sqrt{v_t} + \epsilon}$$

2）根据层自适应性而获得的层归一化：

$$\frac{\phi(\| x_t^{(i)} \|)}{\| r_t^{(i)} + \lambda x_t^{(i)} \|} \tag{2-5}$$

LAMB 的伪代码如算法 2-2 所示：

算法 2-2 LAMB

输入：模型权重 $x_t \in R^d$，学习率 $\{\eta_t\}^T_{t=1}$

令 $m_0 = 0$，$v_0 = 0$

For $t = 1$ to T：

从数据集中采样 b 个样本组成 S_t 作为一个 mini-batch

计算梯度：$g_t = \dfrac{1}{|S_t|} \sum_{s_t \in S_t} L(x_t, s_t)$

$m_t = \beta_1 m_{t-1} + (1-\beta_1)(g_t + \lambda x_t)$

$v_t = \beta_2 v_{t-1} + (1-\beta_2) g_t^2$

$m_t = m_t / (1-\beta_1^t)$

$v_t = v_t / (1-\beta_2^t)$

$r_t = \dfrac{m_t}{\sqrt{v_t} + \epsilon}$

$x^{(i)}_{t+1} = x_t^{(i)} - \eta_t \dfrac{\| x_t^{(i)} \|}{\| r_t^{(i)} + \lambda x_t^{(i)} \|} (r_t^{(i)} + \lambda x_t^{(i)})$

▶▶ 2.2.3　模型精度与混合精度训练

模型精度是评估深度学习模型性能的关键指标之一。通常使用准确率、召回率、F1 分数等指标来衡量模型的分类或回归效果。在训练过程中，研究人员和工程师通过调整模型结构、优化算法和超参数等方式来提高模型精度。例如，使用更深的网络、增加模型的宽度、引入正则化技术、优化损失函数等方法都可以提高模型的性能。模型精度的提高对于许多应用来说至关重要，例如图像分类、目标检测、语音识别等领域。

混合精度训练是一种有效提高深度学习训练效率的技术。在混合精度训练中，模型的参数使用低精度（如半精度）表示，而梯度计算和参数更新使用高精度（如单精度）进行。这种训练策略在一定程度上减少了计算和内存开销，加快了训练速度，并且通常不会对模型精度产生显著的影响。混合精度训练的核心思想是利用低精度表示来加速计算，同时保持模型的精度。

混合精度训练的优势在于在不牺牲模型性能的情况下提高了训练速度和内存效率。通过减少浮点运算的计算量和内存占用，混合精度训练使得能够处理更大规模的模型和数据集。此外，混合精度训练还有助于降低能源消耗和硬件成本，对于在资源有限的环境中进行深度学习训练具有重要意义。

通过不断改进模型结构和优化算法，提高模型精度是实现更准确和可靠的深度学习模型的关键。同时，混合精度训练为加速训练过程、降低资源消耗提供了有效的方法。随着深度学习模型的规模和数据集的增长，模型精度和混合精度训练将继续扮演重要的角色。研究人员和工程师将不断探索新的方法和技术，以提高模型精度并优化混合精度训练的效果。

模型精度和混合精度训练是深度学习中重要的关注点，它们涉及模型的性能和效率。下面将探讨模型精度的评估方法以及混合精度训练的技术和优势。

1. 模型精度

（1）FP16

FP16 表示采用 2 个字节共 16 位进行编码存储的一种数据类型，如图 2-1 所示。从图中可以看出，最高位表示符号位（sign bit），中间位表示指数位（exponent bit），低位表示分数位（fraction bit）。以 FP16 为例，符号位表示正负，占据 1 比特（bit），接下来的 5 比特表示指数 exponent，最后 10 比特表示分数 fraction。

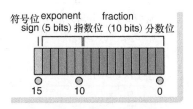

图 2-1　FP16 的示意图

（2）FP32

FP32 表示采用 4 个字节共 32 位进行编码存储的一种数据类型，如图 2-2 所示。具体地，符号位占据 1 比特，用来表示数字的正符号，接下来的 8 比特用来表述指数 exponent，最后的 23 比特用来表示分数 fraction。

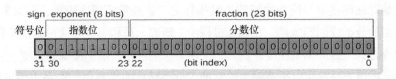

图 2-2　FP32 的示意图

2. 混合精度训练

从以上对模型精度的介绍可以了解到，FP16 的位宽是 FP32 的一半。因此，在模型训练的过程中使用 FP16 可以减小内存的使用开销，同时可以提升在分布式训练中的通信效率。然而，FP16 的使用往往也会带来一些问题。

（1）数据溢出

通过简单的计算，可以得出 FP16 的数据表示范围为 $6.10 \times 10^{-5} \sim 65504$。然而，FP32 的有效数据表示范围为 $1.4 \times 10^{-45} \sim 1.7 \times 10^{38}$，可以发现 FP16 的数据表示范围要比 FP32 小很多。因此，直接将 FP32 替换为 FP16 可能会出现上溢（Overflow）和下溢（Underflow）的情况，进而产生数据溢出，影响模型训练的性能。

（2）舍入误差

舍入误差是指在模型进行反向传播计算时，梯度数值可能会很小，使用 FP32 可以较为精确地表示其数值，然而 FP16 由于精度的缺失导致其表示的数值不够准确而产生误差值。当小于 FP16 的最小表示间隔时，同样会造成数据的溢出。

基于以上分析，混合精度训练被提出的主要的目的是结合 FP16 和 FP32 的优势，在尽可能减少精度损失的情况下，利用 FP16 半精度浮点数加速神经网络的训练。在神经网络的训练过程中，根据权重与梯度等计算的具体需求，选择 FP16 与 FP32 相结合的训练方式。在利用 FP16 节省内存开销的好处的同时，可以避免数据溢出和舍入误差。

2.3 异构训练

GPU 高度并行的设计恰巧迎合了当今人工智能大模型训练的需求，然而随着参数量的不断膨胀，大模型对计算能力的需求也在逐步逼近 GPU 的上限。2023 年初，一场名为 ChatGPT 的浪潮席卷全球，激发了人们对大型模型潜能的无限想象。其背后起支持作用的模型家族中，GPT-3（Generative Pretrained Transformer）达到了惊人的 1750 亿参数量。然而，这还仅仅是大型模型的冰山一角。在 GPT-3 之上，还出现了更为庞大的 5000 亿级模型，如 Megatron Turing NLG 等。这里可以简单计算一下，1750 亿个参数如果以双精度浮点数存储需要约 650GB，然而在实际训练中，参数的梯度、优化器的状态都需要额外占用很大的空间；如果使用 Adam 优化器，粗略估算梯度和优化器在训练 GPT-3 时会占用约三倍于模型参数大小的空间。雪上加霜的是，在模型的训练与推理中，往往会产生大量的中间变量，这些中间变量的内存占用取决于模型结构或批次大小，有时甚至会比模型本身的空间占用更大。即使使用现今能够购买到的最大显存的 GPU（约 80GB），仍然需要至少 32 个 GPU 才能开始训练。

如此巨量的参数带来了前所未有的计算挑战，在 GPU 的计算能力与存储空间都得以充分利用的前提下，借助其他计算设备来辅助计算过程便至关重要。这就引出了异构计算的概念。异构计算下的 AI 计算旨在统筹协调包括 CPU、TPU、GPU、DRAM 以及 NVMe 固态硬盘等在内的多种硬件设备，并充分利用各种设备的独特优势，来实现高效率的模型推理或训练。本节将重点关注通过异构计算实现的高效内存管理。

在 GPU 的显存非常有限的情况下，一个很自然的想法便是将模型状态挪出 GPU 来存储。于是，各种数据卸载方案便应运而生。然而对于计算设备，访问主机内存或者硬盘会带来远高于访问显存所需的通信开销，于是开发者们对于大模型中的高效数据存放进行了大胆的尝试。

▶▶ 2.3.1 异构训练的基本原理

异构训练是一种利用不同类型的计算设备进行深度学习模型训练的方法。它基于不同设备在计算能力、内存容量和能耗等方面的差异，通过将不同设备的优势结合起来，提高训练效率和性能。

异构训练的基本原理是将计算任务划分为不同的子任务，并将这些子任务分配给适合处理它们的计算设备。一般情况下，异构计算下的 AI 计算旨在统筹协调包括 CPU、TPU、GPU、DRAM 以及 NVMe 固态硬盘等在内的多种硬件设备，并通过充分利用各种设备的独特优势，提高深度学习模型训练的效率和性能。通过合理的任务划分和设备协同工作，异构训练可以加速模型的训练过程，降低训练时间，并提高训练效果。

在实现异构训练时，需要考虑以下几个关键方面。

1. 设备选择

根据任务的计算需求和数据规模，选择合适的设备进行训练。例如，GPU、TPU 等硬件非常适合处理如矩阵运算等大规模并行计算任务，而 CPU 则在高度序列化且读写频繁的特定类型的计算任务上具有优势。

2. 任务划分

将训练过程的不同部分分配到不同的设备上进行计算。例如，将模型的前向和反向传播分配到 GPU 进行加速，而模型的参数更新则在 CPU 上进行。

3. 数据通信

在异构训练中，不同设备之间需要进行数据交换和通信。这包括在计算节点之间及在节点内的计算设备之间往复传递中间变量和模型状态等信息。高效的数据通信和同步机制对于异构训练的性能至关重要。

4. 调度和协调

在异构训练中，需要进行设备和通信任务的调度与协调，以确保各个环节间的阻塞最小，同时保证任务顺利执行。这可以通过异步通信、交换机内聚合操作等手段来实现。

异构训练的实现方式可以有多种，取决于具体的任务和计算设备。常见的实现方式包括多 GPU 训练、CPU-GPU 协同训练、GPU-TPU 协同训练等。这些方法都旨在充分利用不同设备的计算能力，提高训练速度和效率。

CPU-GPU 协同训练是将模型的前向和反向传播部分分配给 GPU 进行加速，而模型的参数更新部分则在 CPU 上进行。这样可以利用 GPU 的并行计算能力加速模型的前向传播过程，并在 CPU 上进行高效的梯度计算和参数更新。GPU-TPU 协同训练是利用 GPU 和 TPU 两种不同类型的计算设备进行训练。TPU 作为专用加速器，在某些类型的计算任务上具有更高的计算效率。通过将模型的部分计算任务分配给 TPU 进行加速，可以进一步提高训练效率。

需要注意的是，在异构训练中，设备之间的数据通信和同步是一个关键的挑战。有效的数据传输和同步机制可以减少通信开销，确保设备之间的协同工作。同时，调度和协调任务的方式也会对异构训练的性能产生影响。合理的任务调度和设备协同机制可以提高系统的负载均衡和效率。

异构训练是利用不同计算设备进行深度学习模型训练的重要方法。通过合理的设备选择、数据划分、模型分布、数据通信和调度协调等方式，可以充分利用不同设备的优势，提高训练效率和性能。异构训练为大规模深度学习训练提供了一种有效的解决方案，加速了模型的训练过程，并促进了深度学习技术的发展和应用。下面将重点关注通过异构计算实现的高效内存管理。

▶▶ 2.3.2　异构训练的实现策略

在大规模深度学习训练中，异构训练是一种重要的策略，可以利用不同类型的计算设备进行加速，提高训练效率和性能。下面将介绍两种实现异构训练的策略：基于 CPU 和 NVMe 的卸载技术。

零冗余优化器（Zero Redundancy Optimizer，简称 ZeRO）是 2020 年 Rajbhandari 等人提出的一种数据并行方案。ZeRO 可以将模型状态均匀地拆分并分散地存储在不同的计算设备中。相较于传统数据并行，这种方案能够极大地减少大规模并行学习训练中的内存使用。ZeRO 的具体原理会在第 3 章中详细说明。

在此基础上，ZeRO-Offload 是一种实现 CPU 卸载的方法，它通过将优化器状态从 GPU 中转移到主机内存中来减小 GPU 的存储负担。同时，参数更新等运算也交由 CPU 同步执行，大大缓解了 GPU 的计算负担。在 ZeRO-Offload 中，主机 CPU 主要负责参数的更新与管理，而高强度的线性代数运算则由外部加速设备负责执行。其优势在于可以充分利用 CPU 的计算能力，提高训练速度和效率。它可以通过减少加速设备的计算和存储负载，释放更多的计算资源用于训练。

NVMe（Non-Volatile Memory Express）卸载技术是一种通过将数据存储和计算任务分离的方式来实现异构训练的策略。在传统的训练过程中，计算任务和数据存储通常位于同一个设备（如 CPU 或 GPU）中，这会导致数据传输和通信的瓶颈。而 NVMe 卸载技术则将数据存储从计算设备中解耦，将数据存储在专用的 NVMe 设备中，并通过高速的 PCIe 总线与计算设备进行通信。

通过使用 NVMe 卸载技术，可以实现更高效的数据传输和通信，提高训练效率和性能。计算设备可以通过高速通道直接读取和写入存储设备中的数据，减少数据传输的延迟和开销。这种方式可以充分利用 NVMe 设备的高速读写能力，加速训练过程。

总结起来，CPU 和 NVMe 卸载技术是实现异构训练的两种重要策略。ZeRO-Offload 通过将计算任务从 GPU 转移到 CPU 和主机内存，充分利用各种设备的计算能力来提高训练效率。NVMe 卸载技术通过将数据存储从计算设备中解耦，并使用高速通道进行数据传输，要使用 ZeRO-Offload 和 NVMe 卸载技术，需要进行一些关键的步骤和考虑一些重要因素。以下是一些常见的实现策略。

1）硬件配置和连接：首先，需要合适的硬件配置来支持异构训练。这包括具备较高计算能力的加速设备（如 GPU、FPGA 或 ASIC）和专用的 NVMe 存储设备。此外，需要确保计算设备和存储设备之间有高速可靠的连接通道，如 PCIe Gen4.0 或更新的标准。

2）数据分发和同步：在异构训练中，数据的分发和同步是关键问题。需要设计有效的数据分发策略，将训练数据均匀地分配到不同的计算设备上，并确保计算设备之间的数据同步。这可以通过数据并行化和同步机制（如 Allreduce）来实现。

3）存储管理和数据预取：对于卸载技术，需要有效管理存储设备中的数据，并实施数据预取机制。这可以通过缓存机制和预取算法来实现，以减少数据访问延迟并提高训练效率。

4）系统优化和性能调优：在实现异构训练时，还需要进行系统优化和性能调优。这包括针对不同硬件设备的优化策略，如 GPU 的计算图优化、FPGA 的并行化设计等。此外，还可以通过调整参数和算法选择等方式来提高训练性能。

1. 早期的数据卸载——ZeRO-Offload 简介

数据卸载的历史中，一个颇为成功的方案便是基于 ZeRO 的 ZeRO-Offload。其整个框架的思路非常简单直接：由 GPU 进行前向传播和反向传播，由 CPU 进行参数更新等优化器操作，如图 2-3 所示。这样一来，所有的优化器状态都可以放在主机内存而不是显存中，往返于 GPU 和内存间的数据只有模型参数和梯度。比起用到哪些参数传递哪些参数的原始想法，这样的卸载方案明显地减少了需要传输的数据量。

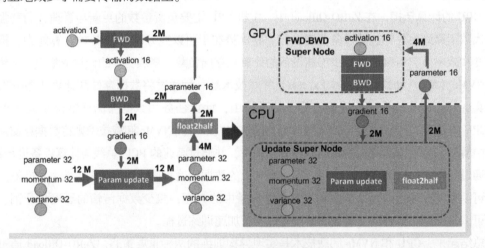

图 2-3　ZeRO-Offload 工作原理示意

从定量的角度审视一下这个方案。每一次训练迭代中，对 GPU 而言的计算复杂度通常记作 O(MB)，M 为模型大小，B 为批次大小。由于 CPU 的计算能力远低于 GPU，便将梯度更新这种每次迭代中仅需一轮计算的操作分配给 CPU，复杂度为 O(M)。同时，这种方案下的每迭代通信总量也仅为 O(MB)。同时为了进一步减小通信量，梯度和参数都以半精度浮点数的形式传递，只有主机内存保留一份单精度浮点数的副本。另一方面为了避免花费大量时间在等待数据传输

上，ZeRO-Offload 会尽可能重叠数据传输和计算的过程。

然而细心的读者可能很快就会发现 ZeRO-Offload 的局限性。没错，推理怎么办？由于 ZeRO-Offload 仅仅将模型训练带来的计算和存储压力用 CPU 消解掉了，然而计算结果的过程——也就是前向传播的计算量和内存需求并未发生任何变化。这样一来，一个 GPU 所能承载的模型大小上限仍然没有显著地提升。

2. 更多空间、 更加智能——NVMe 卸载技术概览

作为后继工作，在将优化器移出 GPU 的基础之上，ZeRO-Infinity 旨在进一步把模型的权重也移出 GPU。所有运算需要的参数、变量等都只在运算时被取回 GPU，完成后便立即释放。这样一来，理论上运行一个模型所需要的最小显存仅为该模型中最大层及其相关激活层的大小。但是内存是有极限的，越是挑战各种卸载，模型就越可能在某些地方崩溃……除非有其他地方存储。于是引出了 ZeRO-Infinity 一个最大的亮点：NVMe 卸载。NVMe 有相较于传统固态硬盘或机械硬盘更低的延迟与更高的带宽，非常适用于模型卸载这种高强度且对延迟敏感的输入输出。由于 GPU 与 NVMe 同样使用 PCIe 总线通讯，与卸载至内存相比，带宽并没有明显受制于通信条件。但仍需注意，NVMe 固态硬盘的读写效率远低于 DRAM，因此 NVMe 卸载的性能上限多取决于存储设备本身的读写效率。

为了帮助读者更便捷地评估 ZeRO-Infinity 的内存/存储需求，在这里定量地讨论一下模型训练中所需要的内存量。假设所有模型权重及优化器状态全部卸载至主机内存，模型参数量为 M，所需的内存容量见表 2-2。

表 2-2　ZeRO-Infinity 内存消耗估算

单精度模型权重	4M
单精度梯度	4M
动量（Adam 优化器状态）	4M
方差（Adam 优化器状态）	4M
半精度模型权重	2M
缓存	C
总计	18M+C

其中缓存的大小往往需要根据模型的具体工作原理和实际需求来确定。更糟的是，ZeRO-Infinity原始的实现并不能有效地卸载中间激活，因此 ZeRO-Infinity 往往会在训练含有较大中间激活的模型时溢出。激活暂存（Activation Checkpointing）便是一个非常好的解决方案——正常进行前向传播时，所有的中间变量均会被保存下来，以便在反向传播时计算梯度。然而在激活暂存启用时，只挑选前向传播中的某几步保存其输入，并且在反向传播时重算中间的各种变量。这种方

法虽然会带来成倍的计算量，然而在数据卸载的背景下，比起传输巨量的激活，重新计算有时会更快一些。

另一方面，为了避免一些经常使用的模型权重和中间变量被往复传输，同时也为了有效地卸载计算中产生的激活，研究者们开发出了更加高效的张量管理方案——PatrickStar（派大星）。通过观察各张量的运行时特征，高效的内存管理器可以按需调度张量的移动与存储。这项功能已经被整合进主流加速框架 Colossal-AI 的 Gemini 模块中，这里可以简单体验一下模型卸载的强大力量。此处以 GPT 模型为例，使用 HuggingFace 提供的 GPT-2 模型，参数量约 13 亿。

```
from transformers import GPT2Config, GPT2Model
import torch

import colossalai
from colossalai.nn.optimizer import HybridAdam
from colossalai.utils import get_current_device
from colossalai.zero import ColoInitContext, zero_model_wrapper, zero_optim_wrapper

colossalai.launch_from_torch(config={}) # 初始化 Colossal-AI
device = get_current_device()   # 获取当前设备

gpt_config = GPT2Config(
    n_layer=24,
    n_embd=2048,
    n_head=24
)

# 通过 Colossal-AI 的上下文管理器，可以方便地管理训练中的各种张量
with ColoInitContext(device=device):
    model = GPT2Model(gpt_config)   # 初始化模型

optimizer = HybridAdam(model.parameters(), lr=1e-3)
# 初始化优化器
# HybridAdam 是高度优化的 ZeRO 优化器
# 可以在 CPU 中完成参数更新

gemini_config = dict(
    device=device, # 存放模型的设备
    placement_policy='auto',     # 自动选择卸载设备(cpu 或 cuda)
    pin_memory=True,      # 是否使用固定的内存页来交换数据
    hidden_dim=model.config.n_embd, # 隐藏层维度(可选)
)

model = zero_model_wrapper(   # 包装 ZeRO 模型
```

```
    model,
    zero_stage=3,  # ZeRO 等级
    gemini_config=gemini_config, # Gemini，分块内存管理器设置
)
optimizer = zero_optim_wrapper(model, optimizer)   #包装 ZeRO 优化器
```

通过上述代码，可以轻松地在单个 GPU（笔者使用 NVIDIA RTX4080，16GB 显存）中加载一个 10 亿级参数的大语言模型。

2.4 实战分布式训练

本节将向读者展示如何在真实的硬件环境中进行大型深度学习模型的训练。首先，将详细介绍如何设置和配置 Colossal-AI 环境，以便为大规模深度学习训练做好准备，目标是帮助读者理解并搭建他们自己的 Colossal-AI 环境。之后，会指导读者如何在配置好的 Colossal-AI 环境中训练他们的第一个模型。这里将提供详细的代码和步骤，从数据准备到模型的训练和评估，以帮助读者理解和掌握使用 Colossal-AI 进行模型训练的全过程。最后，将深入讨论在不同的硬件环境中训练大型 AI 模型的挑战和策略。这里将介绍如何利用 Colossal-AI 进行异构训练，比如在多 GPU、多节点的设置中，如何优化内存使用，如何平衡计算和通信的需求等，目标是帮助读者理解并实施大型深度学习模型的异构训练。

本节将理论与实践相结合，让读者在了解大型深度学习模型训练的理论基础的同时，也能掌握如何在实际的硬件环境中进行训练的技巧和方法。

▶▶ 2.4.1 Colossal-AI 环境搭建

可以通过 Python 的官方索引来安装 Colossal-AI 软件包。

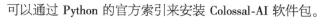

```
pip install colossalai
```

数据并行是实现加速模型训练的基本方法。通过两步可以实现训练的数据并行：第一步是构建一个配置文件，第二步是在训练脚本中修改很少的几行代码。

（1）Colossal-AI 功能配置

为了使用 Colossal-AI，在配置好文件后，Colossal-AI 提供了一系列的功能来加快训练速度（包括模型并行、混合精度、零冗余优化器等）。每个功能都是由配置文件中的相应字段定义的。如果只用到数据并行，那么只需要具体说明并行模式。本例使用 PyTorch 最初提出的混合精度训练，只需要定义混合精度配置 fp16 = dict（mode=AMP_TYPE.TORCH）。

（2）全局超参数

全局超参数包括特定于模型的超参数、训练设置、数据集信息等。

```
from colossalai.amp import AMP_TYPE
# ViT Base
BATCH_SIZE = 256
DROP_RATE = 0.1
NUM_EPOCHS = 300
# mix precision
fp16 = dict(
mode=AMP_TYPE.TORCH,
)
gradient_accumulation = 16
clip_grad_norm = 1.0
dali = dict(
gpu_aug=True,
mixup_alpha=0.2
)
```

（3）修改训练脚本（/data_parallel/train_with_cifar10.py）

导入 Colossal-AI 相关模块。

```
import colossalai
from colossalai.context import ParallelMode
from colossalai.core import global_context as gpc
from colossalai.logging import disable_existing_loggers, get_dist_logger
from colossalai.nn.lr_scheduler import LinearWarmupLR
from colossalai.nn.metric import Accuracy
from colossalai.trainer import Trainer, hooks
```

导入其他模块。

```
import os
import torch
from timm.models import vit_base_patch16_224
from torchvision import transforms
from torchvision.datasets import CIFAR10
```

（4）启动 Colossal-AI

在训练脚本中，在构建好配置文件后，需要为 Colossal-AI 初始化分布式环境，此过程称为 launch 。Colossal-AI 提供了几种启动方法来初始化分布式后端。在大多数情况下，可以使用 colossalai.launch 和 colossalai.get_default_parser 来实现使用命令行传递参数。此外，Colossal-AI 可以利用 PyTorch 提供的现有启动工具，正如许多用户通过使用熟知的 colossalai.launch_from_torch

那样进行相关操作。更多详细信息，可以参考相关文档。

```
# initialize distributed setting
parser = colossalai.get_default_parser()
args = parser.parse_args()
colossalai.launch_from_torch(config=args.config)
disable_existing_loggers()
logger = get_dist_logger()
```

初始化后，可以使用 colossalai.core.global_context 访问配置文件中的变量。

```
#access parameters
print(gpc.config.BATCH_SIZE)
```

▶▶ 2.4.2 使用 Colossal-AI 训练第一个模型

学会了 Colossal-AI 的环境搭建，现在读者可以在 Colossal-AI 的环境中训练属于自己的第一个模型了。

（1）构建模型

如果只需要数据并行性，则不用对模型代码进行任何更改。这里使用 timm 中的 vit_base_patch16_224。

```
# build model
model=vit_base_patch16_224(drop_rate=0.1,
num_classes=gpc.config.NUM_CLASSES)
```

（2）构建 CIFAR-10 数据加载器

colossalai.utils.get_dataloader 可以轻松构建数据加载器。

```
def build_cifar(batch_size):
    transform_train = transforms.Compose([
        transforms.RandomCrop(224, pad_if_needed=True),
        transforms.AutoAugment(policy=transforms.AutoAugmentPolicy.CIFAR10),
        transforms.ToTensor(),
        transforms.Normalize((0.4914, 0.4822, 0.4465), (0.2023, 0.1994, 0.2010)),
    ])
    transform_test = transforms.Compose([
        transforms.Resize(224),
        transforms.ToTensor(),
        transforms.Normalize((0.4914, 0.4822, 0.4465), (0.2023, 0.1994, 0.2010)),
    ])
    train_dataset = CIFAR10(root=os.environ['DATA'], train=True,
download=True, transform=transform_train)
```

```
    test_dataset = CIFAR10(root=os.environ['DATA'], train=False,
transform=transform_test)
    train_dataloader = get_dataloader(dataset=train_dataset,
shuffle=True, batch_size=batch_size, pin_memory=True)
    test_dataloader = get_dataloader(dataset=test_dataset,
batch_size=batch_size, pin_memory=True)
    return train_dataloader, test_dataloader
# build dataloader
train_dataloader, test_dataloader = build_cifar(gpc.config.BATCH_SIZE)
```

（3）定义优化器，损失函数和学习率调度器

Colossal-AI 提供了自己的优化器、损失函数和学习率调度器。PyTorch 的这些组件也与 Colossal-AI 兼容。

```
# build optimizer
optimizer=colossalai.nn.Lamb(model.parameters(),
lr=1.8e-2, weight_decay=0.1)
# build loss
criterion = torch.nn.CrossEntropyLoss()
# lr_scheduelr
lr_scheduler = LinearWarmupLR(optimizer, warmup_steps=50,
total_steps=gpc.config.NUM_EPOCHS)
```

（4）启动用于训练的 Colossal-AI 引擎

Engine 本质上是对模型、优化器和损失函数的封装类。当使用 colossalai.initialize，将返回一个 Engine 对象，并且它已经按照配置文件中的指定内容，配置了梯度剪裁、梯度累积和零冗余优化器等功能。之后，基于 Colossal-AI 的 Engine 可以进行模型训练。

```
engine, train_dataloader, test_dataloader, _ = colossalai.initialize(
        model, optimizer, criterion, train_dataloader, test_dataloader
    )
```

（5）训练：Trainer 应用程序编程接口

Trainer 是一个更高级的封装类，用户使用更少的代码就可以实现训练。通过传递 Engine 对象很容易创建 Trainer 对象。

此外，在 Trainer 中，用户可以自定义一些挂钩，并将这些挂钩连接到 Trainer 对象。钩子对象将根据训练方案定期执行生命周期方法。例如，LRSchedulerHook 将执行 lr_scheduler.step( ) 在 after_train_iter 或 after_train_epoch 阶段更新模型的学习速率。

```
# build trainer
trainer = Trainer(engine=engine, logger=logger)
# build hooks
```

```
hook_list = [
    hooks.LossHook(),
    hooks.AccuracyHook(accuracy_func=MixupAccuracy()),
    hooks.LogMetricByEpochHook(logger),
    hooks.LRSchedulerHook(lr_scheduler, by_epoch=True),
    # comment if you do not need to use the hooks below
    hooks.SaveCheckpointHook(interval=1, checkpoint_dir='./ckpt'),
    hooks.TensorboardHook(log_dir='./tb_logs', ranks=[0]),
]
```

使用 trainer.fit 进行训练。

```
# start training
trainer.fit(
    train_dataloader=train_dataloader,
    test_dataloader=test_dataloader,
    epochs=gpc.config.NUM_EPOCHS,
    hooks=hook_list,
    display_progress=True,
    test_interval=1
)
```

（6）开始训练

DATA 是自动下载和存储 CIFAR-10 数据集的文件路径。＜NUM_GPUs＞是要用于使用 CIFAR-10 数据集，以数据并行方式训练 ViT 的 GPU 数。

```
export DATA=<path_to_data>
# If your torch >= 1.10.0
torchrun --standalone --nproc_per_node <NUM_GPUs>  train_dp.py --
config ./configs/config_data_parallel.py
# If your torch >= 1.9.0
# python -m torch.distributed.run --standalone --nproc_per_node=
<NUM_GPUs> train_dp.py --config ./configs/config_data_parallel.py
# Otherwise
# python -m torch.distributed.launch --nproc_per_node <NUM_GPUs> --
master_addr <node_name> --master_port 29500 train_dp.py --
config ./configs/config.py)
```

▶▶ 2.4.3　AI 大模型的异构训练

零冗余优化器（ZeRO）通过对 3 个模型状态（优化器状态、梯度和参数）进行划分而不是复制它们，消除了数据并行进程中的内存冗余。该方法与传统的数据并行相比，内存效率得到了极大的提高，而计算粒度和通信效率得到了保留。

- 分片优化器状态：优化器状态（如 Adam Optimizer，32 位的权重，以及一二阶动量估计）被划分到各个进程中，因此每个进程只更新其分区。
- 分片梯度：在梯度在数据并行进程组内进行 Reduction 后，梯度张量也被划分，这样每个进程只存储与其划分的优化器状态对应的梯度。注意，Colossal-AI 将梯度转换为 FP32 格式以参与更新参数。
- 分片参数：16 位的模型参数被划分到一个数据并行组的进程中。
- Gemini：对于参数、梯度、优化器状态的动态异构内存空间管理器。

下面将介绍基于 Chunk 内存管理的零冗余优化器。

使用零冗余优化器（ZeRO）时，需要通过切分参数的方式对模型进行分布式存储。这种方法的优点是每个节点的内存负载是完全均衡的。但是这种方式有很多缺点。首先，通信时需要申请一块临时内存用来通信，通信完毕释放，这会导致存在内存碎片化的问题。其次，以 Tensor 为粒度进行通信，会导致网络带宽无法充分利用。通常来说传输的消息长度越长带宽利用率越高。

利用 ColossalAI v0.1.8 引入了 Chunk 机制可以提升 ZeRO 的性能。将运算顺序上连续的一组参数存入一个 Chunk 中（Chunk 即一段连续的内存空间），每个 Chunk 的大小相同。Chunk 方式组织内存可以保证 PCI-e 和 GPU-GPU 之间网络带宽的高效利用，减小了通信次数，同时避免潜在的内存碎片。

在 v0.1.8 之前，ZeRO 在进行参数聚合时通信成本较高，如果一个参数在连续的几次计算中被使用多次，即会发生多次通信，效率较低。这种情况在使用 Checkpoint 时非常常见，参数在计算 Backward 时会重计算一遍 Forward。这种情况下，ZeRO 的效率便不高。

以 GPT 为例，其 Checkpoint 会应用在每一个 GPT Block 上，每一个 GPT Block 包含一个 Self-Attention层和 MLP 层。在计算 Backward 时，会依次计算 Self-Attention 层、MLP 层的 forward，然后依次计算 MLP 层、Self-Attention 层的 Backward。如果使用 Chunk 机制，将 Self-Attention 层和 MLP 层放在同一个 Chunk 中，在每个 GPT Block 的 Backward 的中便不用再通信。

除此之外，由于小 Tensor 的通信、内存移动没法完全利用 NVLINK、PCIE 带宽，而且每次通信、内存移动都有 Kernel Launch 的开销。使用了 Chunk 之后可以把多次小 Tensor 的通信、内存移动变为一次大 Tensor 的通信、内存移动，既提高了带宽利用，也减小了 Kernel Launch 的开销。

下面提供了轻量级的 Chunk 搜索机制，帮助用户自动找到内存碎片最小的 Chunk 尺寸，将运用 GeminiDDP 的方式来使用基于 Chunk 内存管理的 ZeRO。这是新包装的 torch.Module，它使用 ZeRO-DP 和 Gemini，其中 ZeRO 用于并行，Gemini 用于内存管理。同样需要确保模型是在 ColoInitContext 的上下文中初始化的。

定义模型参数如下：hidden dim 是 DNN 的隐藏维度。用户可以提供这个参数来加快搜索速度。如果用户在训练前不知道这个参数，将使用默认值 1024。min_chunk_size_mb 是以兆字节为单位的最小块大小。如果参数的总大小仍然小于最小块大小，则所有参数将被压缩为一个小块。

```
with ColoInitContext(device='cpu', default_dist_spec=default_dist_spec,
default_pg=default_pg):
  model = gpt2_medium(checkpoint=True)
```

（1）初始化优化器

```
chunk_manager = init_chunk_manager(model=module,
                                   init_device=device,
                                   hidden_dim=hidden_dim,
                                   search_range_mb=search_range_mb,
                                   min_chunk_size_mb=min_chunk_size_mb)
gemini_manager = GeminiManager(placement_policy, chunk_manager)
model = ZeroDDP(model, gemini_manager)
```

（2）训练 GPT

```
optimizer.zero_grad()
outputs = model(input_ids, attn_mask)
loss = criterion(outputs, input_ids)
optimizer.backward(loss)
optimizer.step()
```

此例使用 Hugging Face Transformers，并以 GPT2 Medium 为例。必须在允许该例程前安装 Transformers。为了简单起见，这里只使用随机生成的数据。只需要引入 Huggingface Transformers 的 GPT2LMHeadModel 来定义模型，不需要用户进行模型的定义与修改，方便用户使用。详细代码请访问 Colossal-AI 教程链接。

1. NVMe Offload

如果模型具有 N 个参数，在使用 Adam 时，优化器状态具有 $8N$ 个参数。对于 10 亿规模的模型，优化器状态至少需要 32 GB 内存。GPU 显存限制了可以训练的模型规模，这称为 GPU 显存墙。如果将优化器状态 Offload 到磁盘，便可以突破 GPU 内存墙。

编写参与人员实现了一个用户友好且高效的异步 Tensor I/O 库：TensorNVMe。有了这个库可以简单地实现 NVMe Offload。该库与各种磁盘（HDD、SATA SSD 和 NVMe SSD）兼容。由于 HDD 或 SATA SSD 的 I/O 带宽较低，建议仅在 NVMe 磁盘上使用此库。

在优化参数时，可以将优化过程分为 3 个阶段：读取、计算和 Offload，并以流水线的方式执行优化过程，这可以重叠计算和 I/O，如图 2-4 所示。

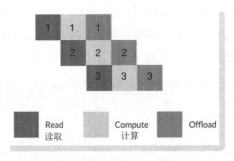

图 2-4 优化过程

在开始使用时，请先确保安装了 TensorNVMe。

```
pip install packaging
pip install tensornvme
```

为 Adam（CPUAdam 和 HybridAdam）实现了优化器状态的 NVMe Offload。

```
from colossalai.nn.optimizer import CPUAdam, HybridAdam
optimizer = HybridAdam(model.parameters(), lr=1e-3,
nvme_offload_fraction=1.0, nvme_offload_dir='./')
```

nvme_offload_fraction 是要 Offload 到 NVMe 的优化器状态的比例。nvme_offload_dir 是保存 NVMe Offload 文件的目录。如果 nvme_offload_dir 为 None，将使用随机临时目录。它与 ColossalAI 中的所有并行方法兼容。详细代码请访问 Colossal-AI 教程链接，相关章节将带读者用不同的方法训练 GPT。

结果可以得到，NVMe 卸载节省了大约 294 MB 内存。注意使用 Gemini 的 pin_memory 功能可以加速训练，但是会增加内存占用。所以这个结果也是符合预期的。如果关闭 pin_memory，仍然可以观察到大约 900 MB 的内存占用下降。

2. 认识 Gemini：ColossalAI 的异构内存空间管理器

在 GPU 数量不足情况下，想要增加模型规模，异构训练是最有效的手段。它通过在 CPU 和 GPU 中容纳模型数据，并仅在必要时将数据移动到当前设备，可以同时利用 GPU 内存、CPU 内存（由 CPU DRAM 或 NVMe SSD 内存组成）来突破单 GPU 内存墙的限制。在大规模训练下，其他方案如数据并行、模型并行、流水线并行都可以在异构训练基础上进一步扩展 GPU 规模。下面将描述 Colossal-AI 的异构内存空间管理模块 Gemini 的设计细节，它的思想来源于 PatrickStar，Colossal-AI 根据自身情况进行了重新实现。

（1）解决方案设计

目前的一些解决方案，DeepSpeed 采用的 Zero-Offload 在 CPU 和 GPU 内存之间静态划分模型数据，并且它们的内存布局对于不同的训练配置是恒定的。图 2-5 左边所示，当 GPU 内存不足以满足其相应的模型数据要求时，即使当时 CPU 上仍有可用内存，系统也会崩溃。而图 2-5 右边所示 Colossal-AI 可以通过将一部分模型数据换出到 CPU 上来完成训练。

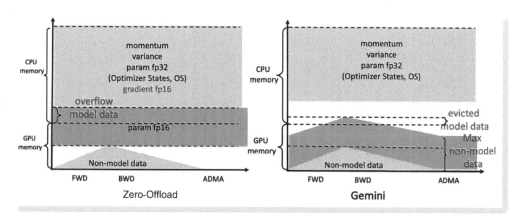

图 2-5　优化过程

Colossal-AI 设计了 Gemini，就像双子星一样，管理 CPU 和 GPU 两者内存空间。它可以让张量在训练过程中动态分布在 CPU-GPU 的存储空间内，从而让模型训练突破 GPU 的内存墙。内存管理器由两部分组成，分别是 MemStatsCollector（MSC）和 StatefulTensorMgr（STM）。

这里可以利用深度学习网络训练过程的迭代特性，将迭代分为 Warmup 和 Non-Warmup 两个阶段，开始时的一个或若干迭代步属于预热阶段，其余的迭代步属于正式阶段。在 Warmup 阶段为 MSC 收集信息，而在 Non-Warmup 阶段 STM 利用 MSC 收集的信息来移动 Tensor，以达到最小化 CPU-GPU 数据移动 volume 的目的，如图 2-6 所示。

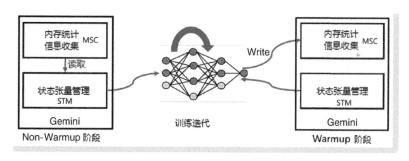

图 2-6　Gemini 在不同训练阶段的运行流程

（2）StatefulTensorMgr

STM 管理所有 Model Data Tensor 的信息。在模型的构造过程中，Colossal-AI 把所有 Model

Data 张量注册给 STM。内存管理器给每个张量标记一个状态信息。状态集合包括 HOLD、COMPUTE、FREE 三种状态。STM 的功能如下。

- 查询内存使用：通过遍历所有 Tensor 的在异构空间的位置，获取模型数据对 CPU 和 GPU 的内存占用。
- 转换张量状态：它在每个模型数据张量参与算子计算之前，将张量标记为 COMPUTE 状态，在计算之后标记为 HOLD 状态。如果张量不再使用则标记的 FREE 状态。
- 调整张量位置：张量管理器保证 COMPUTE 状态的张量被放置在计算设备上，如果计算设备的存储空间不足，则需要移动出一些 HOLD 状态的张量到其他设备上存储。Tensor Eviction Strategy 需要 MSC 的信息将在后面介绍。

（3）MemStatsCollector

在预热阶段，内存信息统计器监测 CPU 和 GPU 中模型数据和非模型数据的内存使用情况，供正式训练阶段参考。通过查询 STM 可以获得模型数据在某个时刻的内存使用。但是非模型的内存使用却难以获取。因为非模型数据的生存周期并不归用户管理，现有的深度学习框架没有暴露非模型数据的追踪接口给用户。MSC 通过采样方式在预热阶段获得非模型对 CPU 和 GPU 内存的使用情况。具体方法如下。

在算子的开始和结束计算时，触发内存采样操作，称这个时间点为采样时刻（Sampling Moment），两个采样时刻之间的时间称为 Period。计算过程是一个黑盒，由于可能分配临时 Buffer，内存使用情况很复杂。但是可以较准确地获取 Period 的系统最大内存使用。非模型数据的使用可以通过两个统计时刻之间系统最大内存使用-模型内存使用获得。

那么如何设计采样时刻呢？选择 PreOp 的 Model Data Layout Adjust 之前，如图 2-7 所示，可以采样获得上一个 Period 的 System Memory Used，和下一个 Period 的 Model Data Memory Used。并行

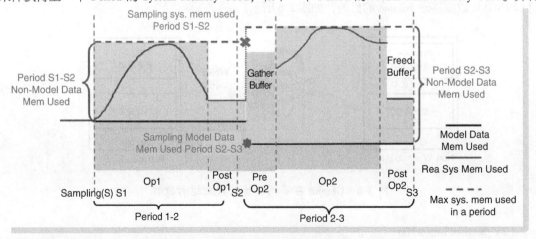

图 2-7　Sampling Based MemStatsCollector

策略会给 MSC 的工作造成障碍。比如对于 ZeRO 或者 Tensor Parallel，由于 Op 计算前需要 Gather 模型数据，会带来额外的内存需求。因此，要求在模型数据变化前进行采样系统内存，这样在一个 Period 内，MSC 会把 PreOp 的模型变化内存捕捉。比如在 Period S2-S3 内，考虑的 Tensor Gather 和 Shard 带来的内存变化。尽管可以将采样时刻放在其他位置，比如排除 Gather Buffer 的变动新信息，但是会给造成麻烦。不同并行方式 Op 的实现有差异，比如对于 Linear Op，Tensor Parallel 中 Gather Buffer 的分配在 Op 中。而对于 ZeRO，Gather Buffer 的分配是在 PreOp 中。将放在 PreOp 开始时采样有利于将两种情况统一。

尽管可以将采样时刻放在其他位置，比如排除 Gather Buffer 的变动新信息，但是会给造成麻烦。不同并行方式 Op 的实现有差异，比如对于 Linear Op，Tensor Parallel 中 Gather Buffer 的分配在 Op 中。而对于 ZeRO，Gather Buffer 的分配是在 PreOp 中。将放在 PreOp 开始时采样有利于将两种情况统一。

（4）Tensor Eviction Strategy

MSC 的重要职责是在调整 Tensor Layout 位置，比如在图 2-7 的 S2 时刻，减少设备上 Model Data 数据，Period S2-S3 计算的峰值内存得到满足。

在 Warmup 阶段，由于还没执行完毕一个完整的迭代，对内存的真实使用情况尚一无所知。此时限制模型数据的内存使用上限，比如只使用 30% 的 GPU 内存。这样保证可以顺利完成预热状态。

在 Non-Warmup 阶段，需要利用预热阶段采集的非模型数据内存信息，预留出下一个 Period 在计算设备上需要的峰值内存，这需要移动出一些模型张量。为了避免频繁在 CPU-GPU 换入换出相同的 Tensor，引起类似 Cache Thrashing 的现象。利用 DNN 训练迭代特性，设计了 OPT Cache 换出策略。具体来说，在 Warmup 阶段，记录每个 Tensor 被计算设备需要的采样时刻。如果需要驱逐一些 HOLD Tensor，那么选择在本设备上最晚被需要的 Tensor 作为受害者。

为了简化训练逻辑，本例使用合成数据训练 BERT。

首先，如下所示，导入需要的依赖。依赖主要来自于 PyTorch 和 Colossal-AI 框架本身。这里使用 Transformers 库来定义 BERT 模型。注意这里只提及核心依赖，其他必要的依赖请参考完整示例代码。

```
from transformers import BertConfig, BertForSequenceClassification
from colossalai import get_default_parser
from colossalai.nn.optimizer import HybridAdam
from colossalai.utils import get_current_device
from colossalai.zero import ColoInitContext, zero_model_wrapper, zero_optim_wrapper
```

接下来，传入分布式训练需要的参数和构建模型。Colossal-AI 框架提供了十分方便的接口来创建分布式环境。

```
parser = colossalai.get_default_parser()
parser.add_argument(...)
args = parser.parse_args()
colossalai.launch_from_torch(config={})
```

　　这里的 config 可以用来设置精度、并行策略等，本例不需要使用 config。通过 parser 传入的参数（比如 placement，dist_plan 和 vocab_size）可以根据需求手动设置，来确认使用的具体模型设置以及 ZeRO 策略。完整的示例代码可在随书资源中找到。本例可以拓展兼容 PyTorch 原生的数据并行进行比较，或者用张量并行来进一步优化，同时可以采用 Torch Profiler 来对性能进行测量。

第3章

▶▶▶▶▶▶

分布式训练：上千台机器如何共同起舞

本章将深入探讨并行策略在分布式训练中的基础原理和高级技术。首先，介绍数据并行和张量并行的基本原理，以实现在分布式环境中处理大规模数据和张量数据。接着，深入研究高级并行策略，包括序列并行和混合并行，用于子模型拆分、并行计算和提升分布式训练效果。最后，提供实战分布式训练的案例，包括应用模型并行策略的实际案例和结合多种并行策略的训练实践。通过本章的学习，读者可以掌握上千台机器共同协作的分布式训练技术，为构建高效的分布式训练系统提供实用指南。

3.1 并行策略基础原理

面对庞大的模型和复杂的计算任务，通过增加硬件数量来提升性能的想法是合理的，但要充分利用每张显卡的显存并不是一件容易的事情。在并行计算中，设计有效的并行策略是关键，它涉及数据划分、任务分配和通信等方面的基础原理。

- 数据划分是并行计算中的关键问题。大型模型的参数和计算量通常超出单个设备的处理能力，因此需要将模型和数据分割成适合不同设备的部分。数据划分可以基于不同维度进行，如按层划分、按样本划分或按参数划分。合理的数据划分可以充分利用每个设备的计算能力，并尽量减少通信开销。

- 任务分配是并行计算的另一个重要方面。在分布式系统中，将不同的任务分配给不同的设备进行并行计算是关键。任务分配可以基于不同的策略，如静态任务划分、动态任务划分或任务队列调度：静态任务划分将任务预先分配给每个设备，适用于计算任务相对稳定的情况；动态任务划分则根据设备负载和任务进度动态调整任务分配，以实现负载均衡和性能优化；任务队列调度则将任务放入队列中，设备根据可用性自主获取任务进行计算。

- 通信是并行计算中不可忽视的因素。在多设备间进行数据交换和通信是必要的，但也会带来一定的开销。减少通信开销可以通过优化通信模式和减少通信量来实现。常见的优化技术包括异步通信、压缩通信和本地通信等：异步通信允许设备在计算的同时进行通信，减少通信等待时间；压缩通信可以通过压缩数据量减少通信开销；本地通信则利用同一设备内的高速通道进行通信，减少跨设备的数据传输。

因此，设计有效的并行策略是充分利用硬件数量的关键。数据划分、任务分配和通信是并行计算的基础原理，通过合理的策略和技术优化，可以实现高效的并行计算，提升模型训练和计算任务的性能和效率。

▶▶ 3.1.1　数据并行：最基本的并行训练范式

目前主流的多卡训练方法之一就是数据并行（Data Parallel），常见的深度学习框架（如PyTorch）就原生支持这种并行方法。数据并行将数据集分成多个部分，并将每个部分分配给不同的计算设备（如GPU）进行处理，如图3-1所示。这种方法的主要目标是通过并行数据集来加速模型的训练过程。

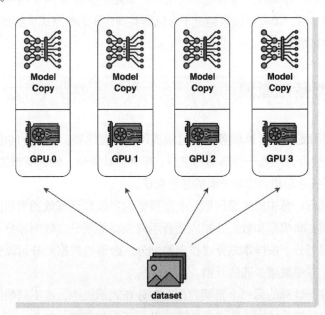

图 3-1　基于采样的记忆数据收集器

在数据并行中，模型的结构和参数在每个设备上都有一个副本。每个设备负责处理输入数据的一个子集，并在这个子集上进行前向传播和反向传播，计算出梯度。然后，所有设备的梯度被平均（或其他形式的规约计算）在一起，得到一个全局的梯度。每一个设备上的模型都会通过通信来共享同一个全局梯度，并借此保证模型更新的同步。这样的并行方式大大减小了输入数据以及相应的中间变量所占用的空间，遍历相同规模的数据集时，在数据并行中所需的迭代次数将大大减小。

数据并行的使用非常简单，此处仍然以使用 PyTorch 训练 GPT-2 为例，只需要增加几行代码便可实现。

```
from transformers import AutoTokenizer, AutoModelForCausalLM

import torch
import torch.distributed as dist
from torch.nn.parallel import DistributedDataParallel as DDP

dist.init_process_group(backend='nccl') #初始化进程组
rank = dist.get_rank()   #获取当前进程的 rank
device = torch.device(f'cuda:{rank}')   #每个进程使用对应的 GPU
model = AutoModelForCausalLM.from_pretrained("gpt2").to(device) #模型部署在对应的 GPU 上
ddp_model = DDP(model)   #封装 DDP

...#训练模型
```

需要注意的是，上述脚本需要在每个计算节点上使用特殊的命令启动，以便开启足够多的进程，以及设置正确的环境变量。

```
torchrun --nnodes [节点数] \
--nproc_per_node [每个节点的 GPU 数] \
--node_rank [当前节点序号] \
--master_addr [主节点 IP] \
--master_port [主节点端口号] \
[训练脚本].py
```

然而这种方法仍然存在着不小的缺点。首先，在大批次训练中，随着批次大小的增加，梯度的方差也随之减小，因此可以适当增加学习率。然而学习率的调整非常困难，一方面线性的调整容易导致收敛困难，另一方面调节学习率需要大量的经验；其次，面对大模型，传统的数据并行有一个致命的缺点——模型状态并不能被拆分。这意味着对于每一个计算设备，它们必须能够存储所有的模型参数、梯度以及优化器状态。这种情况下，即使计算设备充足，一套系统能够训练的最大模型仍然取决于最小的计算设备的内存（如果使用 GPU，即为显存），这使得传统的数据并行在大模型训练中捉襟见肘。

第 2 章初步介绍了零冗余优化器（ZeRO）的知识，ZeRO 通过在所有的设备上平均分配模型参数和优化器状态，显著减少了多余的内存占用，如图 3-2 所示。在 ZeRO 中，模型参数、梯度和优化器状态被拆分成多个部分，并分散存储到不同的设备上。在需要使用这些张量时，ZeRO会使用聚合通信和规约计算来获取当前张量的全貌，并在使用后及时释放。这样每个设备只需要存储一部分的模型状态即可，大大减少了每个设备的内存需求。同时，由于通信量均匀地分布在每一个计算设备中，在增加计算设备的同时，也间接地增加了通信带宽，使得分散张量带来的额外通信开销进一步减小。换言之，在使用 ZeRO 的情况下，整个系统可以承载的模型大小同该系统中的总设备内存呈超线性增长——大体上显卡越多，能装的模型就越大，而且训练速度也会增加。

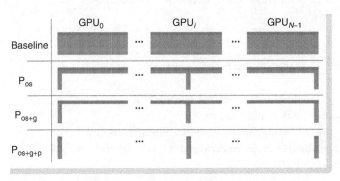

图 3-2　零冗余优化器原理图

ZeRO 可以在 3 种模式下运行：ZeRO-1 只分割优化器状态（如 Adam），模型各参数的动量和方差被均匀地分散在各 GPU 中存储；ZeRO-2 将梯度也分散于各设备之间；ZeRO-3 最终把模型权重也分割存储。不过上述分割也只是 ZeRO 技术的一部分，统称 ZeRO-DP（Data Parallel，数据并行）。

在实际训练中，中间激活和其他变量所占据的显存相当庞大——训练一个 15 亿参数的 GPT-2模型，在序列长度为 1K（即 1000）且批次大小为 32 时，竟然需要约 60GB 空间来存储中间变量。于是在此基础之上，ZeRO 支持了中间激活变量的分割，名为 ZeRO-R。这项技术可以显著减轻大模型训练中出现的内存溢出。

基于 ZeRO 的训练样例，在第 2 章中已有演示，此处不再赘述。

▶▶ 3.1.2　张量并行：层内模型并行

张量并行是一种模型层内（Intra-Layer）的模型并行方法，其主要思想是基于分块矩阵的计算原理，将无法放置到单个设备的模型参数矩阵进行切分，不同的矩阵块放置到不同设备，在模型计算时，通过集合通信原语（Collective Communication Primitives）在正向传播时收集每个矩阵块的计算结果，在反向传播时收集梯度，从而使较大的模型参数矩阵能分布到多个设备进行分布式训练。

因为分块矩阵是一种通用的计算思想，所以相比于流水线的模型并行方法，其实现更简单（不用大量重写模型代码），也更具有普适性（不用额外的复杂调度策略，且与其他分布式训练方法兼容）。但由于集合通信的开销较高，而服务器的节点内设备间的通信带宽通常远高于不同服务器节点间的通信带宽，因此张量并行常用于节点内不同设备间的分布式训练。

基于矩阵分块的粒度，可以有不同粒度的张量并行。下面介绍 4 种不同粒度的张量并行，并对每种方法的计算和通信效率进行理论分析。

1. 1D 张量并行

（1）基本概念

Shoeybi 等人为了训练基于 Transformer 的大规模语言模型，提出了 1D 张量并行训练技术 Megatron。值得一提的是，1D 张量并行的设计主要针对 Transformer Block 的基本构成：一个自注意力层（Self-Attention Layer，SAL）和一个两层的多层感知机（Multi-Layer Perceptron，MLP），但其基本思想也可用于其他模型层的张量并行训练。对于多层感知机，其 1D 张量并行方法如图 3-3 所示。

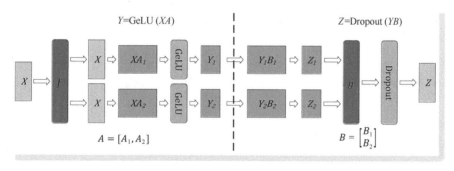

图 3-3　MLP 的 1D 张量并行

Transformer Block 使用的多层感知机用公式表示为：

$$Y = \text{GeLU}(XA) \tag{3-1}$$

$$Z = \text{Dropout}(YB) \tag{3-2}$$

其中，X 为输入的张量，而 A 和 B 为模型参数矩阵，GeLU 是一个非线性函数。

假设有两个 GPU 设备，那么对于公式（3-1），1D 张量并行将参数矩阵 A 按列分割为两块 $A = [A_1, A_2]$，并将 A_1 和 A_2 分别放到不同设备上。那么在每个设备上，可以在本地直接计算得到：

$$[Y_1, Y_2] = [\text{GeLU}(XA_1), \text{GeLU}(XA_2)] \tag{3-3}$$

对参数矩阵 A 采用按列分割的策略，是为了减少集合通信次数。如果按行分割，那么每个设备上只有部分参数矩阵，就需要对输入 X 进行按列分割，即：

$$X = [X_1, X_2], A = \begin{bmatrix} A'_1 \\ A'_2 \end{bmatrix}$$

由此得到的本地结果不能直接输入非线性函数 GeLU，这是因为 $\mathrm{GeLU}(X_1A'_1 + X_2A'_2) \neq \mathrm{GeLU}(X_1A'_1) + \mathrm{GeLU}(X_2A'_2)$。因此，如果对 A 采用按行分割的策略，每个设备需要在输入 GeLU 前执行一次 AllReduce 集合通信，累加不同设备计算结果，从而增加了通信开销，降低了计算效率。

对于参数矩阵 B，仅需要采用按行分割的方式，即可进行本地计算，调用一次 AllReduce 累加计算结果，即可用于输入 Dropout 函数，得到多层感知机的输出：

$$B = \begin{bmatrix} B_1 \\ B_2 \end{bmatrix}, Z = \mathrm{Dropout}(Y_1B_1 + Y_2B_2) \tag{3-4}$$

综上所述，1D 张量并行对多层感知机两个参数矩阵进行了切分，因此在反向传播时，还需要对每个设备上的梯度进行累加处理。图 3-3 的 f 和 g 即为两次切分时的梯度处理函数。f 在前向传播时不用进行操作，而在反向传播时，需要对返回的梯度执行 AllReduce 函数，累加不同设备上的梯度。而 g 的语义则相反，在前向传播时进行 AllReduce 累加梯度，在反向传播时不用操作。以 PyTorch 的 autograd 函数实现为例，f 的具体实现可以表示为：

```
class f(torch.autograd.Function):
    @ staticmethod
    def forward(ctx, input_):
        return input_
    @ staticmethod
    def backward(ctx, grad_output):
        return _reduce(grad_output)
```

对于自注意力层，1D 张量并行的处理方法如图 3-4 所示。自注意力层由一个自注意力机制

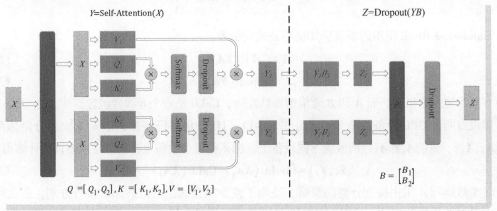

图 3-4　自注意力层的 1D 张量并行

和一个线性层组成。由于自注意力层通常采用的是多头的自注意力机制，每个自注意力头天然地互相并行，因此可以对自注意力机制的参数矩阵按列分割后，在不同设备本地处理每个自注意力头的计算。对于自注意力之后的线性层，其处理与多层感知机的第二层类似，可以按行对其参数进行分割，并采用 AllReduce 对结果进行累加。

假设有 p 个设备，设备传输时延为 α，带宽为 β，在这 p 个设备上基于 1D 张量并行训练多层感知机，多层感知机的两个参数矩阵整体大小为 W，则每个设备上的数据量为 $S = W/p$，所以每个设备的计算和内存开销满足 $O(1/p)$。假设设备间以 Ring AllReduce 算法执行 AllReduce 集合通信（$p-1$ 次 ScatterReduce 和 $p-1$ 次 AllGather，每次传输数据量 S/p），因为一次训练迭代需要在前向和反向分别执行一次 AllReduce，所以通信带宽占用时间为 $2(p-1)S/(p\beta) \sim O[2(p-1)/p]$，通信时延的开销满足 $2(p-1)\alpha \sim O[2(p-1)]$。

（2）Colossal-AI 实战

给定 P 个处理器，展现理论上的计算和内存成本，以及基于环形算法的 1D 张量并行的前向和反向的通信成本，见表 3-1。

表 3-1　成本计算

计　算	内存（参数）	内存（activations）	通信（带宽）	通信（时延）
$O(1/P)$	$O(1/P)$	$O(1)$	$O[2(P-1)/P]$	$O[2(P-1)]$

为了使模型能够实现 1D 张量并行，如在两个 GPU 上，需要配置如下的并行设置。

```
CONFIG = dict(parallel=dict(
    data=1,
    pipeline=1,
    tensor=dict(size=2, mode='1d'),
))
```

然后 Colossal-AI 会自动对所有来自 colossalai.nn 的层应用 1D 张量并行。定义一个由两层多层感知器（MLP）组成的模型，如下所示。

```
import colossalai
import colossalai.nn as col_nn
import torch
from colossalai.utils import print_rank_0

class MLP(torch.nn.Module):
    def __init__(self, dim: int = 256):
        super().__init__()
        intermediate_dim = dim * 4
        self.dense_1 = col_nn.Linear(dim, intermediate_dim)
```

```
        print_rank_0(f'Weight of the first linear layer:
{self.dense_1.weight.transpose(0, 1).shape}')
        self.activation = torch.nn.GELU()
        self.dense_2 = col_nn.Linear(intermediate_dim, dim)
        print_rank_0(f'Weight of the second linear layer:
{self.dense_2.weight.transpose(0, 1).shape}')
        self.dropout = col_nn.Dropout(0.1)

    def forward(self, x):
        x = self.dense_1(x)
        print_rank_0(f'Output of the first linear layer: {x.shape}')
        x = self.activation(x)
        x = self.dense_2(x)
        print_rank_0(f'Output of the second linear layer: {x.shape}')
        x = self.dropout(x)
        return x
```

在两个 GPU 上启动 Colossal-AI 并建立模型。

```
parser = colossalai.get_default_parser()
colossalai.launch(config=CONFIG,
                  rank=args.rank,
                  world_size=args.world_size,
                  local_rank=args.local_rank,
                  host=args.host,
                  port=args.port)

m = MLP()
```

MLP 模型中将被划分的参数（如权重）的形状。

```
Weight of the first linear layer: torch.Size([256, 512])
Weight of the second linear layer: torch.Size([512, 256])
```

第一个线性层的完整权重形状应该为 $[256,1024]$，经过列-并行分割，它变成了 $[256,512]$。同样地，第二个行并行层将权重 $[1024,256]$ 划分为 $[512,256]$。这里可以用一些随机输入来运行这个模型。

```
from colossalai.utils import get_current_device
x = torch.randn((16, 256), device=get_current_device())
torch.distributed.broadcast(x, src=0)  # synchronize input
x = m(x)
```

然后可以看到 activation 结果的形状。

```
Output of the first linear layer: torch.Size([16, 512])
Output of the second linear layer: torch.Size([16, 256])
```

第一个线性层的输出被划分成两块（每个形状为 [16，512]），而第二层在整个 GPU 上的输出是相同的。

2. 2D 张量并行

（1）基本概念

1D 张量并行仅对参数矩阵进行了分割，但并没有考虑对模型层输出的激励值进行划分，每个设备内不同模型层之间均需要保留激励值的全局复制，造成了冗余的内存开销，影响训练的可扩展能力。Xu 等人基于 SUMMA 算法（Scalable Universal Matrix Multiplication Algorithm）提出了 2D 张量并行方法 Optimus，在划分参数矩阵的同时，进一步划分了每个模型层输出的激励值，从而执行更细粒度的分块矩阵运算，使训练更具有扩展性。

2D 的张量并行要求将设备和矩阵块组织为网格形式。假设设备数 p 满足 $p = q \times q$，则需要将模型参数和输入矩阵划分为 $q \times q$ 的矩阵块网格，并将每个矩阵块分布到不同设备上。记 A_{ij} 为第 i 行第 j 列的矩阵块，$i, j \in [0, q)$。2D 张量并行主要考虑了对 Transformer 模型训练涉及的 3 种形式的矩阵乘法进行分布式计算：$C = AB$，$C = AB^{\mathrm{T}}$ 和 $C = A^{\mathrm{T}}B$，包括了模型前向计算和反向梯度传播。

对于矩阵乘法 $C = AB$，其实现的伪代码如算法 3-1 所示。为了计算矩阵块 C_{ij}，需要将 A 对应行和 B 对应列的矩阵块进行 Broadcast 集合通信，在每个设备上接收到矩阵块复制之后，进行局部的乘法并将结果累加即可得到 C_{ij}。

算法 3-1 $C = AB$

Input：A_{ij}，B_{ij}

Output：C_{ij}

$C_{ij} = 0$

for $l = 0 \rightarrow q - 1$ do

    broadcast(A_{il}) within i row

    broadcast(B_{lj}) within j column

    $C_{ij} += A_{il}B_{lj}$

end for

return C_{ij}

对于矩阵乘法 $C = AB^{\mathrm{T}}$，其实现的伪代码如算法 3-2 所示。为了计算矩阵块 C_{ij}，需要将 B 对应列的矩阵块进行 Broadcast 集合通信，在本地计算出临时变量 C_{ij}^{temp} 之后，通过在行内调用 Reduce 集合通信累加得到正确结果。

算法 3-2 $C = AB^{\mathrm{T}}$

Input: A_{ij}, B_{ij}

Output: C_{ij}

$C_{ij} = 0$

for $l = 0 \rightarrow q - 1$ do

    broadcast (B_{lj}) within j column

    $C_{ij}^{temp} = A_{il} B_{lj}^{T}$

    $C_{il} = \mathrm{reduce}(C_{ij}^{temp})$ within i row

end for

return C_{ij}

对于矩阵乘法 $C = A^{\mathrm{T}} B$，其实现的伪代码如算法 3-3 所示。与算法 3-2 类似，为了计算矩阵块 C_{ij}，首先需要将 A 对应行的矩阵块进行 Broadcast 集合通信，本地计算出临时变量 C_{ij}^{temp} 之后，通过在对应的列内调用 Reduce 集合通信对每个设备上的结果进行累加。

算法 3-3 $C = A^{\mathrm{T}} B$

Input: A_{ij}, B_{ij}

Output: C_{ij}

$C_{ij} = 0$

for $l = 0 \rightarrow q - 1$ do

    broadcast (A_{il}) within i row

    $C_{ij}^{temp} = A_{il}^{T} B_{ij}$

    $C_{lj} = \mathrm{reduce}(C_{ij}^{temp})$ within j column

end for

return C_{ij}

与 1D 张量并行不同，2D 张量并行的集合通信依赖于 Broadcast 和 Reduce 调用，而不是 AllReduce，由于网格状的划分，其计算和通信效率也将依赖于网格大小 q。具体来讲，以算法 3-1 的 $C = AB$ 为例，假设设备传输时延为 α，带宽为 β，记每个设备上 A 的数据量为 S_A，B 的数据量为 S_B，一次训练迭代将参数和激励值均分到 $q \times q$ 的设备网格中，因此每个设备计算和存储的开销满足 $O(1/q^2)$。不同于 1D 张量并行需要保存全局激励值的复制，2D 张量并行的激励值存储开销也降低为 $O(1/q^2)$。在一次训练迭代时，前向传播和反向传播都需要对 A 和 B 分别执行 q 次 Broadcast。此外，在反向传播时还需要对 A 和 B 同等数据量的梯度执行 q 次 Broadcast，因此，通信带宽占用为 $3q(q-1)(S_A + S_B)/(\beta q^2) \sim O[6(q-1)/q]$，而通信时延为 $6q(q-1)\alpha \sim O[6q(q-1)]$。

（2）Colossal-AI 实战

表 3-2 展现了给定 $P = q \times q$ 个处理器理论上的计算和内存成本，以及基于环形算法的 2D 张量

并行的前向和反向的通信成本。

表 3-2　成本计算

计　算	内存（参数）	内存（activations）	通信（带宽）	通信（时延）
$O(1/q^2)$	$O(1/q^2)$	$O(1/q^2)$	$O[6(q-1)/q]$	$O[6(q-1)]$

为了使模型能够实现 2D 张量并行，如在 4 个 GPU 上，需要配置如下的并行设置。

```
CONFIG = dict(parallel=dict(
    data=1,
    pipeline=1,
    tensor=dict(size=4, mode='2d'),
))
```

然后 Colossal-AI 会自动对所有来自 colossalai.nn 的层应用 2D 张量并行。这里定义一个由两层多层感知器（MLP）组成的模型，如下所示。

```
import colossalai
import colossalai.nn as col_nn
import torch
from colossalai.utils import print_rank_0

class MLP(torch.nn.Module):
    def __init__(self, dim: int = 256):
        super().__init__()
        intermediate_dim = dim * 4
        self.dense_1 = col_nn.Linear(dim, intermediate_dim)
        print_rank_0(f'Weight of the first linear layer: {self.dense_1.weight.shape}')
        self.activation = torch.nn.GELU()
        self.dense_2 = col_nn.Linear(intermediate_dim, dim)
        print_rank_0(f'Weight of the second linear layer: {self.dense_2.weight.shape}')
        self.dropout = col_nn.Dropout(0.1)

    def forward(self, x):
        x = self.dense_1(x)
        print_rank_0(f'Output of the first linear layer: {x.shape}')
        x = self.activation(x)
        x = self.dense_2(x)
        print_rank_0(f'Output of the second linear layer: {x.shape}')
        x = self.dropout(x)
        return x
```

在 4 个 GPU 上启动 Colossal-AI 并建立模型。

```
parser = colossalai.get_default_parser()
colossalai.launch(config=CONFIG,
                rank=args.rank,
                world_size=args.world_size,
                local_rank=args.local_rank,
                host=args.host,
                port=args.port)

m = MLP()
```

此时可以看到 MLP 模型中被划分的参数（如权重）的形状。

```
Weight of the first linear layer: torch.Size([128, 512])
Weight of the second linear layer: torch.Size([512, 128])
```

第一个线性层的完整权重形状应该为 $[256, 1024]$，经过 2D 并行划分后，它在每个 GPU 上变成了 $[128, 512]$。同样地，第二层将权重 $[1024, 256]$ 划分为 $[512, 128]$。

可以用一些随机输入来运行这个模型。

```
from colossalai.context import ParallelMode
from colossalai.core import global_context as gpc
from colossalai.utils import get_current_device

x = torch.randn((16, 256), device=get_current_device())
# partition input
torch.distributed.broadcast(x, src=0)
x = torch.chunk(x, 2, dim=0)[gpc.get_local_rank(ParallelMode.PARALLEL_2D_COL)]
x = torch.chunk(x, 2, dim=-1)[gpc.get_local_rank(ParallelMode.PARALLEL_2D_ROW)]
print_rank_0(f'Input: {x.shape}')

x = m(x)
```

可以看到 activation 结果的形状。

```
Input: torch.Size([8, 128])
Output of the first linear layer: torch.Size([8, 512])
Output of the second linear layer: torch.Size([8, 128])
```

2D 并行中的 activation 张量都是同时在行和列分割的。例如，第一个线性层的输出是 $[8, 512]$，而第二层的输出为 $[8, 128]$。

3. 2.5D 张量并行

（1）基本概念

本质上讲，2D 张量并行将激励值的存储开销部分转移到了矩阵块之间的通信开销，为了减

少通信开销，Wang 等人受 2.5D 矩阵乘法算法的启发，提出了
2.5D 张量并行训练方法 Tesseract。

在 2.5D 张量并行中，通过引入一个新的维度 d，p 个设备被
划分为 $[q,q,d]$ 的立方体的逻辑拓扑结构（$p=q^2d$，$1 \leqslant d \leqslant q$），
如图 3-5 所示。当 $d=1$ 时，将退化为 2D 张量并行，而当 $d=q$
时，将提升为 3D 的张量并行。

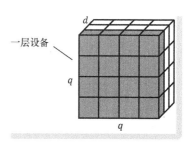

图 3-5　2.5D 张量并行的
设备逻辑拓扑结构

对于矩阵乘法 $C=AB$，2.5D 张量并行将大小为 $[a,b]$ 的
矩阵 A 划分为 $[a/qd,b/q]$ 的 q^2d 个矩阵块，如图 3-6 所示。将
大小为 $[b,c]$ 的矩阵 B 划分为 $[b/q,c/q]$ 的 q^2 个矩阵块，如
图 3-7 所示。而将大小为 $[a,c]$ 的计算结果 C 划分为 $[a/qd, c/q]$ 的 q^2d 个矩阵块，如图 3-8
所示。对于矩阵 B，q^2 个矩阵块会被复制到 d 层设备的每一层。2.5D 张量并行的计算方式如算法
3-4 所示。从算法上直接理解较为抽象，结合图 3-6~图 3-8 中每个矩阵的分割形式，从直觉上来
看，该算法可以视为将矩阵 A 划分到 d 层，每层 $q×q$ 个矩阵块，而每层的矩阵块与矩阵 B 的矩
阵块复制基于 SUMMA 算法进行局部的矩阵乘法，从而提升并行程度，图中变色区域对应于一层
设备上的计算。因此，另外两类矩阵乘法的 2.5D 张量并行计算方法也跟 2D 张量并行类似，但是
在 d 层并行执行。

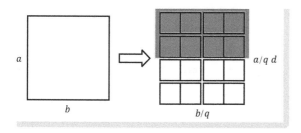

图 3-6　2.5D 矩阵的分割

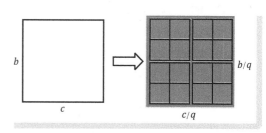

图 3-7　矩阵 B 的分割

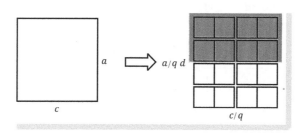

图 3-8　矩阵 C 的分割

算法 3-4 $C = AB$

Input：A with size $[a, b]$ split into $[a/q^2 d, b/q]$ partitions

Input：B with size $[b, c]$ split into $[b/q, c/q]$ partitions

Output：C with size $[a, c]$

for i, j in $[0, q)$, k in $[0, d)$ do   # initialization

    store B_{ij} into p_{ijk}

    let $h = i + k * q$

    store A_{hj} into p_{ijk}

    init $C_{hj} = 0$ in p_{ijk}

end for

for i, j in $[0, q)$, k in $[0, d)$ do   # computation

    for t in $[0, q)$ do

        broadcast A_{itk} to p_{ijk}

        broadcast B_{tjk} to p_{ijk}

        $C_{ijk} += A_{itk} B_{tjk}$

    end for

end for

return C_{ij}

与 2D 张量并行类似，2.5D 张量并行同样依赖于 Broadcast 和 Reduce 集合通信原语。以算法 3-4 的 $C = AB$ 为例，假设 A 为激励值或模型输入，B 为参数矩阵，设备传输时延为 α，带宽为 β，记每个设备上 A 的数据量为 S_A，B 的数据量为 S_B。由于矩阵 A 被更细粒度的切分到 $q \times q \times d$ 的网格中，因此每个设备上一次训练迭代的计算开销为 $O(1/q^2 d)$，模型参数存储开销为 $O(1/q^2)$，而激励值的存储开销则被优化为 $O(1/q^2 d)$。就通信效率而言，2.5D 张量并行的带宽占用为

$$\frac{3q(q-1)S_A}{q^2 d\beta} + \frac{3q(q-1)S_B}{q^2 \beta} \sim O\left[\frac{3(q-1)(d+1)}{dq}\right] \tag{3-5}$$

而通信时延开销为 $6q(q-1)\alpha \sim O[6q(q-1)]$。

（2）Colossal-AI 实战

表 3-3 展现了给定 $P = q \times q \times d$ 个处理器理论上的计算和内存成本，以及基于环形算法的 2.5D 张量并行的前向和反向的通信成本。

表 3-3   成本计算

计　　算	内存（参数）	内存（activations）	通信（带宽）	通信（时延）
$O(1/dq^2)$	$O(1/q^2)$	$O(1/dq^2)$	$O[3(q-1)(d+1)/dq]$	$O[6(q-1)]$

为了使模型能够实现 2.5D 张量并行，如在 8 个 GPU 上，需要配置如下的并行设置。

```
CONFIG = dict(parallel=dict(
    data=1,
```

```
        pipeline=1,
        tensor=dict(size=8, mode='2.5d', depth=2),
))
```

然后 Colossal-AI 会自动对所有来自 colossalai.nn 的层应用 2.5D 张量并行。这里定义一个由两层多层感知器（MLP）组成的模型，如下所示。

```
import colossalai
import colossalai.nn as col_nn
import torch
from colossalai.utils import print_rank_0

class MLP(torch.nn.Module):
    def __init__(self, dim: int = 256):
        super().__init__()
        intermediate_dim = dim * 4
        self.dense_1 = col_nn.Linear(dim, intermediate_dim)
        print_rank_0(f'Weight of the first linear layer: {self.dense_1.weight.shape}')
        self.activation = torch.nn.GELU()
        self.dense_2 = col_nn.Linear(intermediate_dim, dim)
        print_rank_0(f'Weight of the second linear layer: {self.dense_2.weight.shape}')
        self.dropout = col_nn.Dropout(0.1)

    def forward(self, x):
        x = self.dense_1(x)
        print_rank_0(f'Output of the first linear layer: {x.shape}')
        x = self.activation(x)
        x = self.dense_2(x)
        print_rank_0(f'Output of the second linear layer: {x.shape}')
        x = self.dropout(x)
        return x
```

在 8 个 GPU 上启动 Colossal-AI 并建立模型。

```
parser = colossalai.get_default_parser()
colossalai.launch(config=CONFIG,
                  rank=args.rank,
                  world_size=args.world_size,
                  local_rank=args.local_rank,
                  host=args.host,
                  port=args.port)

m = MLP()
```

这里可以看到 MLP 模型中被划分的参数（如权重）的形状。

```
Weight of the first linear layer: torch.Size([128, 512])
Weight of the second linear layer: torch.Size([512, 128])
```

第一个线性层的完整权重形状应该为 $[256, 1024]$，经过 2.5D 并行划分后，它在每个 GPU 上变成了 $[128, 512]$。同样地，第二层将权重 $[1024, 256]$ 划分为 $[512, 128]$。这时可以用一些随机输入来运行这个模型。

```
from colossalai.context import ParallelMode
from colossalai.core import global_context as gpc
from colossalai.utils import get_current_device

x = torch.randn((16, 256), device=get_current_device())
# partition input
torch.distributed.broadcast(x, src=0)
x = torch.chunk(x, 2, dim=0)[gpc.get_local_rank(ParallelMode.PARALLEL_2P5D_DEP)]
x = torch.chunk(x, 2, dim=0)[gpc.get_local_rank(ParallelMode.PARALLEL_2P5D_COL)]
x = torch.chunk(x, 2, dim=-1)[gpc.get_local_rank(ParallelMode.PARALLEL_2P5D_ROW)]
print_rank_0(f'Input: {x.shape}')

x = m(x)
```

然后可以看到 activation 结果的形状。

```
Input: torch.Size([4, 128])
Output of the first linear layer: torch.Size([4, 512])
Output of the second linear layer: torch.Size([4, 128])
```

2.5D 并行中的 activation 张量都是同时在 $d \times q$ 行和 q 列分割的。例如，第一个线性层的输出是 $[4, 512]$，而第二层的输出为 $[4, 128]$。注意，2.5D 并行使用与 2D 并行相同的划分方法来处理权重，区别在于对输入的划分。

4. 3D 张量并行

（1）基本概念

基于 3D 矩阵乘法算法的启发，Bian 等人提出了另一种 3D 张量并行的训练策略，下面对其进行介绍。

在 3D 张量并行中，p 个设备的逻辑拓扑结构需要被划分成 $[q,q,q]$ 的立方体，如图 3-9 所示。设矩阵 A 的大小为 $[M,N]$，矩阵 B 的大小为 $[N,K]$，对于矩阵乘法 $C=AB$，两个矩阵将被均匀划分到 q^3 个设备中。对于矩阵 A，首先将其分割为 q 层 $q \times q$ 子矩阵，按 y 方向叠加放置，而对于矩阵 B，同样需要划分为 q 个 $q \times q$ 的子矩阵，但沿 x 方向叠加放置。因此，在进行分布式计算时，对矩阵 A 沿 y 方向执行 AllGather 集合通信，可以在 $(i, *, l)$ 的 q 个设备得到矩阵 A_{il}，如图 3-10 所示。类似地，如图 3-11 所示，在 x 方向执行 AllGather，则可以在 $(*, j, l)$ 的 q 个设

备得到矩阵 $\boldsymbol{B}_{lj}$。在计算时, 每个设备首先执行本地的计算 $A_{il}B_{lj}$, 再沿 z 方向执行一次 Reduce-Scatter集合通信, 可以得到矩阵 $\boldsymbol{C}$ 沿 z 方向分布 $q \times q$ 矩阵的划分, 如图 3-12 所示。3D 张量并行的形式化描述如算法 3-5 所示, 值得注意的是, 该算法需要手动指定划分的方向 x、y 和 z 来确定集合通信的通信组。其他两类矩阵乘法的 3D 张量并行与算法 3-5 描述类似, 仅划分方向不同。

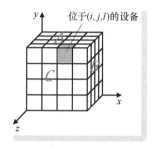

图 3-9　3D 张量并行的设备逻辑拓扑结构

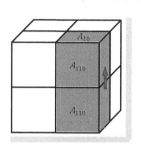

图 3-10　矩阵沿方向分布和对应的 AllGather 执行方向 (一)

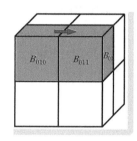

图 3-11　矩阵沿方向分布和对应的 AllGather 执行方向 (二)

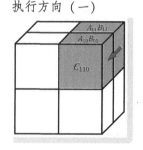

图 3-12　矩阵沿方向的分布

算法 3-5　$\boldsymbol{C} = \boldsymbol{AB}$

Input: A_{ijl}, B_{lji}, partition direction x, y and z

Output: C_{ilj}

A_{il} = AllGather (A_{ijl}) in y

B_{lj} = AllGather (B_{lji}) in x

C_{ilj} = ReduceScatter $(A_{il}B_{lj})$ in z

return C_{ilj}

3D 张量并行中, 主要涉及的集合通信原语为 AllGather 和 ReduceScatter。以算法 3-5 的 $\boldsymbol{C} = \boldsymbol{AB}$ 计算为例, 假设 $\boldsymbol{A}$ 为激励值或模型输入, $\boldsymbol{B}$ 为参数矩阵, 设备传输时延为 α, 带宽为 β, 记每个设备上 $\boldsymbol{A}$ 的数据量为 S_A, $\boldsymbol{B}$ 的数据量为 S_B, 计算结果 $\boldsymbol{C}$ 的参数量为 S_C。由于设备被分割为 $q \times q \times q$ 的网格, 因此每个设备上的计算和存储开销都是 $O(1/q^3)$。在一次训练迭代中, 前向传播需要对 $\boldsymbol{A}$ 和 $\boldsymbol{B}$ 执行 AllGather, 并对结果 $\boldsymbol{C}$ 执行 ReduceScatter, 而在反向传播中, 需要对 $\boldsymbol{C}$ 的梯

度执行一次 AllGather，并对 A 和 B 的梯度计算结果分别执行一次 ReduceScatter，因此，通信带宽占用为

$$2(q-1)\left(\frac{S_A/q^2}{\beta q}+\frac{S_B/q^2}{\beta q}+\frac{S_C/q^2}{\beta q}\right) \sim O\left(\frac{6(q-1)}{q^3}\right) \tag{3-6}$$

通信时延为 $6(q-1)\alpha \sim O[6(q-1)]$。

（2）Colossal-AI 实战

表 3-4 展现了给定 $P=q \times q \times q$ 个处理器理论上的计算和内存成本，以及基于环形算法的 3D 张量并行的前向和反向的通信成本。

表 3-4　成本计算

计　算	内存（参数）	内存（activations）	通信（带宽）	通信（时延）
$O(1/q^3)$	$O(1/q^3)$	$O(1/q^3)$	$O[6(q-1)/q^3]$	$O[6(q-1)]$

为了使模型能够实现 3D 张量并行，如在 8 个 GPU 上，需要配置如下的并行设置。

```
CONFIG = dict(parallel=dict(
    data=1,
    pipeline=1,
    tensor=dict(size=8, mode='3d'),
))
```

然后 Colossal-AI 会自动对所有来自 colossalai.nn 的层应用 3D 张量并行。这里定义一个由两层多层感知器（MLP）组成的模型，如下所示。

```
import colossalai
import colossalai.nn as col_nn
import torch
from colossalai.utils import print_rank_0

class MLP(torch.nn.Module):
    def __init__(self, dim: int = 256):
        super().__init__()
        intermediate_dim = dim * 4
        self.dense_1 = col_nn.Linear(dim, intermediate_dim)
        print_rank_0(f'Weight of the first linear layer:
{self.dense_1.weight.shape}')
        self.activation = torch.nn.GELU()
        self.dense_2 = col_nn.Linear(intermediate_dim, dim)
        print_rank_0(f'Weight of the second linear layer:
{self.dense_2.weight.shape}')
        self.dropout = col_nn.Dropout(0.1)
```

```
def forward(self, x):
    x = self.dense_1(x)
    print_rank_0(f'Output of the first linear layer: {x.shape}')
    x = self.activation(x)
    x = self.dense_2(x)
    print_rank_0(f'Output of the second linear layer: {x.shape}')
    x = self.dropout(x)
    return x
```

在 8 个 GPU 上启动 Colossal-AI 并建立模型。

```
parser = colossalai.get_default_parser()
colossalai.launch(config=CONFIG,
                  rank=args.rank,
                  world_size=args.world_size,
                  local_rank=args.local_rank,
                  host=args.host,
                  port=args.port)

m = MLP()
```

这里可以看到 MLP 模型中被划分的参数（如权重）的形状。

```
Weight of the first linear layer: torch.Size([128, 256])
Weight of the second linear layer: torch.Size([512, 64])
```

第一个线性层的完整权重形状应该为 $[256, 1024]$，经过 3D 并行划分后，它在每个 GPU 上变成了 $[128, 256]$。同样地，第二层将权重 $[1024, 256]$ 划分为 $[512, 64]$。这里可以用一些随机输入来运行这个模型。

```
from colossalai.context import ParallelMode
from colossalai.core import global_context as gpc
from colossalai.utils import get_current_device

x = torch.randn((16, 256), device=get_current_device())
# partition input
torch.distributed.broadcast(x, src=0)
x = torch.chunk(x, 2, dim=0)[gpc.get_local_rank(ParallelMode.PARALLEL_3D_WEIGHT)]
x = torch.chunk(x, 2, dim=0)[gpc.get_local_rank(ParallelMode.PARALLEL_3D_INPUT)]
x = torch.chunk(x, 2, dim=-1)[gpc.get_local_rank(ParallelMode.PARALLEL_3D_OUTPUT)]
print_rank_0(f'Input: {x.shape}')

x = m(x)
```

然后可以看到 activation 结果的形状。

```
Input: torch.Size([4, 128])
Output of the first linear layer: torch.Size([4, 512])
Output of the second linear layer: torch.Size([4, 128])
```

3D 并行中的 activation 张量都是同时在 q^2 行和 q 列分割的。例如，第一个线性层的输出是 $[4, 512]$，而第二层的输出为 $[4, 128]$。注意，虽然这里 3D 并行的结果与 2.5D 并行的结果形状相同，但每次划分的内容是不同的。

▶▶ 3.1.3   流水线并行的原理与实现

在机器学习中，流水线并行也是模型并行的一种并行计算模式，由于模型有很多层组成，因此流水线并行背后的基本思想是将模型分成多个阶段，每个阶段都可以独立执行。在训练期间，输入数据在每个阶段按顺序处理，每个阶段的输出作为输入传递到下一个阶段。通过跨多个处理单元并行执行这些阶段，可以显著减少整体训练时间。

流水线并行的一个挑战是确保各个阶段在计算工作量方面得到适当平衡。如果一个阶段的执行时间比其他阶段长得多，则可能会造成瓶颈，从而减慢整个训练的速度。为了解决这个问题，可能需要调整每个阶段处理的数据批次的大小或实施动态负载平衡技术。

流水线并行的另一个挑战是管理不同处理单元之间的通信。在某些情况下，可能需要在不同阶段之间传输数据或中间结果，这样会引入通信开销和延迟。为了解决这个问题，可能需要使用高效的数据传输协议或重叠计算和通信以最小化通信延迟的影响。

总体来说，流水线并行是一种强大的技术，可以加速由多个阶段组成的机器学习模型的训练。它对于具有大量计算工作负载的模型特别有效，在这些模型中，并行化训练过程可以带来显著的性能提升。但是，它需要仔细注意工作负载平衡和通信管理，以确保流水线高效且有效地执行。下面会介绍流水线并行相关的概念以及不同的优化实践方法，介绍流水线并行的一般原理，然后比较讨论 4 种基于流水线并行的框架：GPipe、PipeDream、DAPPLE 和 PipeMare。最后将提供基于之前构建的理论知识与 Colossal-AI 的代码实战，帮助读者更加透彻地理解并应用流水线并行技术。

1. 基本流水线计算

深度神经网络可以定义为一系列层，每层由一个前向计算函数和一组相应的参数组成。模型的大小受层数和每层参数数量的影响。正如上面所讨论的，对于不适合放入一个计算设备内存的大型深度神经网络，可以采用流水线并行，其中模型的参数被放置在不同的设备上。模型训练过程是双向的，它包括用于处理一个小批量的前向传播计算和反向传播计算。

这里以一个包含 4 层的模型流水线并行为例，模型的 4 层分别表示为 L1、L2、L3 和 L4，输入数据表示为 input，输出结果表示为 output，那么这个模型的原本计算可以表示为：

$$output = L4(L3(L2(L1(input))))$$ (3-7)

然后使用不同的计算设备进行计算，将 4 个不同的计算设备表示为 Worker 1、Worker 2、Worker 3 和 Worker 4，将不同的中间计算结果表示为 intermediate 1、intermediate 2、intermediate 3，那么可以将流水线并行表示为如下的计算过程。

- Worker 1 计算：intermediate 1 = L1（input）。
- Worker 2 计算：intermediate 2 = L2（intermediate 1）。
- Worker 3 计算：intermediate 3 = L3（intermediate 2）。
- Worker 4 计算：output = L4（intermediate 3）。

图 3-13 展示了 4 层模型在 4 个计算设备上的流水线并行计算，数字指示训练数据的序号，这里假设反向传播计算时间是前向计算时间的两倍。为简单起见，假设在不同设备之间传递激活/梯度没有开销。但是标准流水线并行会导致计算资源的严重利用不足。

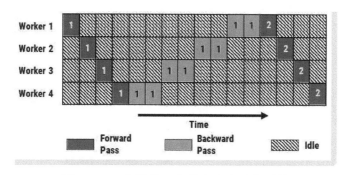

图 3-13　4 个计算设备的流水线并行训练

- 计算资源利用率低：在任何一个时间，只有一个计算设备在执行计算，而其他的计算设备都处于空闲状态，每个计算设备在忽略通信时间的情况下，总的时间利用率只有 $\dfrac{1}{\#计算设备}$，如果增加更多的计算设备，那么每个设备的利用率会更低。因此需要对正在空闲的计算设备指定任务以此增加计算设备的利用率。这种下游设备需要长期持续处于空闲状态，等待上游设备的计算完成才可以开始计算的现象被称为 bubble。
- 计算和通信顺序执行：当在不同设备之间传输前向计算的中间结果和反向传播的梯度时，没有任何的计算设备在计算，这也导致了资源的浪费，因此计算和通信需要仔细设计来增加设备的使用效率。
- 如何划分层：由于需要将模型的一系列层划分到不同设备之间，不同的划分策略往往会影响计算的性能，因此如何对模型进行划分也会对性能产生重要的影响。

为了解决上面的问题，Deepak Narayanan、Aaron Harlap 等人提出了 PipeDream，Yanping Huang 等人提出了 GPipe 去解决上面的问题。基本的思想是训练期间利用流水线进行并行，它首先将一个 batch 的训练数据分成更小的 batch（GPipe 中的 micro-batch 和 PipeDream 中的 mini-batch），然后使用批间或批内的并行性将小 batch 数据的执行流水线化到计算设备上。流水线并行的效率可以通过总内存使用量和流水线利用率来评估。流水线利用率是在任何给定时间未空闲（停止）的流水线阶段的百分比。下面会介绍几种流行的流水线并行技术。

2. GPipe——异步的流水线并行

GPipe 为一种新的 batch 处理分割流水线算法，具有很高的灵活性，可以高效地扩展至各种不同大小的模型网络的训练，而且将模型的层分配到不同的设备时产生几乎线性的加速效果。图 3-14a 中由于网络的顺序性质，基本的流水线并行策略导致严重的计算资源未充分利用，一次只有一个计算设备处于活动状态。图 3-14b 中 GPipe 将输入数据的 batch 分成更小的 micro-batch，使不同的计算设备能够同时处理单独的 micro-batch。

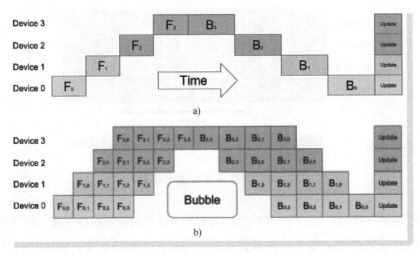

图 3-14 流水线算法对比

（1）Gpipe 数据 batch 的划分

假设一个网络有 L 层，每一层 $L(i)$ 包含对应的前向计算函数和一系列参数。GPipe 对每层的计算有个成本计算函数，给定划分的数量 K，GPipe 会根据成本计算函数将 L 层网络分成 K 组，每组中包含一定连续的层数，相邻的两组设备之间的通信操作也会自动设置好。在前向计算的过程中，GPipe 会将 batch 划分成 M 份相等的 micro-batch，这样 M 份 micro-batch 就可以在 M 个计算设备之间进行流水。在反向传播计算期间，每个 micro-batch 的梯度是基于前向传播计算的模型参数计算的。在最后对于每个 micro-batch，将来自所有 M 个 micro-batch 的梯度累加起来并应用于更新所有计算设备的模型参数。

图 3-14 对比了基本的流水线计算和 GPipe 的并行实现。首先将每个 batch 分成 4 个 micro-batches。计算设备 0、1、2、3 分别存储 0、1、2、3 层的参数，并传递前向和反向中间变量。它的工作方式如下。

1）micro-batch 0 首先传递给计算设备 0，并在计算设备 0 处通过前向函数进行计算。

2）计算设备 1 从计算设备 0 接收 micro-batch 0，计算并将其传输到计算设备 2。同时，micro-batch 1 传递到计算设备 0。

3）计算设备 2 从计算设备 1 接收 micro-batch 0，计算并将其传输到计算设备 3。同时，计算设备 1 从计算设备 0 接收 micro-batch 1，计算并传输到计算设备 2。同时，micro-batch 2 传递给计算设备 0。

4）计算设备 3 从计算设备 2 接收 micro-batch 0，计算并将其传输到计算设备 4。计算设备 2 从计算设备 1 接收 micro-batch 1，计算并将其传输到计算设备 3。同时，计算设备 1 从计算设备 0 接收 micro-batch 2 计算设备 0，计算并将其传输到计算设备 2。同时，micro-batch 3 传递到计算设备 0。

5）最后同步更新每个层/设备的参数，然后启动下一个流水线。

（2）GPipe 内存使用的降低

GPipe 在实现过程中还使用了 activation 的重计算，这样内存可以减少为 $O\left(N+\dfrac{L}{M}\times\dfrac{N}{M}\right)$，其中

L 是 N 一个 batch 数据的多少，M 是设备的个数，$\dfrac{N}{M}$ 是每个 micro-batch 的大小，$\dfrac{L}{K}$ 是每组划分的网络层数，没有经过优化的内存使用是 $O(NL)$，可以看出，使用 GPipe 大大减少了内存的使用。

其中，GPipe 的划分也会导致每个计算设备空闲的时间，对于 M 份的 micro-batch，bubble 的时间是 $O\left(\dfrac{K-1}{M+K-1}\right)$，这要远远小于基本的流水线计算的 bubble 时间。

图 3-15 所示为使用 TPUv3 的测试结果，每个 TPUv3 的内存是 16GB，AmoebaNet-D 使用一个 TPUv3 不能训练，因此基准线是两个 TPUv3，可以看到 GPipe 实现了很好的加速比。从中可以看出，GPipe 通过提出并实现了一个新的 batch 处理流水线并行算法，该算法使用同步梯度更新，具有高计算设备利用率和模型训练的稳定性。

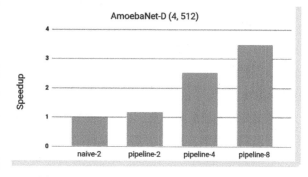

图 3-15　AmoebaNet-D 使用 GPipe 的加速比

3. PipeDream 技术原理

PipeDream 虽然与 GPipe 同时发布，但其并行思想与 GPipe 截然不同。PipeDream 将前向传递的执行流水线化，并将它们与反向传递穿插在一起，以试图最大限度地提高硬件利用率和吞吐量。首先 PipeDream 也是将每个 batch 的数据划分成 Mini-Batch，它将 Mini-Batch 连续插入流水，并在反向传播后异步更新参数。PipeDream 和 GPipe 之间的区别很明显：PipeDream 应用异步向后更新，而 GPipe 应用同步向后更新。

PipeDream 的基本框架如图 3-16 所示为有 4 个计算设备的 PipeDream 示例，显示启动和稳定状态。在这个例子中，假设反向传播花费的时间是前向传播的两倍。它将 Batch 内并行和 Batch 间并行结合起来。在完成 Mini-Batch 的正向或反向传播后，每个阶段都会异步地将输出激活或梯度发送到下一阶段，同时开始处理另一个 Mini-Batch，即开始执行另一个 Mini-Batch 的工作。类似地，在完成一个 Mini-Batch 的反向传播后，每个阶段异步地将输出梯度发送到前一个阶段，同时开始另一个 Mini-Batch 的计算。这确保了不同的 GPU 同时处理不同的 Mini-Batch。

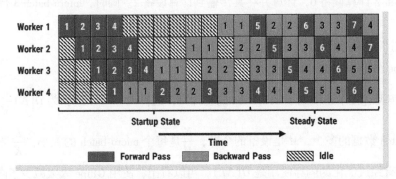

图 3-16　PipeDream 基本框架

（1）PipeDream 任务划分

让每个阶段以截然不同的吞吐量处理 Mini-Batch 可能会导致管道中出现 bubble。为了解决这个问题，PipeDream 将运行一个初始分析步骤来记录前向和反向传递所花费的计算时间、层输出的大小等。然后，其算法根据设备的内存、设备的数量以及互联的带宽自动将 DNN 层划分为多个阶段，使得每个阶段大致在同样的速度。为了更好地实现负载均衡，PipeDream 还会在某些阶段引入数据并行，同时处理不同的 Mini-Batch。图 3-17 所示为 PipeDream 的分析过程，图中显示了任务的划分的流程。首先，对输入模型进行 Profile，经过 Profile 之后根据设备的内存、硬件的数量、互联的带宽，将模型划分为执行时间基本相等的几个部分。

（2）权重更新

流水线并行计算涉及将 DNN 模型的层划分为多个阶段，其中每个阶段由模型中的一组连续

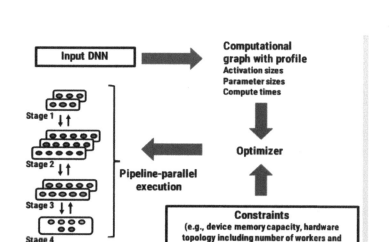

图 3-17　PipeDream 分析过程

层组成。每个阶段都映射到一个单独的计算设备，该设备为该阶段的所有层执行正向传播（和反向传播）。同时，参数更新不会同步。例如，图 3-18 所示为权重存储为 Mini-Batch 5 的阶段。箭头指向在第一和第三阶段用于 Mini-Batch 5 的前向和反向传递的权重版本。在计算设备 1 对 Mini-Batch 1 的反向传递之后，对 Mini-Batch 5 的新前向传递将使用更新的参数。因此，PipeDream 在每台机器上维护多个版本的参数。然而，图 3-18 的设计存在由异步向后更新引入的权重过时问题。为了解决这个问题，PipeDream 使用了一种称为权重存储的技术。权重存储维护多个版本的权重，每个版本对应一个活跃的 Mini-Batch。每个阶段在前向传递中使用可用的最新版本的权重处理一个 Mini-Batch。完成前向传播后，PipeDream 存储用于该 Mini-Batch 的权重，然后使用相同的权重版本来计算 Mini-Batch 反向传播中的权重更新和上游权重梯度。

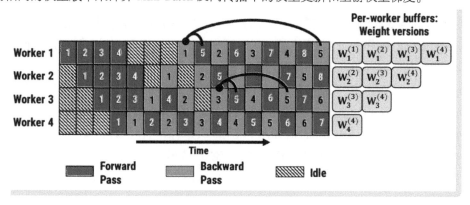

图 3-18　权重更新

（3）PipeDream 性能分析

图 3-19 所示为模型并行、无数据并行的流水线并行和带数据并行的流水线并行相比于模型并行的加速。对于所有模型，流水线并行可将吞吐量提升两倍或更多。对于 GNMT-8 和 GNMT-16，PipeDream 的优化策略选择不使用数据并行，从而导致横线和竖虚线区域的配置相同。而对于 VGG-16 和 AlexNet，PipeDream 优化策略选择在第一阶段使用数据并行，与模型并行性能相比，分别提升了 14.9 倍和 6.5 倍。

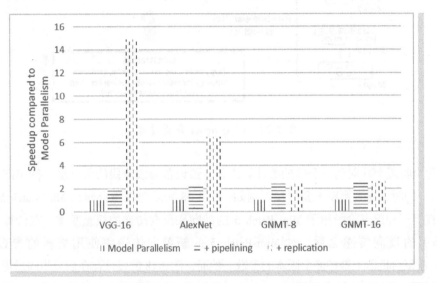

图 3-19 对比模型并行的加速

4. DAPPLE 技术原理

DAPPLE 是一个同步分布式训练框架，它结合了大型 DNN 模型的数据并行性和流水线并行性。主要思想是更早地安排反向传播任务从而释放用于存储相应前向传播任务产生的激活的内存。图 3-20b 显示了 DAPPLE 的调度机制，对比图 3-20 a GPipe 调度机制的区别是：首先，不是一次性执行所有 M 个 Mini-Batch，而是在开始时执行 K 个 Mini-Batch（$K<M$）从而开始释放内存压力，同时到达内存使用的最高点；其次，严格安排一个 Mini-Batch 的前向传播后，紧接着就是一个反向传播，以保证反向传播可以提前执行。图 3-20 c 显示了 GPipe 和 DAPPLE 中的内存消耗如何随时间变化。在前 K 个 Min-Batch，DAPPLE 和 GPipe 的内存消耗相同，直到第 K 个 Mini-Batch，由于更早的反向传播而使 DAPPLE 达到内存使用的最大值。具体来说，严格控制执行前向传播和反向传播的顺序，由前向传播执行一个 Mini-Batch 之后，Activation 占用的内存由反向传播执行所释放。相比之下，GPipe 的峰值内存在 K 个 Mini-Batch 之后持续增长没有提早释放。此外，DAPPLE 并不牺牲流水线训练效率。实际上，DAPPLE 在划分阶段和设备映射相同时，有

着与 GPipe 完全相同的 Bubble 时间。

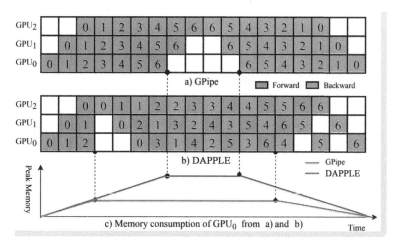

图 3-20　与 GPipe 的内存使用比较

对于同步训练，DAPPLE 使用一个 Global Batch 执行结束的时间作为性能指标，称之为流水线延迟。调度策略的优化目标是最小化考虑所有数据/管道并行中解决方案空间的流水线延迟。

5. PipeMare 技术原理

PipeMare 是一个提高异步流水线训练效率的框架，它在模型计算梯度时使用任何在内存中的权重，这避免了存储模型权重的额外副本（无权重存储）或引入 bubble，但实现了比 PipeDream 更好的性能。

PipeMare 使用两种技术来提高异步流水线并行性：1) 学习率重新调度；2) 差异校正。学习率重新调度是延迟更新的一种新解决方案。它设计了一个步长方案来控制训练期间的步长，因为步长与异步更新的衰减相关；差异校正是权重存储的替代品。它根据权重的最近平均轨迹推断正向传播期间的权重来调整反向传播中使用的权重值。它没有保存多个版本的权重，而是只使用一点额外的内存来保存权重速度的近似值。

训练神经网络时的流水线并行性使较大的模型能够在不同的设备中计算，从而达到较低的网络通信和整体较高的硬件利用率。流水线并行有同步流水线并行性和异步流水线并行性两种方法：同步流水线并行性（如 GPipe）需要相邻训练迭代之间进行必要的梯度同步以确保收敛。在运行时，它会安排尽可能多的流水阶段，以最大限度地提高设备利用率。实际上，这种调度策略会导致显著的内存消耗；PipeDream 等异步流水线并行性将 Mini-Batch 连续插入流水线并丢弃原来的同步操作以实现最大吞吐量。但是，它需要高内存消耗以避免权重过时。研究人员已经为同步流水线并行和异步流水线并行开发了内存高效版本。例如，DAPPLE 使用比 GPipe 更好的内存调度，在加速和收敛方面都取得了良好的性能，而 PipeMare 的内存效率也优于 PipeDream。

正如以上所见，流水线并行的研究人员正试图从两个方向改进它们的框架：1）提高内存效率；2）保持较高的流水线利用率。有趣的是，无论是同步流水线还是异步流水线，都试图将对方的研究思路融入自己的框架中。例如，DAPPLE 应用动态规划来优化同步流水线的内存调度，这与 PipeDream 中的优化问题类似。它们的研究思路类似于在数据并行中寻找同步更新参数和异步更新参数之间的权衡。同步流水线和异步流水线各有优缺点，适用于不同的应用场景。同步流水线并行和异步流水线并行的权衡取决于如何控制训练的收敛和加速。同步流水线和异步流水线都属于极端情况：同步流水线具有很高的收敛性但以速度为代价，而异步流水线非常快但以低收敛性为代价。可以想象的是，作为机器学习系统的一种新的并行方式，流水线并行将在很长一段时间内成为热门话题。

6. Colossal-AI 实战

下面讲述如何使用流水线并行。Colossal-AI 使用 NVIDIA 推出的 1F1B 流水线。由于在本例中使用 ViT 和 ImageNet 太过庞大，因此使用 ResNet 和 CIFAR 为例。

（1）认识 1F1B 流水线

首先介绍 GPipe。对于 GPipe，只有当一个批次中所有 Micro-Batches 的前向计算完成后，才会执行反向计算，如图 3-21 所示。一般来说，1F1B（一个前向通道和一个反向通道）比 GPipe（在内存或内存和时间方面）更有效率。1F1B 流水线有两个 Schedule，非交错式和交错式，如图 3-22 所示，上面的部分显示了默认的非交错 Schedule，下面显示的是交错的 Schedule。

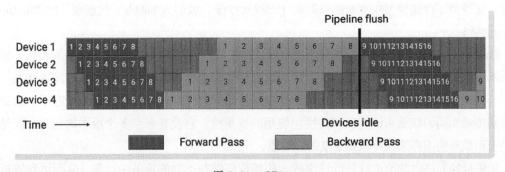

图 3-21　GPipe

非交错式 Schedule 可分为三个阶段：第一阶段是热身阶段，处理器进行不同数量的前向计算。在接下来的阶段，处理器进行一次前向计算，然后是一次反向计算。处理器将在最后一个阶段完成反向计算。这种模式比 GPipe 更节省内存。然而，它需要和 GPipe 一样的时间来完成一轮计算。

交错 Schedule 要求 Micro-Batches 的数量是流水线阶段的整数倍。在这个 Schedule 中，每个

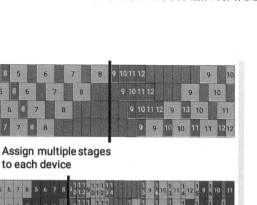

图 3-22　1F1B 流水线（图片来自论文 "Megatron-LM"）

设备可以对多个层的子集（称为模型块）进行计算，而不是一个连续层的集合。具体来看，之前设备 1 拥有层 1~4，设备 2 拥有层 5~8，以此类推。但现在设备 1 有 1、2、9、10 层，设备 2 有 3、4、11、12 层，以此类推。在该模式下，流水线上的每个设备都被分配到多个流水线阶段，每个流水线阶段的计算量较少。这种模式既节省内存又节省时间。

（2）使用 Schedule

Colossal-AI 提供了非交错（Pipeline Schedule）和交错（Interleaved Pipeline Schedule）两种 Schedule。

具体操作流程需要在配置文件中设置 NUM_MICRO_BATCHES 并在使用交错 Schedule 时，设置 NUM_CHUNKS。如果读者确定知道每个管道阶段的输出张量的形状，而且形状都是一样的，可以设置 tensor_shape 以进一步减少通信。否则，可以忽略 tensor_shape，形状将在管道阶段之间自动交换。这里可以根据用户提供的配置文件生成一个合适 Schedule 来支持用户的流水线并行训练。

首先，用 Colossal PipelinableContext 方式建立 ResNet 模型。

```
import os
from typing import Callable, List, Optional, Type, Union
import torch
import torch.nn as nn
import colossalai
import colossalai.nn as col_nn
```

```
from colossalai.core import global_context as gpc
from colossalai.logging import disable_existing_loggers, get_dist_logger
from colossalai.trainer import Trainer, hooks
from colossalai.utils import MultiTimer, get_dataloader
from colossalai.context import ParallelMode
from colossalai.pipeline.pipelinable import PipelinableContext

from titans.dataloader.cifar10 import build_cifar
from torchvision.models import resnet50
from torchvision.models.resnet import BasicBlock, Bottleneck, conv1x1

# Define some config
BATCH_SIZE = 64
NUM_EPOCHS = 2
NUM_CHUNKS = 1
CONFIG = dict(NUM_MICRO_BATCHES=4, parallel=dict(pipeline=2))

# Train
disable_existing_loggers()
parser = colossalai.get_default_parser()
args = parser.parse_args()
colossalai.launch_from_torch(backend=args.backend, config=CONFIG)
logger = get_dist_logger()
pipelinable = PipelinableContext()

# build model
with pipelinable:
model = resnet50()
```

给定切分顺序后 module 会直接给出 name，部分函数需要手动添加。

```
exec_seq = [
    'conv1', 'bn1', 'relu', 'maxpool', 'layer1', 'layer2', 'layer3', 'layer4', 'avgpool',
    (lambda x: torch.flatten(x, 1), "behind"), 'fc'
]
pipelinable.to_layer_list(exec_seq)
```

将模型切分成流水线阶段。

```
model = pipelinable.partition(NUM_CHUNKS, gpc.pipeline_parallel_size, gpc.get_local_rank
(ParallelMode.PIPELINE))
```

这里使用 Trainer 训练 ResNet。

```
# build criterion
criterion = nn.CrossEntropyLoss()

# optimizer
optimizer = torch.optim.Adam(model.parameters(), lr=1e-3)

# build dataloader
root = os.environ.get('DATA', './data')
train_dataloader, test_dataloader = build_cifar(BATCH_SIZE, root, padding=4, crop=32, resize
=32)

lr_scheduler = col_nn.lr_scheduler.LinearWarmupLR(optimizer, NUM_EPOCHS, warmup_steps=1)
engine, train_dataloader,test_dataloader,lr_scheduler = colossalai.initialize(model,optimizer,
criterion,
train_dataloader, test_dataloader,
lr_scheduler)
timer = MultiTimer()

trainer = Trainer(engine=engine, timer=timer, logger=logger)

hook_list = [
    hooks.LossHook(),
    hooks.AccuracyHook(col_nn.metric.Accuracy()),
    hooks.LogMetricByEpochHook(logger),
    hooks.LRSchedulerHook(lr_scheduler, by_epoch=True)
]

trainer.fit(train_dataloader=train_dataloader,
            epochs=NUM_EPOCHS,
            test_dataloader=test_dataloader,
            test_interval=1,
            hooks=hook_list,
            display_progress=True)
```

这里使用了两个流水段，并且 Batch 将被切分为 4 个 Micro-Batches。

3.2 高级并行策略基础原理

在高级并行策略中，张量并行和流水线并行是解决大规模深度学习中内存瓶颈问题的重要
原理。虽然这些策略主要用于解决模型数据（如权重、梯度和优化器状态）引起的内存需求问
题，但非模型数据也可能成为性能限制因素。特别是在自然语言处理（NLP）领域中，

Transformer 模型已成为最重要的模型之一。然而，随着模型规模的增加，激活值对内存的需求也随之增加。

面对如此庞大的模型和数据集，人们直觉上的第一种想法可能是增加硬件的数量，以期能充分利用每个设备的资源，提高训练速度。然而，要充分利用每一张卡的显存并不是那么容易。除了常见的并行策略（如张量并行、流水线并行、模型并行和数据并行），还有一些高级的并行策略可以用来应对内存瓶颈问题，其中包括序列并行、混合并行和自动并行。

- 序列并行（Sequence Parallelism）主要用于处理长序列数据。在自然语言处理（NLP）领域中，特别是在训练语言模型时，使用 Transformer 模型的复杂度随着序列长度的增加而增加。由于 Transformer 层中的 Self-Attention 机制的复杂度为 $O(n^2)$，其中 n 是序列长度，长序列数据会导致较大的内存使用量，从而限制设备的训练能力。序列并行通过将序列分割成多个子序列，并在不同设备上并行计算这些子序列来提高训练效率。每个设备独立处理一个子序列，并通过交叉设备通信来实现全局模型更新。
- 混合并行（Hybrid Parallelism）是将多个并行策略结合使用的方法，以充分利用硬件资源并提高训练速度。例如，可以同时使用模型并行和数据并行。模型并行将模型分割成多个部分，每个设备负责处理其中一部分，并在每个设备上同时处理多个训练样本。数据并行则将每个设备上的模型副本进行复制，每个设备独立计算梯度并进行同步更新。通过灵活地组合这些并行策略，可以更好地适应大型模型和大规模数据集的训练需求。
- 自动并行（Automatic Parallelism）是指利用自动化工具和框架来自动选择和应用合适的并行策略。自动并行通过分析模型结构、硬件配置和训练任务要求等因素，自动决定如何将计算分布到多个设备上，并进行相应的通信和同步操作。这种自动化的方法可以减轻开发者的负担，并提供高效的并行训练方案。

此外，还有其他一些关键考虑因素在并行训练中起着重要作用。首先，通信开销是并行训练中的一个挑战，因为设备之间需要进行数据传输和同步操作。减少通信开销的方法包括优化通信模式、减少通信频率以及使用高效的通信协议。其次，负载均衡也是并行训练中需要考虑的问题，确保每个设备上的计算任务平衡分配，以避免资源浪费和训练速度的不均衡。最后，容错性和可伸缩性也是并行训练的重要方面，确保系统能够处理设备故障和动态添加/删除设备的情况，并在不同规模的硬件上实现可扩展性。

总之，选择适当的并行策略和关注其他关键因素，如通信开销、负载均衡、容错性和可伸缩性，可以帮助用户克服内存瓶颈和训练效率等问题，实现高效的大规模深度学习训练。并行策略的发展和应用将在推动深度学习领域的进一步发展和突破方面发挥重要作用。

▶▶ 3.2.1 序列并行：超长序列模型训练

序列并行（Sequence Parallelism）就是为了解决由非模型数据引起的性能瓶颈而提出的。序列并行可以打破 Transformer 模型训练的长度限制，它将长序列分割成多个块，并将它们分配到不同的硬件设备中。因为每个设备只保留与其自身子序列对应的注意力嵌入，这种可以有效减少内存开销。借助线性空间的复杂度注意力机制，序列并行可以帮助用户训练具有无限长序列的注意力模型。并行原理汇总如图 **3-23** 所示。

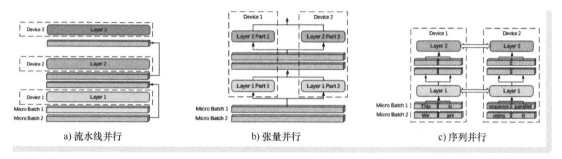

a) 流水线并行   b) 张量并行   c) 序列并行

图 3-23　并行原理汇总

在 "Sequence Parallelism：Long Sequence Training from System Perspective" 一文中，作者提出了针对 Transformer 大模型的 Ring Self-Attention（RSA）。RSA 是一种在分布式系统中计算注意力输出的方法，解决了处理跨设备计算注意力分数（Attention Scores）的问题。RSA 的工作过程主要分为以下两个步骤。

1. 计算注意力分数（Attention Scores）

在 RSA 中，每个设备保存对应的查询嵌入（Query Embedding）、键嵌入（Key Embedding）和值嵌入（Value Embedding），这些嵌入对应于设备上的子序列块。首先需要在设备之间传输键嵌入以计算注意力分数。这种通信需要进行 $N-1$ 次，以确保每个子序列的查询嵌入可以乘以所有的键嵌入。具体来说，每个设备首先会根据其本地查询和键嵌入计算部分注意力分数。然后，它会从前一个设备接收不同的键嵌入，并针对每个新的键嵌入计算部分注意力分数。这样，所有的查询嵌入就收集到了它们在各自设备上的对应注意力分数。

2. 计算自注意力层输出

在 RSA 的第二阶段，可以根据注意力分数和值嵌入计算自注意力层的输出。由于计算输出需要所有的值嵌入，所以需要在设备之间传输所有的值嵌入，而不是键嵌入。对于每个输出，通过以下公式计算 $S^n V$：

$$O^n = S^n V = \sum_{i=1}^{N} S_i^n V_i \tag{3-8}$$

其中，$V_i = V_n$，S_i^n 是 S^n 的列切分，这意味着 $S_i^n \in \mathbb{R}^{L/N \times L/N}$，但 $S^n \in \mathbb{R}^{L/N \times L}$。

RSA 通过环形通信（见图 3-24）在设备之间传输键和值嵌入，使得每个设备只需要保留与其自身子序列对应的注意力嵌入，从而实现了内存效率的提高，特别是对于长输入序列。

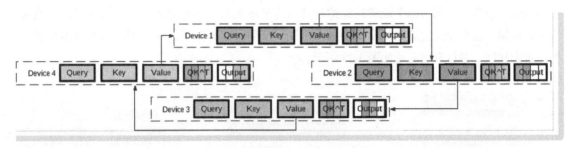

图 3-24　RSA 环形通信

总体来说，序列并行提供了一种有效的并行方法来处理大型 Transformer 模型的中长序列激活值内存问题，相比模型并行，可以进一步将模型的输入序列近乎无限扩展，如图 3-25 所示。这一技术的发展，无疑将推动深度学习领域的进步，使在更大的模型上进行训练成为可能，从而解决更复杂的问题。

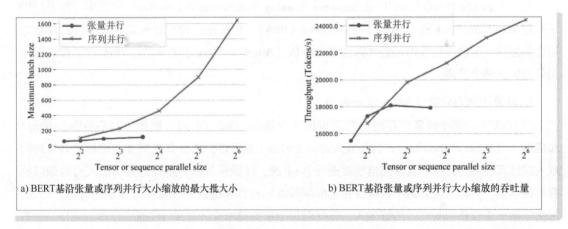

a) BERT基沿张量或序列并行大小缩放的最大批大小　　　b) BERT基沿张量或序列并行大小缩放的吞吐量

图 3-25　序列并行效果提升

▶▶ 3.2.2　混合并行：扩展模型到千亿参数

上面提到的数据并行、流水线并行、张量并行以及序列并行，对于超大 AI 模型（如 GPT 3、PLAM）而言，这些单一的并行策略仍然存在显存和通信上的瓶颈，比如流水线并行存在大量 Bubble，带来计算资源浪费，张量并行效率高但需要更大的通信开销，跨节点通信效率低下。所以将上述并行策略结合在一起，也就是混合并行，可以根据具体模型结构和硬件环境充分提高训练效率。

　　这里可以将数据并行、流水线并行和张量并行 3 种并行方式结合在一起的并行策略通常称作 3D 并行，如图 3-26 所示。Colossal-AI、DeepSpeed 和 Megatron 等分布式并行框架都有效支持 3D 并行，其中 Colossal-AI 可以进一步扩展到序列并行来支持 4D 并行。混合并行适应了不同工作负载的需求，以支持具有万亿参数的超大型模型，同时实现了近乎完美的显存扩展性和吞吐量扩展效率。此外，其提高的通信效率使用户可以在网络带宽有限的集群上以更快的速度训练数十亿参数的模型。

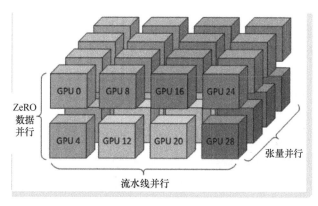

图 3-26　3D 并行原理示意图

　　以 3D 并行为例，数据并行、模型并行和流水线并行分别在提高内存和计算效率方面发挥了特定的作用。这 3 种并行策略通过优化内存效率和计算效率，实现了高效的模型训练。

　　模型的各层被划分为流水线阶段，每个阶段的层可以进一步通过模型并行进行划分。这种 2D 并行组合同时减少了模型、优化器和激活函数所消耗的内存。然而，不能无限制地划分模型，否则会导致通信开销过大，从而限制计算效率。

　　为了让工作节点的数量在不牺牲计算效率的情况下超越模型和流水线并行，可以使用 ZeRO 驱动的数据并行（ZeRO-DP）。ZeRO-DP 不仅通过优化器状态划分进一步提高了内存效率，还可以在最小的通信开销下扩展到任意大的 GPU 数量。

　　模型并行的通信开销是 3 种策略中最大的，因此优先在节点内部放置模型并行组，以利用更大的节点内带宽。数据并行组在模型并行不跨所有节点内工作节点时，放置在节点内。否则，它们被放置在节点之间。流水线并行的通信量最小，因此可以在节点之间调度流水线阶段，而不受通信带宽的限制。这样就可以进一步优化节点内和节点间的通信带宽。

　　另外，还可以通过通信并行性提高带宽，在每个数据并行组通过流水线并行和模型并行线性减少梯度大小，从而减少了纯数据并行的总通信量。此外，每个数据并行组在一组局部化的工作节点之间独立并行地进行通信。因此，数据并行通信的有效带宽通过减少通信量和增加局部性和并行性的组合而得到放大。

混合并行与数据并行不同，它提供了多种并行选择的维度。当前主流框架的做法是通过手动切分模型来实现模型并行，这种方法难度很大，对开发者的要求也很高，往往需要分布式专家。混合并行的主要难点包括以下几点。

1）混合并行需要精细的任务划分和调度策略，以确保各个并行计算资源得到充分利用，各个子任务之间的协同工作得以正确处理。此外，还需要考虑数据通信和同步等问题，以确保各个并行计算单元之间的数据一致性和正确性。

2）模型切分的难度很大，不同维度的模型切分会引入不同的通信量，其性能也必不同，要从海量切分策略中分析出一个性能较好策略的难度高，需要丰富的分布式机器学习经验才行。同时，也需要考虑内存上限，以确保切分后的子模型能够在硬件加速器中运行。此外，还需要考虑切分后各子模型的计算量，保持计算相对均衡，从而避免性能短板，维持负载均衡。

3）混合并行还需要理解底层硬件网络组网的拓扑，以及节点内和节点间的设备互联方式，把子模型间通信量多的放到节点内，通信量小的放到节点间，以提高网络的利用效率。

4）在工程实现方面，手动实现混合并行需要用户完成大量设备绑定及通信代码，且并行逻辑与算法逻辑耦合在一起，加重了算法工程师的开发工作量。

▶▶ 3.2.3 自动并行：自动化的分布式并行训练

针对特定模型结构和硬件拓扑手动设计并行策略对工程师要求极高，往往需要对训练框架、模型算法和硬件拓扑都有深入了解的分布式训练专家。一旦模型结构和硬件拓扑发生，经常需要重新设计并行策略。同时，手工设计的并行策略往往是经验性的，而且通常是次优的。因此，设计一套自动完成大规模模型并行策略的方案将显著提升机器学习效率，并降低成本，使算法研究员能够快速探索新的模型设计，而不需要关心底层的分布式策略。

1. 问题定义

设计自动并行策略的第一个问题是如何从数学上抽象自动并行问题？

在常见的机器学习系统中，通常将神经网络的训练和推断的计算抽象为一个有向无环图（DAG），也叫作计算图，计算图由基本数据结构张量（Tensor）和基本运算单元算子构成。假设有一个计算图 $G=(V,E)$，其中每个节点 $v_i \in V$ 可以表示为一个操作符，例如，Matmul、Softmax，或一个张量（Tensor），张量可以是模型的输入、输出、中间状态或模型状态（参数权重、梯度或优化器状态）。而节点间的每条有向边（Directed Edge）$e_{ij}(vi, vj) \in E$ 来描述计算间的依赖关系。模型训练的数学抽象如图 3-27 所示。

上面定义了模型训练的数学抽象，那么，如何定义硬件设备的数学抽象？

对于硬件设备，设备拓扑可以被建模为一个无向图 $D = (V_D, E_D)$，其中每个节点 $d_i \in V_D$ 是一个硬件设备，如 CPU、GPU，每条边 $b_{ij}(d_i, d_j) \in E_D$ 表示设备间带宽和连接方式，如 PCIe、NVLink、InfiniBand。硬件设备的数学抽象如图 3-28 所示。

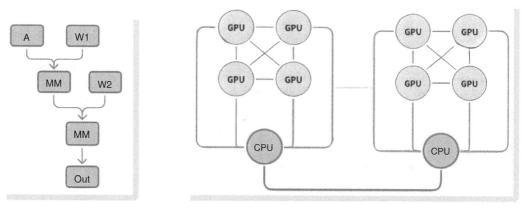

图 3-27 模型训练的数学抽象　　　　　图 3-28 硬件设备的数学抽象

有了以上数学抽象，就可以把自动并行算法 A 定义为 $S = A(G, D)$，S（Solution）包括 $v_i \in G$ 的分区集合 P，所有 $d_i \in D$ 的子图集合 G_d 以及流水线并行规划策略。

2. 自动并行策略分类

设计搜索策略是自动并行问题的关键，现有的策略搜索方法可以划分为两类：基于经典算法的自动并行策略和基于机器学习的策略。基于经典算法的方法包括递归算法、动态规划算法、整数线性规划算法，以及广度优先搜索（BFS）算法；基于机器学习的方法包括蒙特卡洛马尔可夫链（MCMC）、蒙特卡洛树搜索（MCTS）、强化学习算法等。

同时，不同的策略往往对不同层级的策略作为搜索空间。这时，可以考虑的并行模式有数据并行（DP）、张量并行（TP），流水线并行（PP）、序列并行（SP）、MOE 并行、Activate Check-Point 等，将那些并行策略作为自动并行的搜索空间是设计自动并行搜索算法的关键点之一。

在当前主流的自动并行策略中，有只对 PP+DP 并行策略作为搜索空间的，如 PipeDream、DAPPLE、Chimera、WPipe；也有 DP+TP 的策略，如 Flexflow、AutoMap，还有 PP+TP+DP 作为搜索空间的，如 Alpa、TePDist；以及有进一步将 Activate CheckPoint 考虑在内的 PP+TP+DP+ Activation CheckPoint 作为搜索空间的，如 Colossal-Auto。下面将介绍关于 Chimera、Alpa、Colossal-Auto 三个典型案例。

（1）Chimera

先考虑最简单的情况，即数据并行加流水线并行，此时减少流水线中的 Bubble 数量就尤为重要。发表于 SC2021 的文章 "Chimera：Efficiently Training Large-Scale Neural Networks with Bidirectional Pipelines"很好地解决了这个问题，Chimera 结合了双向流水线，用于高效训练大规模模型。Chimera 使用暴力法的性能模型（Performance Model with Brute Force）来确定并行策略，它是一种同步方法，因此没有精度损失，这比异步方法更有利于收敛。与最新的同步流水线方法相比，Chimera 将冒泡数减少了多达 50%，同时得益于双向流水线的精细调度，Chimera 的激活内存消耗更加平衡。Chimera 原理如图 3-29 所示。

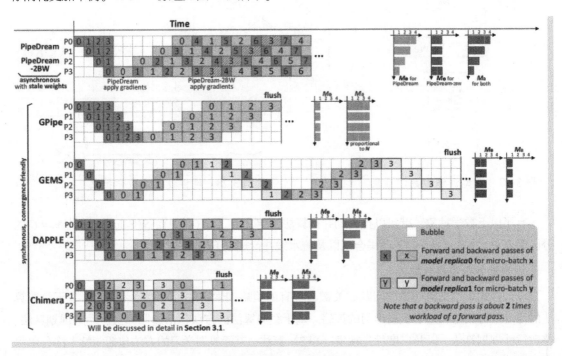

图 3-29　Chimera 原理

（2）Alpa

如果同时考虑 PP+TP+DP，进一步扩展并行策略的搜索空间，那么问题就会更加复杂。发表于 2022 年的 OSDI 的 Alpa "Automating Inter and Intra-Operator Parallelism for Distributed Deep Learning"提出了一个优秀的解决方案。Alpa 将并行性视为两个层次级别：算子内并行（Intra-Operator Parallelism）和算子间并行（Interoperator Parallelism）。算子内的并行包括数据并行（DP）和张量并行（TP）。TP 也被称为层内模型并行（Intra-Layer Model Parallelism）、有行并行、列并行、二维张量并行和三维张量并行；算子外并行包括层间模型并行性（Inter-Layer Model Parallelism）和流水线并行（PP）。基于此，Alpa 构造了一个新的层次空间，用于执行大量的模型并行执行计划。其设计了一系列编译过程，以在每个并行级别自动推导出有效的并行执行计划。其还实现了一个有效的运行时系统，以协调分布式计算设备上的两级并行执行。在实际求解过程中，Alpa 使用整数线性规划（ILP）完成算子间并行规划，使用动态规划算法来完成算子外并行规划。Alpa 原理如图 3-30 所示。

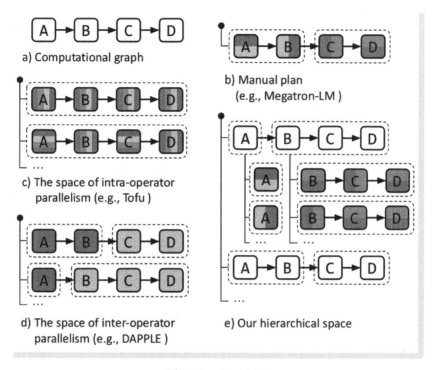

图 3-30　Alpa 原理

（3）Colossal-Auto

上述提到的策略都考虑了模型本身的并行维度，然而，大模型的激活值在训练过程也有巨大的显存开销，逐渐成为大模型训练效率的瓶颈之一，而 Activation Checkpoint（激活检查点）技术可以有效减少显存峰值，它是一种通过用计算换取内存来减少单个 GPU 上的内存占用的技术。当将 Activation Checkpoint 应用到一组连续的层时，只有最后一层的输出被缓存用于反向计算。在前向传播过程中，所有其他中间输出都不会被存储。在反向传播过程中，会触发重新计算，暂时获取中间输出进行梯度计算。因此，中间激活所消耗的内存可以大幅度减少，从而释放更多的内存来容纳更大的模型。由于 Activation Checkpoint 并不分片张量，所以它与其他并行化技术是正交的。

Colossal-Auto 是首个基于 PyTorch 框架使用静态图分析的自动并行系统，是最先考虑同时联合上述两者共同优化的方案。Colossal-Auto 采用两阶段 Solver，分别解决 Intro-Op 和 Ckpt 的规划，其中 Intro-Op 继承了 Alpa 的整数线性规划方案，Ckpt Solver 将接收分式计算图，并搜索最佳子图以应用 Activation Checkpoint。

Colossal-Auto 会在满足内存预算的限制下，以最快运行时间为目标，为每个 Op 进行策略搜索，最终得到真实训练时的策略，包括每个 Tensor 的切分策略、不同计算节点间需要插入的通信算子类型、是否要进行算子替换等。现有系统中的张量并行、数据并行、NVIDIA 在 Megatron-LM 等并行系统中使用的 Column 切分和 Row 切分并行等混合并行，都是自动并行可以搜索到的策略的子集。除了这些可以手动指定的并行方式外，Colossal-AI 有能力为每个 Op 指定独特的并行方式，因此有可能找到比依赖专家经验和试错配置的手动切分更好的并行策略。Colossal-Auto 原理如图 3-31 所示。

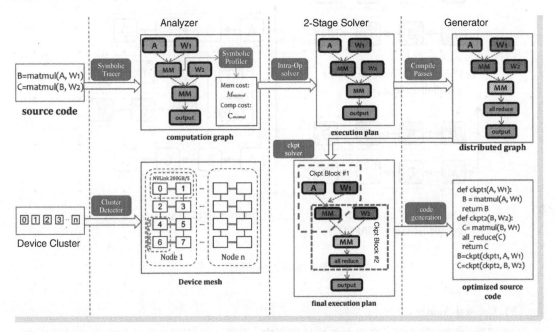

图 3-31　Colossal-Auto 原理

3. 自动并行展望和挑战

当前的自动并行策略面临着一系列挑战，存在着一系列待解决优化的问题。首先，选择不同的并行方案是一个关键问题。理解机器学习训练任务如何被切分和并行执行的各种方式对于自动并行化至关重要。这涉及理解不同的并行编程模型（如数据并行、张量并行和流水线并行）、它们工作方式，以及它们各自的优点和缺点。

其次，不同并行方案之间的权衡是一个挑战。不同的并行方案可能对不同类型的任务更有效。一个关键挑战是如何为给定的任务选择合适的方案，考虑到性能、复杂性和开销的权衡。任务的性质、系统的架构和可用资源等因素都在这个决定中发挥作用。

此外，异构设备间的负载平衡问题是一个挑战。异构计算系统包括不同类型的处理器和设备（如 CPU、GPU 和 FPGA）。挑战在于如何将工作负载均匀地分配到这些设备上，以最大化利用和效率。这需要复杂的调度策略，也需要考虑每个设备的特性和能力。

在特定设备拓扑上的网络通信优化是一个挑战。在分布式训练中，任务经常需要交换数据。通信模式和数据依赖关系可以对性能产生重大影响。挑战在于根据设备的特定拓扑（如设备数量、连通性和数据传输率）优化这些模式，以最小化通信时间、最大化计算/通信比率。

最后，寻找策略时权衡运行时间与策略性能是一个挑战。识别给定任务的最佳并行策略可能是一个复杂的过程。对所有可能的策略进行性能分析以确定最佳策略会耗费太多时间。因此，许多方法使用基于成本模型的方法来估算不同策略的性能，并选择具有更少运行时间的最佳策略。挑战在于平衡成本模型的准确性与做出决定所需的时间。

3.3 实战分布式训练

分布式训练的实战演练是一种利用多台机器或多个计算设备进行并行计算的方法，旨在加速深度学习模型的训练过程。本节将介绍分布式训练的实战演练方法，重点关注模型并行训练和混合并行训练两种方法。

模型并行训练是一种将模型参数划分到多个设备上，并在这些设备上进行计算的方法。这种方法适用于大型模型，其中模型的参数无法一次性加载到单个设备的内存中。在模型并行训练中，每个设备负责处理模型的部分参数，并在训练过程中进行通信和同步操作，以更新全局模型参数。

在实战演练中的模型并行训练需要进行以下步骤。

1）模型划分：将模型参数划分为多个部分，每个部分分配给一个设备。

2）训练数据划分：将训练数据集划分为多个部分，使每个设备都能获得一部分数据进行计算。

3）参数通信和同步：设备之间需要进行参数通信和同步操作，包括参数更新和梯度传输等。

混合并行训练是一种将模型参数和训练数据同时划分到多个设备上进行并行计算的方法。这种方法结合了模型并行和数据并行的思想，可以在处理大规模模型和大规模数据时提高训练效率。在混合并行训练中，每个设备既负责处理部分模型参数，又负责处理部分训练数据。

在实战演练中的混合并行训练需要进行以下步骤。

1）模型和数据划分：将模型参数划分为多个部分，并将训练数据划分为多个部分，使每个设备都能获得一部分参数和一部分数据。

2）参数和数据通信：设备之间需要进行参数和数据的通信操作，以实现参数更新和梯度传输等。

3）计算协同：设备之间需要进行计算协同，确保模型参数和训练数据的一致性和正确性。

通过模型并行训练和混合并行训练，可以将深度学习模型的训练任务划分到多个设备上并行执行，提高训练效率和加速训练过程。实战演练中需要注意设备的充足计算资源和高速网络连接，选择适当的分布式训练框架和库来支持模型并行和混合并行训练。此外，还需要进行环境设置、数据划分、通信管理和性能调优等步骤。通过合理选择并行策略、优化通信和数据传输，可以充分利用多台机器或多个计算设备的计算能力，加快深度学习模型的训练速度，实现更高效的深度学习训练。

▶▶ 3.3.1 应用模型并行策略的实际案例

为了使模型能够实现张量并行，如在 8 个 GPU 上，需要配置如下的并行设置。

```
CONFIG = dict(parallel=dict(
    data=1,
    pipeline=1,
    tensor=dict(size=8, mode='3d'),
))
```

然后 Colossal-AI 会自动应用到所有来自 colossalai.nn 的层中（如 3D 张量并行）。这里可以定义一个由两层多层感知器（MLP）组成的模型，如下所示。

```
import colossalai
import colossalai.nn as col_nn
import torch
from colossalai.utils import print_rank_0

class MLP(torch.nn.Module):
    def __init__(self, dim: int = 256):
        super().__init__()
        intermediate_dim = dim * 4
        self.dense_1 = col_nn.Linear(dim, intermediate_dim)
        print_rank_0(f'Weight of the first linear layer:
{self.dense_1.weight.shape}')
        self.activation = torch.nn.GELU()
        self.dense_2 = col_nn.Linear(intermediate_dim, dim)
        print_rank_0(f'Weight of the second linear layer:
{self.dense_2.weight.shape}')
        self.dropout = col_nn.Dropout(0.1)

    def forward(self, x):
        x = self.dense_1(x)
```

```
print_rank_0(f'Output of the first linear layer: {x.shape}')
x = self.activation(x)
x = self.dense_2(x)
print_rank_0(f'Output of the second linear layer: {x.shape}')
x = self.dropout(x)
return x
```

在 8 个 GPU 上启动 Colossal-AI 并建立模型。

```
parser = colossalai.get_default_parser()
colossalai.launch(config=CONFIG,
                  rank=args.rank,
                  world_size=args.world_size,
                  local_rank=args.local_rank,
                  host=args.host,
                  port=args.port)

m = MLP()
```

此时将会看到 MLP 模型中被划分的参数（如权重）的形状。

```
Weight of the first linear layer: torch.Size([128, 256])
Weight of the second linear layer: torch.Size([512, 64])
```

第一个线性层的完整权重形状应该为 $[256, 1024]$，经过 3D 并行划分后，它在每个 GPU 上变成了 $[128, 256]$。同样地，第二层将权重 $[1024, 256]$ 划分为 $[512, 64]$。

这时可以用一些随机输入来运行这个模型。

```
from colossalai.context import ParallelMode
from colossalai.core import global_context as gpc
from colossalai.utils import get_current_device

x = torch.randn((16, 256), device=get_current_device())
# partition input
torch.distributed.broadcast(x, src=0)
x = torch.chunk(x, 2, dim=0)[gpc.get_local_rank(ParallelMode.PARALLEL_3D_WEIGHT)]
x = torch.chunk(x, 2, dim=0)[gpc.get_local_rank(ParallelMode.PARALLEL_3D_INPUT)]
x = torch.chunk(x, 2, dim=-1)[gpc.get_local_rank(ParallelMode.PARALLEL_3D_OUTPUT)]
print_rank_0(f'Input: {x.shape}')

x = m(x)
```

然后便可以看到 Activation 结果的形状。

```
Input: torch.Size([4, 128])
Output of the first linear layer: torch.Size([4, 512])
Output of the second linear layer: torch.Size([4, 128])
```

▶▶ 3.3.2 结合多种并行策略的训练实践

张量并行将每个权重参数跨多个设备进行分区，以减少内存负载。Colossal-AI 支持 1D、2D、2.5D 和 3D 张量并行。此外，还可以将张量并行、流水线并行和数据并行结合起来，实现混合并行。Colossal-AI 还提供了一种简单的方法来应用张量并行和混合并行。只需在配置文件中更改几行代码即可实现流水线并行。

（1）构造配置文件（/hybrid_parallel/configs/vit_1d_tp2_pp2.py）

使用张量并行只需将相关信息添加到 parallel dict。具体而言，TENSOR_PARALLEL_MODE 可以是 1D、2D、2.5D、3D。不同并行度的大小应满足：#GPUs = pipeline parallel size x tensor parallel size x data parallel size。在指定 GPU 数量、流水线并行大小和张量并行大小后 data parallel size 会自动计算。

```python
from colossalai.amp import AMP_TYPE
# parallel setting
TENSOR_PARALLEL_SIZE = 2
TENSOR_PARALLEL_MODE = '1d'
parallel = dict(
    pipeline=2,
    tensor=dict(mode=TENSOR_PARALLEL_MODE, size=TENSOR_PARALLEL_SIZE)
)
fp16 = dict(mode=AMP_TYPE.NAIVE)
clip_grad_norm = 1.0
# pipeline config
NUM_MICRO_BATCHES = parallel['pipeline']
TENSOR_SHAPE = (BATCH_SIZE // NUM_MICRO_BATCHES, SEQ_LENGTH, HIDDEN_SIZE)
```

其他配置如下。

```python
# hyperparameters
# BATCH_SIZE is as per GPU
# global batch size = BATCH_SIZE x data parallel size
BATCH_SIZE = 256
LEARNING_RATE = 3e-3
WEIGHT_DECAY = 0.3
NUM_EPOCHS = 300
WARMUP_EPOCHS = 32
# model config
IMG_SIZE = 224
PATCH_SIZE = 16
HIDDEN_SIZE = 768
DEPTH = 12
```

```
NUM_HEADS = 12
MLP_RATIO = 4
NUM_CLASSES = 10
CHECKPOINT = True
SEQ_LENGTH = (IMG_SIZE // PATCH_SIZE) ** 2 + 1   # add 1 for cls token
```

（2）开始训练

具体训练代码如下。

```
export DATA=<path_to_dataset>
# If your torch >= 1.10.0
torchrun --standalone --nproc_per_node <NUM_GPUs>  train_hybrid.py --config ./configs/config_
hybrid_parallel.py
# If your torch >= 1.9.0
# python -m torch.distributed.run --standalone --nproc_per_node = <NUM_GPUs> train_hybrid.py --
config ./configs/config_hybrid_parallel.py
```

第4章

AI大模型时代的奠基石Transformer模型

Transformer 及其变体的出现为大模型的研究和实践提供了基础的模型支持，并持续性地在处理复杂序列任务中发挥着关键作用。本章将回顾自然语言处理的基础知识，并深入探讨 Transformer 的技术与原理。首先，介绍自然语言任务以及序列到序列模型。之后，介绍 Transformer 模型提出的相关信息，包括其出现的背景和动机，以及论文 "Attention is All You Need" 的主要贡献。随后，分析 Transformer 的模型结构，包括编码器和解码器的组成部分、自注意力机制、正则化项以及位置编码的工作原理。此外，还将深入讨论 Transformer 的训练过程。

4.1 自然语言处理基础

在深入讨论 Transformer 之前，初学者们有必要了解 Transformer 最初被提出时所应用的领域，即自然语言处理领域，并且对序列到序列模型有足够的认识。

▶▶ 4.1.1 自然语言任务介绍

自然语言处理任务（Natural Language Processing Tasks）是指通过计算机对自然语言文本进行理解、分析和处理的一系列任务。这些任务涉及从文本中提取信息、理解语义、生成文本以及与人类语言进行交互等方面。

自然语言处理（Natural Language Processing，NLP）的研究可以追溯到 20 世纪 50 年代，但在过去几十年中得到了显著发展。早期的研究主要集中在基于规则的方法，其中语言规则由专家手动编写。然而，这种方法的局限性逐渐变得明显，因为人类语言的复杂性和变化性使得手动编写规则变得困难。

随着机器学习和深度学习技术的发展，自然语言处理进入了一个新的阶段。通过使用大规模语料库进行训练，计算机可以学习到语言的统计规律和模式，从而在处理自然语言任务时取得更好的效果。深度学习模型如递归神经网络（Recursive Neural Networks）、卷积神经网络（Convolutional Neural Networks）和变换器模型（Transformer）等，推动了自然语言处理的进一步发展。

自然语言处理任务可以细分为很多具体的任务，如文本分类、命名实体识别、机器翻译、情感分析等。以下是一些重要的自然语言任务。

1）机器翻译（Machine Translation）：机器翻译是将一种语言的文本自动转化为另一种语言的任务。其目标是实现高质量、准确的翻译，使得不同语言之间的沟通变得更容易。机器翻译有以下两个主要的方法。

- 统计机器翻译（Statistical Machine Translation，SMT）：这种方法基于大规模的双语平行语料库，通过建立概率模型来学习源语言和目标语言之间的对应关系。常见的 SMT 模型包括基于短语的模型和基于句法的模型。
- 神经机器翻译（Neural Machine Translation，NMT）：这种方法使用神经网络模型，如循环神经网络（Recurrent Neural Networks，RNN）和变换器模型（Transformer），直接将源语言句子映射到目标语言句子。NMT 在翻译质量和流畅性方面取得了显著的改进。

当前，机器翻译面临的挑战包括语言间的歧义性、长距离依赖关系、不同语言的词汇和结构差异等。

2）文本摘要（Summarization）：文本摘要是从长篇文本中提取关键信息并生成简洁概括性的摘要的任务。文本摘要可以分为以下两种类型。

- 抽取式摘要（Extractive Summarization）：这种方法从原始文本中选择最相关的句子或短语，然后将它们组合成摘要。抽取式摘要不涉及生成新的句子，而是通过挑选重要信息来构建摘要。
- 生成式摘要（Abstractive Summarization）：这种方法使用自然语言生成技术，基于理解原始文本的语义和上下文，生成新的句子来表达摘要。生成式摘要更接近人类的摘要方式，但也更具挑战性，因为它需要理解文本并生成合乎逻辑和流畅的摘要。

文本摘要任务的关键问题是准确地捕捉原始文本的核心内容，并确保生成的摘要语义准确、流畅。

3）多轮对话（Multi-turn Dialogue）：多轮对话任务涉及处理多个连续的对话回合，保持对话上下文，并实现更复杂的对话交互。这种任务的目标是理解和生成自然语言对话，并能够在对话中提供准确和连贯的回应。多轮对话系统需要解决以下问题。

- 上下文理解：对于每个对话回合，理解先前对话上下文中的内容和语义是至关重要的。模型需要识别和捕捉到上下文中的重要信息，以便正确地回应当前的对话。
- 对话状态跟踪：跟踪对话中的状态变化对于理解和管理对话至关重要。对话状态跟踪模块负责追踪对话中的信息和目标，并将其用于生成合适的回应。

- 回应生成：根据对话上下文和对话状态，生成合适、连贯的回应是多轮对话任务的核心。多轮对话任务的挑战在于上下文理解、对话一致性、生成准确性和用户体验等方面。

▶▶ 4.1.2　语言输入的预处理

在将自然语言处理的文本输入到某个具体模型中，往往需要对语言输入做预先处理，包括对文本的清洗以及对语言做分词处理。

1. 文本清洗

文本清洗（Text Cleaning）是自然语言处理中的一项重要预处理步骤，旨在去除文本数据中的噪声、无用字符和不必要的信息。以下是文本清洗的一些常见技术和步骤。

（1）去除特殊字符和标点符号

- 去除文本中的特殊字符、非字母数字字符和无效符号。这可以通过使用正则表达式或字符串操作来实现。例如，可以使用正则表达式模式来匹配并删除非字母数字字符：[^a-zA-Z0-9]。
- 去除标点符号：根据任务需求，可以选择保留或删除标点符号。在某些情况下，标点符号可能包含重要的语义信息，而在其他情况下，它们可能被视为噪声。

（2）处理 HTML 标签和特殊符号

- 在处理从网页或 HTML 文档中提取的文本时，可能需要去除 HTML 标签和特殊符号。可以使用库或工具（如 BeautifulSoup）来解析 HTML 并去除标签。
- 处理特殊符号，如 Unicode 字符、Emoji 或特殊表情符号。可以使用 Unicode 编码范围或特定的字符映射表来过滤或替换这些符号。

（3）清除无意义的文本

在某些情况下，文本数据中可能包含无意义的文本片段，如广告语、重复的模板文本或特定任务等一些不相关的内容。这些无意义的文本可以通过文本匹配、规则过滤或机器学习方法进行识别和去除。

文本清洗的具体步骤和技术取决于任务和数据的特定需求。通过进行文本清洗，可以获得干净、准确且一致的文本数据，以便后续的自然语言处理任务（如分析、建模、分类等）能够更加准确和有效地进行。

2. 分词

分词（Tokenization）或词元化是自然语言处理中的一项基本任务，它将连续的文本序列切分成单个的"词汇"或标记。Token 也称为词元。注：这里的"词"并不一定等价于语言中的词汇，不同词元化方法会产生不同粒度的划分，比如对于 playing 这个词，可能在一些方法中被当做一个词，在另一些方法中可能会被当作两个 Token：play 和 ing。分词使得计算机能够理解和处理文本。正确的分词对于语义解析、句法分析和语言理解等任务非常关键，因为不同的词汇单元传达着不同的语义和语法信息。

在 Transformer 模型中常用的分词方法主要是基于子词（Subword）的分词方法。子词分词方法可以将复杂的词汇切分成更小的子词单元，提高模型的效果和泛化能力。以下是几种常见的基于子词的分词方法。

（1）Byte Pair Encoding（BPE）

BPE 是一种基于统计的分词算法，在训练阶段，BPE 迭代地合并出现频率最高的子词对来构建词表。在分词阶段，它将文本中的词汇逐步切分成更小的词表中的子词单元。BPE 算法能够有效地处理未登录词和稀有词，并且不需要预先定义的词表大小。BPE 根据分词的基本单位的不同可进一步分为字符级别和字节级别的 BPE。使用字符级别（char-level）BPE 的模型有 LLaMA 系列，OPT 系列等；而 Open AI 的（Byte-level）BPE GPT 系列使用的则是字节级别的分词器 tiktoken。

（2）Unigram Language Model（ULM）

ULM 是一种基于语言模型的分词算法，它通过学习文本中各个词汇的概率分布来确定切分位置。ULM 根据语言模型的学习结果，利用贪婪算法或动态规划算法来切分文本。ULM 能够考虑上下文信息，提高切分的准确性。

（3）SentencePiece：常见分词算法的开源软件库

SentencePiece 是一种通用的分词工具，由谷歌在 2018 年开源。SentencePiece 支持多种分词算法，如 BPE、Unigram 和 WordPiece，并提供了相应的训练工具和 API 接口，可以方便地用于 Transformer 模型中的分词任务。

这些基于子词的分词方法可以根据任务和数据的需求进行选择和调整。它们能够解决复杂词汇和未登录词的分词问题，并提高 Transformer 模型在自然语言处理任务中的性能和泛化能力。

▶▶ 4.1.3　序列到序列模型

序列到序列（Seq2Seq）模型是一种特殊的神经网络结构，用于处理输入和输出都是序列的任务，如机器翻译、语音识别等。一个典型的 Seq2Seq 模型由编码器和解码器组成。编码器负责将输入序列编码成一个固定的上下文向量，解码器则将这个上下文向量解码成输出序列。

在 Transformer 模型出现之前，自然语言处理领域常用的模型有如下两种。

（1）递归神经网络（Recurrent Neural Network，RNN）

RNN 是一种递归神经网络，专门用于处理序列数据。相对于传统的前馈神经网络，RNN 具有记忆功能，可以利用之前的信息来处理当前的输入。这种特性使得 RNN 在自然语言处理、语音识别、时间序列分析等任务中非常有效。

RNN 的基本结构是一个循环单元（Recurrent Unit），它将输入序列的每个元素依次输入，并将之前的隐藏状态与当前的输入一起处理，生成一个新的隐藏状态和输出，如图 4-1 所示。RNN 的隐藏状态可以看作是对过去信息的总结或记忆。RNN 的主要优势在于它可以处理任意长度的序列数据，并利用之前的信息来影响当前的计算。然而，传统的 RNN 存在梯度消失和梯度爆炸的问题，导致难以处理长期依赖关系。

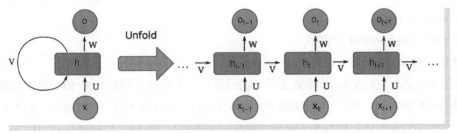

图 4-1　RNN 模型结构

（2）长短期记忆网络（Long Short-Term Memory，LSTM）

LSTM 是一种递归神经网络（RNN）的变体，用于处理和建模序列数据。相比于传统的 RNN，LSTM 在解决长依赖问题和处理长序列数据时表现更好。它引入了门控机制来控制信息的流动，从而有效地处理序列中的长期依赖关系。

LSTM 的结构包括单元（Cell）和门控单元（Gate Unit），每个单元包含一个记忆单元（Memory Cell）和输入门（Input Gate）、遗忘门（Forget Gate）和输出门（Output Gate）3 个门控单元，如图 4-2 所示。LSTM 的关键优势在于它可以通过遗忘门和输入门来选择性地存储和遗忘信息，从而一定程度地解决了长依赖问题。

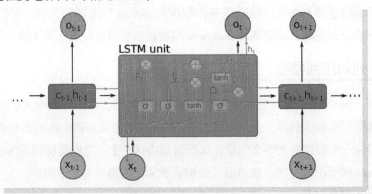

图 4-2　LSTM 单元结构

Transformer 模型的提出是为了解决传统神经网络模型在处理复杂序列任务时的一些限制，特别是长距离依赖问题。下面将详细讨论这些问题，以及 Transformer 如何解决它们。

过去，在自然语言处理和其他序列处理领域的神经网络模型中，RNN 和 LSTM 一直占据主导地位。然而，这些模型存在一些固有的问题。首先，由于它们是按序列顺序处理输入的，所以并行计算能力有限，这限制了它们的训练速度和规模。其次，尽管 LSTM 等模型设计出来是为了解决长距离依赖问题，但在实践中，它们仍然很难有效地处理长序列数据。

为了解决这些问题，研究人员开始寻找新的解决方案。最终，谷歌的研究人员于 2017 年在论文 "Attention is All You Need" 中提出了一种全新的神经网络结构——Transformer。Transformer 的主要特点是完全放弃了循环和卷积，而是主要依赖于注意力机制来捕捉序列数据中不同距离的元素之间的依赖关系。

在这篇论文中，研究人员首次提出了自注意力（Self-Attention）以及多头注意力（Multi-Head Attention）机制，这是一种更为强大和灵活的注意力机制，它允许模型在处理每一个位置的输入时，都能充分考虑到输入序列中的所有位置的信息。这种全局的视角使 Transformer 在处理长距离依赖问题时表现出色。此外，该论文还引入了位置编码（Positional Encoding）的概念，以弥补 Transformer 无法自然地处理序列顺序的问题。通过加入位置编码，Transformer 能够了解到序列中不同元素的相对或绝对位置信息。研究人员也展示了 Transformer 在各种任务中的优越性能，特别是在机器翻译任务中，Transformer 比以前的模型表现得更好。

Transformer 的成功引发了一场革命，它不仅改变了处理序列任务的方式，并催生出后来的众多重要的大模型，如 GPT、T5、PALM 等。时至今日，Transformer 逐渐成为许多自然语言处理任务的首选模型，也被广泛应用于其他领域，如语音识别和计算机视觉。

4.2 Transformer 详解

本节将深入研究 Transformer 模型。首先，介绍了 Transformer 模型的整体结构，包括编码器和解码器的设计，以及它们如何通过自注意力和前馈神经网络来处理输入数据，目标是为读者提供对 Transformer 模型整体架构和运作方式的深入理解。随后，介绍了 Transformer 模型中的注意力机制，特别是自注意力机制的工作原理和优势，目标是帮助读者理解注意力机制如何使 Transformer 模型能够有效地处理序列数据，特别是在自然语言处理任务中的应用。之后，解释了在 Transformer 模型中，归一化层如何帮助提高模型训练的稳定性和效率。读者将了解到在深度学习模型中，归一化是如何工作的，以及为何在 Transformer 模型中具有特殊重要性。最后，将指导读者如何训练一个 Transformer 模型，包括如何选择合适的损失函数、优化器，以及如何设定训练策略等。此外，还会讨论一些常见的训练问题，以及解决这些问题的策略和技巧。

通过本节，读者不仅能够理解 Transformer 模型的原理和结构，还可以获得实际操作经验，了解如何训练和优化 Transformer 模型，以适应自己的任务需求。

▶▶4.2.1 Transformer 模型结构

Transformer 模型的主要组成部分是编码器（Encoder）和解码器（Decoder），如图 4-3 所示。编码器用于处理输入数据，解码器则用于生成输出数据。

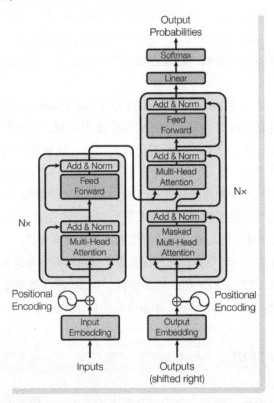

图 4-3 Transformer 模型结构图（出自论文"Attention is All You Need"）

Transformer 的编码器由 N 个完全相同的层堆叠而成（在原始的 Transformer 模型中，$N=6$）。每个层都有两个子层：一个是多头自注意力（Multi-Head Self-Attention）机制，另一个是前馈（Feed-Forward）神经网络。这两个子层都有一个残差连接（Residual-Connection）和一个层归一化（Layer Normalization）。

解码器也由 N 个完全相同的层堆叠而成。每个层有 3 个子层：两个是多头自注意力机制，另一个是前馈神经网络。这 3 个子层都有一个残差连接和一个层归一化。第一个自注意力子层和编码器中的自注意力子层一样，都是处理输入序列。但第二个自注意力子层是用来将解码器的输入（也就是目标序列）和编码器的输出（也就是源序列的表示）联系起来的。在这个子层中，查询来自于前一个自注意力子层的输出，而键和值来自于编码器的输出。

在解码器的顶部有一个全连接层，用于将解码器的输出转化为最终的预测结果。

▶▶ 4.2.2 注意力与自注意力机制

注意力机制是一种允许神经网络在生成输出的每一步时都对输入的不同部分赋予不同的"注意力"或"重要性"的技术。在自然语言处理任务中，注意力机制被广泛用于处理序列数据，因为它可以有效地处理长距离依赖问题。

在一个简单的注意力机制中，首先计算输入序列中每个元素的权重，这些权重反映了每个元素对于当前输出的重要性。权重的计算通常基于输入元素和当前的查询（Query）的相似性。一旦得到权重，就可以通过加权平均输入元素来计算输出。

为了计算每个元素的权重，需要额外引入 q、k 和 v 三个变量，分别表示查询（Query）、键（Key）和值（Value）。这些变量在注意力机制中起到了关键的作用，用于计算查询与一组键值对之间的相关性权重。

注意力机制的主要目标是将查询与一组键值对进行比较，并计算出查询与每个键之间的相关性得分，然后使用这些得分对值进行加权平均。这样的操作可以用于各种任务，如机器翻译、问答系统和图像分类等。

下面来详细介绍一下这三个变量的作用和计算方法。

- 查询（Query，简写为 Q）：查询是用来表示当前需要进行比较的目标。可以将查询视为输入的特征表示，它用于计算与键的相关性得分。在注意力机制中，查询通常是由输入的隐藏状态或编码器输出表示。

- 键（Key，简写为 K）：键是一组与查询进行比较的参考向量。通常，键和查询具有相同的维度，以便进行相关性计算。键的目的是捕捉输入中的相关信息，以便与查询进行比较。

- 值（Value，简写为 V）：值是与每个键相关联的向量。它们可以是输入中的原始特征向量或通过某种变换得到的表示。值的目的是在计算注意力得分后，根据注意力权重对值进行加权平均，以获取最终的注意力表示。

更具体地说，可以通过以下步骤计算注意力的输出。

1）打分（Score）：计算查询（Query）和键（Key）之间的相似性得分。常见的打分函数有点积（Dot-product）和加性（Additive）等。

如果使用点积打分函数，公式可以表示为：

$$Score(\boldsymbol{Q}, \boldsymbol{K}) = \boldsymbol{Q}\boldsymbol{K}^{\mathrm{T}} \tag{4-1}$$

2）归一化（Normalization）：使用 Softmax 函数将打分进行归一化，得到每个输入元素的权重，这些权重加总为 1。

$$Softmax(Score) = \frac{e^{Score}}{\sum e^{Score}} \qquad (4\text{-}2)$$

3）加权求和（Weighted Sum）：将归一化的权重应用于值（Value），然后对结果进行加权求和，得到注意力的输出。

$$Attention(\boldsymbol{Q},\boldsymbol{K},\boldsymbol{V}) = \sum (Softmax(Score) \cdot \boldsymbol{V}) \qquad (4\text{-}3)$$

注意力机制通过这些变量的计算和组合，能够在模型中引入更灵活的交互和对不同部分的关注度分配，从而提高模型的表现和表示能力。在自然语言处理、计算机视觉等领域，注意力机制已经被广泛应用，并取得了显著的成果。而 Transformer 模型使用了注意力机制的一种变体：自注意力机制。

自注意力机制是 Transformer 中的核心组成部分。它能够让模型在生成每个位置的输出时都能考虑到输入序列中所有位置的信息。

在自注意力机制中，每个位置的输入都生成一个查询（Query）、一个键（Key）和一个值（Value）。然后用查询去和所有位置的键计算相似性得分，得分越高说明这两个位置的内容越相关。最后用这些得分对所有位置的值进行加权求和，得到该位置的输出。

具体来说，假设输入是一个序列 x_1，x_2，$x_3 \cdots x_n$，对于每个位置 i，首先通过一组线性变换得到查询 $\boldsymbol{Q}_i$、键 $\boldsymbol{K}_i$ 和值 $\boldsymbol{V}_i$：

$$\boldsymbol{Q}_i = \boldsymbol{W}_q * x_i \boldsymbol{K}_i = \boldsymbol{W}_k * x_i \boldsymbol{V}_i = \boldsymbol{W}_v * x_i \qquad (4\text{-}4)$$

其中 $\boldsymbol{W}_q \boldsymbol{W}_k$ 和 $\boldsymbol{W}_v$ 是查询、键和值的权重矩阵，也是模型的参数。

然后用查询 $\boldsymbol{Q}_i$ 去和所有位置的键计算得分，计算公式是 $\boldsymbol{Q}_i$ 和 $\boldsymbol{K}_j$ 的点积，然后再除以 $\sqrt{d_k}$ 以防止得分过大：

$$Score \quad s_{i,j} = \frac{\boldsymbol{Q}_i * K_j}{\sqrt{d_k}} \qquad (4\text{-}5)$$

其中 d_k 是查询和键的维度。

接下来，对得分应用 Softmax 函数，将其转化为概率分布：

$$Weigh \quad t_{i,j} = Softmax(Score_{i,j}) \qquad (4\text{-}6)$$

最后用这些权重对所有位置的值进行加权求和，得到输出：

$$Outpu \quad t_i = \sum_j (Weight\ s_{i,j} * V_j) \qquad (4\text{-}7)$$

基于自注意力机制，Transformer 模型中采用了多头注意力（Multi-Head Attention）机制。这种机制的基本想法是将自注意力机制应用多次，每次使用不同的查询、键和值的权重矩阵，然后将所有的输出拼接起来，再通过一个线性变换得到最终的输出。这样做的好处是可以让模型从不同的表示空间中学习输入序列的信息。

具体来说，假设有 h 个头，那么就需要 h 组查询、键和值的权重矩阵 $\boldsymbol{Wq}_i$、$\boldsymbol{Wk}_i$ 和 $\boldsymbol{Wv}_i$（$i =$

$1, 2, \ldots, h$）。对于每个头 i，首先计算自注意力的输出，然后将所有的输出拼接起来，再通过一个线性变换 Wo 得到最终的输出：

$$MultiHead(\boldsymbol{Q}, \boldsymbol{K}, \boldsymbol{V}) = Wo[\, hea\, d_1 ; hea\, d_2 ; \ldots ; hea\, d_h\,] \tag{4-8}$$

$$hea\, d_i = Attention(\boldsymbol{Q}i, \boldsymbol{K}i, \boldsymbol{V}i)$$

其中［；］表示拼接操作，$\boldsymbol{Q}i$、$\boldsymbol{K}i$ 和 $\boldsymbol{V}i$ 是第 i 个头的查询、键和值：

$$\boldsymbol{Q}i = \boldsymbol{W}\boldsymbol{q}_i * x$$

$$\boldsymbol{K}i = \boldsymbol{W}\boldsymbol{k}_i * x$$

$$\boldsymbol{V}i = \boldsymbol{W}\boldsymbol{v}_i * x$$

以下是一个使用 PyTorch 实现的简单的多头自注意力机制的代码。

```python
class MultiHeadSelfAttention(nn.Module):
    def __init__(self, dim_in, num_heads):
        super().__init__()
        self.num_heads = num_heads
        self.dim_k = dim_in // num_heads
        self.dim_v = dim_in // num_heads

        self.q = nn.Linear(dim_in, dim_in)
        self.k = nn.Linear(dim_in, dim_in)
        self.v = nn.Linear(dim_in, dim_in)

        self.linear = nn.Linear(dim_in, dim_in)

    def forward(self, x):
        batch_size, seq_length, _ = x.size()

        q = self.q(x).view(batch_size, seq_length, self.num_heads, self.dim_k).transpose(1, 2)
        k = self.k(x).view(batch_size, seq_length, self.num_heads, self.dim_k).transpose(1, 2)
        v = self.v(x).view(batch_size, seq_length, self.num_heads, self.dim_v).transpose(1, 2)

        attention_weights = torch.softmax(q @ k.transpose(-2, -1) / self.dim_k ** 0.5, dim=-1)
        out = attention_weights @ v
        out = out.transpose(1, 2).contiguous().view(batch_size, seq_length, -1)

        return self.linear(out)
```

在这个实现中，首先需要对输入的每个维度进行线性变换来获得 q、k 和 v。然后，将这些张量重塑为具有多头维度的形状，计算注意力权重。最后，应用这些权重到 v 上，重塑和连接所有的头，通过一个线性变换返回到原始的输入维度。以上就是自注意力机制和多头注意力机制的基本原理和实现。

▶▶4.2.3　Transformer 中的归一化

Transformer 模型中的层归一化（Layer Normalization，LN）是一种重要的机制，用于稳定模型的训练过程并加速收敛。层归一化的基本思想是对每个样本的每个特征向量进行归一化，使其均值为 0，方差为 1。具体来说，对于一个特征向量 x，其层归一化的结果是：

$$LN(x) = gamma * (x - mean(x)) / sqrt(var(x) + epsilon) + beta \qquad (4\text{-}9)$$

其中 $mean(x)$ 和 $var(x)$ 分别是 x 的均值和方差，$sqrt$ 是平方根函数，$epsilon$ 是一个很小的数防止除 0，$gamma$ 和 $beta$ 是可学习的尺度参数和位移参数。

在 Transformer 模型中，每个自注意力子层和前馈神经网络子层后面都会跟一个层归一化，来防止层内部的计算使得激活值的分布发生剧烈变化。此外，层归一化还可以起到一定的正则化作用，防止模型过拟合。

值得注意的是，Layer Normalization 在不同的 Transformer 变体中的位置有所不同。Transformer 中有两种常见的 Layer Normalization 方式，分别是 Post Layer-Norm（Post-LN）和 Pre Layer-Norm（Pre-LN）。它们的区别在于 Layer Normalization 与残差连接计算的先后关系不同，如图 4-4 所示。在 Post-Norm 中，Layer Normalization 位于残差连接计算之后，也就是采用 Add&Norm 的方式。而在 Pre-Norm 中，Layer Normalization 位于残差连接计算之前。

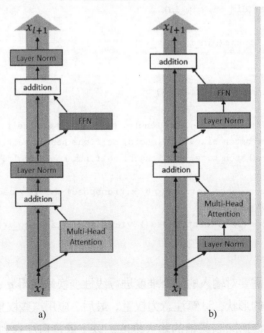

图 4-4　Post-LN 与 Pre-LN 对比

Post-LN 和 Pre-LN 伪代码如图 4-5 所示。

Post-LN Transformer	Pre-LN Transformer
$x_{l,i}^{post,1} = \text{MultiHeadAtt}(x_{l,i}^{post}, [x_{l,1}^{post}, \cdots, x_{l,n}^{post}])$	$x_{l,i}^{pre,1} = \text{LayerNorm}(x_{l,i}^{pre})$
$x_{l,i}^{post,2} = x_{l,i}^{post} + x_{l,i}^{post,1}$	$x_{l,i}^{pre,2} = \text{MultiHeadAtt}(x_{l,i}^{pre,1}, [x_{l,1}^{pre,1}, \cdots, x_{l,n}^{pre,1}])$
$x_{l,i}^{post,3} = \text{LayerNorm}(x_{l,i}^{post,2})$	$x_{l,i}^{pre,3} = x_{l,i}^{pre} + x_{l,i}^{pre,2}$
$x_{l,i}^{post,4} = \text{ReLU}(x_{l,i}^{post,3}W^{1,l} + b^{1,l})W^{2,l} + b^{2,l}$	$x_{l,i}^{pre,4} = \text{LayerNorm}(x_{l,i}^{pre,3})$
$x_{l,i}^{post,5} = x_{l,i}^{post,3} + x_{l,i}^{post,4}$	$x_{l,i}^{pre,5} = \text{ReLU}(x_{l,i}^{pre,4}W^{1,l} + b^{1,l})W^{2,l} + b^{2,l}$
$x_{l+1,i}^{post} = \text{LayerNorm}(x_{l,i}^{post,5})$	$x_{l+1,i}^{pre} = x_{l,i}^{pre,5} + x_{l,i}^{pre,3}$
	Final LayerNorm: $x_{Final,i}^{pre} \leftarrow \text{LayerNorm}(x_{L+1,i}^{pre})$

图 4-5　Post-LN 和 Pre-LN 伪代码

在论文 "On Layer Normalization in the Transformer Architecture" 中，作者详细对比了 Pre Layer-Norm 和 Post Layer-Norm 对模型训练以及模型表现的影响。实验发现，使用 Post Layer-Norm 使得模型表现对于 Warm-Up Steps 以及学习率大小都非常敏感。而使用 Pre Layer-Norm 能让梯度分布更为稳定，降低模型表现对于超参数设置的依赖，也增加了 Transformer 模型收敛的速度。

然而，在论文 "Understanding the Difficulty of Training Transformers" 中，作者表示采用 Post Layer-Norm 的 Transformer 模型相比于采用 Pre Layer-Norm 的 Transformer 模型具有更好的下游任务迁移性，也就是具有更好的 Finetune 效果。所以综合来看，Pre Layer-Norm 能带来更好的训练稳定性，而采用 Post Layer-Norm 的 Transformer 模型经过充分训练后能够有更好的模型表现。在 Transformer 大模型领域，由于模型的巨大参数量和预训练语料规模的庞大，保持预训练过程的稳定性尤为重要，因此 Transformer 大模型往往采用 Pre Layer-Norm。

在 2022 年的一篇论文 "DeepNet：Scaling Transformers to 1000 Layers" 中，作者提出了深度达到千层的 Transformer 模型，并且提出了一种新的 LN 方式：DeepNorm。其伪代码如图 4-6 所示。

```
def deepnorm(x):
    return LayerNorm(x * α + f(x))

def deepnorm_init(w):
    if w is ['ffn', 'v_proj', 'out_proj']:
        nn.init.xavier_normal_(w, gain=β)
    elif w is ['q_proj', 'k_proj']:
        nn.init.xavier_normal_(w, gain=1)
```

Architectures	Encoder		Decoder	
	α	β	α	β
Encoder-only (e.g., BERT)	$(2N)^{\frac{1}{4}}$	$(8N)^{-\frac{1}{4}}$	-	-
Decoder-only (e.g., GPT)	-	-	$(2M)^{\frac{1}{4}}$	$(8M)^{-\frac{1}{4}}$
Encoder-decoder (e.g., NMT, T5)	$0.81(N^4M)^{\frac{1}{16}}$	$0.87(N^4M)^{-\frac{1}{16}}$	$(3M)^{\frac{1}{4}}$	$(12M)^{-\frac{1}{4}}$

图 4-6　DeepNorm 伪代码

DeepNorm 的作者认为 DeepNorm 能够结合 Post-LN 带给模型更好的性能，以及结合 Pre-LN 带来更好的训练稳定性。DeepNorm 的位置与 Post-LN 一致，位于残差连接之后。与 Post-LN 相比，DeepNorm 在执行层归一化之前对残差连接项乘与模型层数相关的超参数：

$$x_{l+1} = LayerNorm(x * \alpha + f(x)) \tag{4-10}$$

在这里，α 是和模型结构有关的超参数。

论文中的实验结果显示，相比于采取 Post-LN 的 Transformer 模型，采用 DeepNorm 技术的 DeepNet 模型的训练更新非常稳定，如图 4-7 所示。

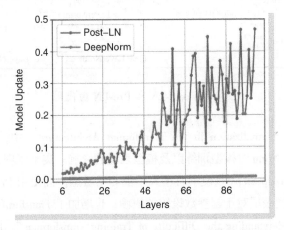

图 4-7　DeepNorm 与 Post-LN 对比

本节探讨了 Transformer 模型中的 LN 以及变体。不同的 LN 选择对于模型表现、训练有不同的影响。采取何种 LN 需要根据模型应用的场景、需求以及面临限制做出综合考虑。

4.3 Transformer 的变体与扩展

自从 Transformer 模型被提出以来，研究者们已经开发出了许多变体和扩展。这些新的模型在原有的 Transformer 基础上，对某些部分进行了修改或增强，以适应不同的任务或提高效率。下面将探讨一些最重要的 Transformer 变体，并在之后的章节里详细介绍。

▶▶ 4.3.1　变体模型汇总

本小节将针对 BERT 模型、GPT 模型、T5 预训练深度学习模型和 ViT 预训练深度学习模型 4 个广泛应用的变体模型进行详细的概述。在这个部分，读者可以了解到各个模型的基本结构、核心特性以及其在实际问题中的应用。

1. BERT 模型

BERT 模型全称 Bidirectional Encoder Representations from Transformers，是由 Google AI 研究院在 2018 年提出的预训练深度学习模型。它在很多自然语言处理任务上都有出色的表现，这些任务包括问答系统、情感分析、命名实体识别等。

BERT 的主要创新之处在于它引入了双向编码器。传统的语言模型只能从左向右或从右向左单向地处理文本，这限制了它们理解句子上下文的能力。而 BERT 模型则同时考虑了每个词的左侧和右侧的上下文，从而能够更好地理解句子的含义。例如，对于句子 I saw a man with a telescope，单向模型可能会困惑 with a telescope 是用来描述 I saw 还是 a man，而 BERT 能够通过考虑上下文来更好地理解这个句子。

BERT 的另一大特点是，它只使用了 Transformer 的编码器部分。最初的 Transformer 模型由编码器和解码器两部分组成。在机器翻译等生成类任务中，编码器用于理解输入文本，而解码器则用于生成输出文本。然而，BERT 更侧重于文本理解，因此只使用了编码器部分。所以，整个BERT 模型中只会看到 Transformer 的编码器堆栈，而不会看到解码器。这是 BERT 与原始的Transformer 模型，以及像 GPT 这样的其他变体的一个主要区别。

2. GPT 模型

GPT 全称 Generative Pre-training Transformer，是由 OpenAI 在 2018 年提出的预训练深度学习模型。GPT 和其后续版本（如 GPT-2、GPT-3）在自然语言生成、对话系统、文章写作等任务中均有出色的表现。

GPT 的主要特点是单向的、从左到右的语言模型。这意味着在生成每个词的表示时，模型只考虑了该词左侧的上下文，而没有考虑右侧的上下文。这与 BERT 的双向上下文模型形成了鲜明的对比。虽然这种单向的结构可能限制了模型理解某些复杂句子的能力，但在实践中，GPT在许多任务上仍然表现出色。

GPT 模型的预训练只有一个任务，就是下一个词预测任务。在这个任务中，模型需要预测给定的一段文本的下一个词是什么。通过这个任务，GPT 可以学习到语言的语法规则、词汇之间的关系，以及一些基本的世界知识。

GPT 的模型结构主要基于 Transformer 的解码器部分。如前所述，完整的 Transformer 模型由编码器和解码器两部分构成。在机器翻译等任务中，编码器负责理解输入文本，而解码器则负责生成输出文本。然而，GPT 侧重于语言生成，因此它主要使用了解码器部分。

值得注意的是，尽管 GPT 使用了解码器结构，但它并没有使用其在机器翻译任务中常用的"编码器-解码器"注意力机制，这是因为 GPT 并不需要处理成对的输入-输出序列。此外，由于GPT 的预训练任务是单向的（从左到右），所以它的解码器也被修改为只能处理当前位置及其左侧的上下文，这与原始的 Transformer 解码器（能处理整个输入序列）有所不同。

因此，整个 GPT 模型中只会看到修改过的 Transformer 解码器，而不会看到编码器。这是GPT 与原始的 Transformer 模型，以及像 BERT 这样的其他变体的一个主要区别。

3. T5 预训练深度学习模型

T5 全称 Text-to-Text Transfer Transformer，是由 Google 在 2019 年提出的预训练深度学习模型。T5 在一系列自然语言处理任务上都有出色的表现，包括文本分类、序列标注、问答、摘要生成等。

T5 模型的主要创新之处在于它将所有的自然语言处理任务都视为"文本到文本"的转换问题。这意味着，无论任务是什么，输入和输出都被格式化为文本序列。例如，对于文本分类任务，输入可能是"classify：This is a great movie！"，输出则是 positive；对于翻译任务，输入可能是"translate English to French：Hello，world！"，输出则是"Bonjour，monde！"。这种统一的问题设定使得 T5 可以使用同一种预训练模型来处理各种任务，只需要微调即可。

T5 模型的预训练任务是一个被称为"掩码语言建模"的任务。在这个任务中，模型需要在一段被部分词汇替换为特殊符号的文本中，预测被替换的词汇。这个任务帮助 T5 学习语言的语法和语义知识。然后，在微调阶段，模型在特定任务的数据集上进行训练，以适应该任务。值得注意的是，T5 模型使用了完整的 Transformer 模型，包括编码器和解码器部分。这使得它在理解输入和生成输出时都能考虑全局的上下文信息，从而提高模型的性能。

总体来说，T5 模型由于"文本到文本"转换的设计思想和全面的 Transformer 结构，在许多 NLP 任务中都取得了突出的表现。它的出现进一步推动了自然语言处理领域的发展。

4. ViT 预训练深度学习模型

ViT 全称 Vision Transformer，是一个将 Transformer 应用到视觉任务的尝试，由 Google 在 2020 年提出。ViT 的出现颠覆了卷积神经网络（CNN）在计算机视觉领域的主导地位，证明了 Transformer 也可以在图像识别等任务上取得出色的性能。

ViT 的设计理念是直接将图像视为一系列的像素序列，然后使用 Transformer 来处理这些序列。具体来说，ViT 首先将输入的图像切分为固定大小的小块（称为 Patch），然后将每个小块压平并线性变换为一个向量。所有这些向量组成一个序列，再加上一个特殊的类别向量，作为 Transformer 的输入。然后，通过多层的 Transformer 编码器进行处理，最后通过一个分类器输出分类结果。

ViT 模型的预训练任务是图像分类。在预训练阶段，模型在大规模的图像数据集上进行训练，学习到有效的视觉特征。然后，在微调阶段，模型在特定任务的数据集上继续训练，以适应该任务。

值得注意的是，ViT 的成功依赖于大规模的预训练数据和计算资源。在小数据集或有限的计算资源下，ViT 的性能可能不如传统的 CNN。然而，随着计算能力和数据规模的增长，ViT 和其他基于 Transformer 的视觉模型可以在计算机视觉任务中取得更好的性能。

ViT 模型的出现标志着 Transformer 从自然语言处理领域向计算机视觉领域的成功扩展，也显示出 Transformer 模型在处理不同领域的任务时具有很好的鲁棒性。

▶▶ 4.3.2 Transformer 序列位置信息的编码处理

Transformer 类模型的位置编码可以大致被分为绝对位置编码（Absolute Positional Embedding）和相对位置编码（Relative Positional Embedding）两种。无论是上述 Transformer 模型中用到的三角函数式编码，还是随后第 5 章介绍的 BERT 模型的可学习式位置编码都属于绝对位置编码，也就是会给输入的序列中每个位置的词元 x_i 加上一个该位置的位置编码向量 $\boldsymbol{p}_i$。这种绝对位置编码的缺点在于外推性较差，比如在 BERT 模型的 max_seq_len = 512，所以位置编码层只训练了 512 个位置编码向量，一旦序列长度超过 512 模型就无法对多余部分添加位置信息了，只能对超出长度的词元进行截断（Truncation）。

在介绍相对位置编码前，先来重温一下 Attention 机制是怎么通过绝对位置编码的感知位置信息的。图 4-8 展示了一个 Attention 计算的简单示意图，在此忽略了对 $\boldsymbol{Q} \cdot \boldsymbol{K}^{\mathrm{T}}$ 矩阵逐元素除以 $\sqrt{H}$ 和逐行进行 softmax 的操作。

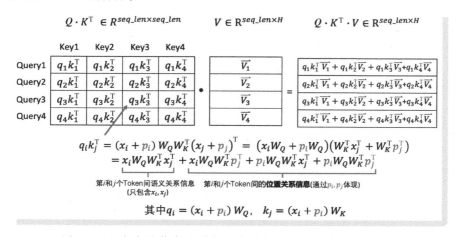

图 4-8 注意力计算中绝对位置编码提供位置信息的方式分析

在对左侧注意力矩阵（$\boldsymbol{Q} \cdot \boldsymbol{K}^{\mathrm{T}}$）的每个元素进行拆解后，不难发现 *Query* 序列第 i 个元素对 Value 序列第 j 个元素的注意力分数可以被分为两部分：两者间的 Token 语义关系信息（第一项）以及两者间的位置关系信息（后三项）。而绝对位置编码正是通过间接地给 Attention 矩阵中每个元素加入 Token 以外的信息（后三项），从而使 Attention 感知到 Token 之间的位置关系的。那么能不能把位置信息直接加在注意力矩阵中，从而代替加在 Token 上的绝对位置编码呢？这就是相对位置编码的做法：不再向输入 x_i 中加入位置信息，而直接从注意力矩阵各元素的后 3 项入手。

在图 4-9 中用了一个简单的例子来展示相对位置编码的一种方案（T5 模型）。这里只用一个包含 9 个参数的相对位置编码向量 p，向长度为 10 的序列加入了相对位置信息，并且理论上对无限长的序列也可以外推。具体来说，位于第 i 行的 $Query$ 对于所有的 Key（列），只有对应位置的 Key 和其前后 4 个位置的 Key 会被给予不同的位置编码，图 4-9 中用 $[-4,4]$ 的编号表示（每个数字对应相对编码向量中的一个可训练参数）；而两侧相对距离超过一定阈值（此处为 4）的位置和第 i 个位置的距离较远，即认为和第 i 个 $Query$ 关系不大，所以共用 -4（左侧）和 4（右侧）的位置编码不进行位置上的区分。如此一来，相对位置编码有了更强的外推性，也有效减少了位置编码的参数数量。值得一提的是，上述例子中没有考虑多头注意力的情况。如果该例子中使用了 N 头的多头注意力机制（q、k、v 维度会变成 H/N），则模型会在 N 个子空间捕捉不同的语义关系，此时每个头都会有一个 $seq\_len * seq\_len$ 的注意力矩阵。为了让多头注意力更好的运行，每个头会有独自的相对位置编码，因此对于上述例子相对位置编码将会有 $9 \times N$ 个参数。

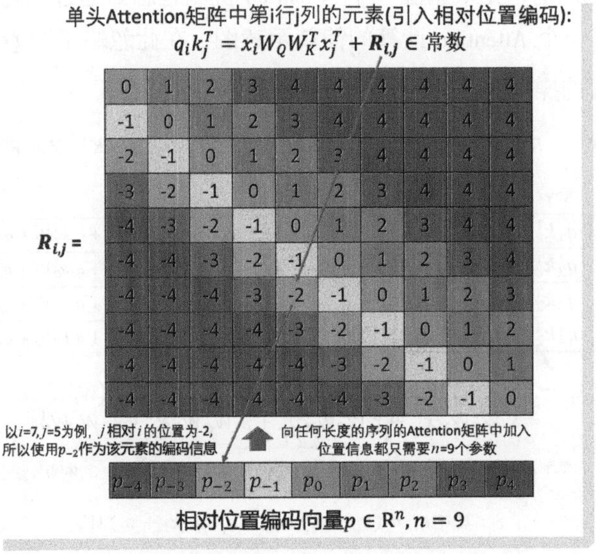

图 4-9 相对位置编码的一种实现方式（T5）

当然，不同模型中相对位置编码的实现方案差别很大。一些工作也尝试同时使用相对和绝对位置信息，如 DeBERTa 在底层 Transformer 块中使用了相对位置编码，而在高层又加入了绝对位置编码。感兴趣的读者可以自行了解更多位置编码的方式。

▶▶ 4.3.3 Transformer 训练

大模型的研究和实践经常会使用无监督预训练加有监督的微调的方式对 Transformer 模型进行训练。这一节将详细讨论 Transformer 模型的两种训练方法，以及在 Transformer 训练中其他重要的技术细节。

1. Transformer 无监督预训练

无监督预训练的主要目标是通过大量的未标注数据来训练一个强大的语言模型。然后将这个预训练的模型作为下游任务的初始模型进行微调。这种方法已经被证明在许多 NLP 任务中非常有效，目前，知名的语言大模型（如 GPT、T5 等）都在大量无标注语料数据上进行无监督预训练任务来提高模型的语言能力。

无监督预训练主要涉及两种自监督学习任务：掩码语言模型（Masked Language Model，MLM）和下一个词预测（Next Token Prediction）。

（1）掩码语言模型任务

掩码语言模型是一种自监督学习任务，它的主要目标是预测序列中被掩码的词。这种任务是在 BERT 模型中首次引入的，并已成为许多后续模型的预训练方法。

在 MLM 任务中，输入序列的一部分词会被随机替换为一个特殊的掩码标记。模型的任务是预测被掩码的词。MLM 任务的一个关键优点是允许模型在预测被掩码的词时查看整个输入序列，包括掩码词前面和后面的词，这使得模型能够更好地理解句子的上下文。

在实践中，通常不是简单地将所有的词替换为掩码标记，而是按照一定的比例替换。例如，在 BERT 中输入序列的 15% 的词被选中进行替换，其中 80% 的词被替换为掩码标记，10% 的词被替换为其他随机的词，剩下 10% 的词保持不变。

以下是一个简单的 MLM 任务的例子。

假设有一个句子"The cat sat on the mat."在进行 MLM 任务时，可能会把这个句子变为"The cat sat on the [MASK]."模型的任务就是预测出被掩码的词是 mat。在训练过程中，模型尝试预测被掩码的词，这里使用交叉熵损失函数来评估模型的预测与实际词的差距。

以下是用 PyTorch 实现的 MLM 任务 dataloader 示例代码：

```
class MaskedLanguageModelingDataset(torch.utils.data.Dataset):
    def __init__(self, texts, tokenizer, vocab, mask_prob=0.15):
        super(MaskedLanguageModelingDataset, self).__init__()
        self.texts = texts
        self.tokenizer = tokenizer
        self.vocab = vocab
        self.mask_prob = mask_prob

    def __getitem__(self, idx):
        tokens = self.tokenizer(self.texts[idx])
        masked_tokens, labels = self.mask_tokens(tokens)
        masked_tensor = torch.tensor([self.vocab[token] for token in masked_tokens])
        labels_tensor = torch.tensor(labels)
```

```
        return masked_tensor, labels_tensor

    def __len__(self):
        return len(self.texts)

    def mask_tokens(self, tokens):
        masked_tokens = []
        labels = []
        for token in tokens:
            if torch.rand(1).item() < self.mask_prob:
                masked_tokens.append("[MASK]")
                labels.append(self.vocab[token])
            else:
                masked_tokens.append(token)
                labels.append(-100)   # -100 represents masked tokens during training
        return masked_tokens, labels

def collate_batch(batch):
    inputs = [torch.LongTensor(item[0]) for item in batch]
    labels = [torch.LongTensor(item[1]) for item in batch]
    inputs = pad_sequence(inputs, batch_first=True)
    labels = pad_sequence(labels, batch_first=True, padding_value=-100)
    return inputs, labels
```

（2）下一个词预测任务

下一个词预测（Next Token Prediction）任务是一种典型的语言模型预训练任务，其中模型的目标是预测序列中的下一个词。这种任务是 Transformer 解码器模型，包括 GPT 系列模型，进行预训练的主要方式。在下一个词预测任务中，模型会接收到一个词序列，并需要预测序列中的下一个词。这需要模型理解并学习语言的结构、语法和语义规则，以便生成符合语境的词。

例如，给定一个词序列 The cat sat on the，模型需要预测出 mat 作为下一个词。通过这种方式，模型可以学习到词语间的依赖关系和句子的结构。这里同样使用交叉熵损失函数来评估模型的预测与实际词的差距。

以下是一个 Next Token Prediction 任务的 dataloader 示例代码：

```
class MaskedLanguageModelingDataset(torch.utils.data.Dataset):
    def __init__(self, texts, tokenizer, vocab, mask_prob=0.15):
        super(MaskedLanguageModelingDataset, self).__init__()
        self.texts = texts
        self.tokenizer = tokenizer
        self.vocab = vocab
        self.mask_prob = mask_prob
```

```python
    def __getitem__(self, idx):
        tokens = self.tokenizer(self.texts[idx])
        masked_tokens, labels = self.mask_tokens(tokens)
        masked_tensor = torch.tensor([self.vocab[token] for token in masked_tokens])
        labels_tensor = torch.tensor(labels)
        return masked_tensor, labels_tensor

    def __len__(self):
        return len(self.texts)

    def mask_tokens(self, tokens):
        masked_tokens = []
        labels = []
        for token in tokens:
            if torch.rand(1).item() < self.mask_prob:
                masked_tokens.append("[MASK]")
                labels.append(self.vocab[token])
            else:
                masked_tokens.append(token)
                labels.append(-100)   # -100 represents masked tokens during training
        return masked_tokens, labels

def collate_batch(batch):
    inputs = [torch.LongTensor(item[0]) for item in batch]
    labels = [torch.LongTensor(item[1]) for item in batch]
    inputs = pad_sequence(inputs, batch_first=True)
    labels = pad_sequence(labels, batch_first=True, padding_value=-100)
    return inputs, labels
```

在这两种任务中，模型都在尝试理解和生成语言的模式。通过学习这些模式，模型能够在无监督的环境中掌握语言的复杂性和多样性。在预训练完成后，模型可以被微调用于特定的下游任务，如情感分析、命名实体识别或问题回答。

2. Transformer 有监督的微调

在预训练模型完成后，可以将模型在特定的下游任务数据上再进行训练。这个过程通常称为微调，因为模型的大部分权重已经在预训练阶段学习了，所以只需要在微调阶段进行少量的更新。

微调通常涉及一个有监督的学习任务，其中有一个小的标注数据集。在微调过程中使用标注数据对模型进行训练，以适应特定的任务。例如，在机器翻译任务中，输入可能是一句英文，目标可能是对应的法文翻译。训练的目标是最小化模型的输出和目标之间的差距，这通常通过最小化一个损失函数来实现，例如交叉熵损失。

3. 注意力掩码机制

在 Transformer 模型中，Attention 机制是一种关键的组成部分，用于处理输入序列中不同位置之间的依赖关系。为了帮助模型集中注意力在输入序列的特定部分，可以使用 Attention Mask（注意力掩码）来控制哪些位置是可见的，哪些位置是不可见的。

Attention Mask 是一个与输入序列形状相同的矩阵，其中的每个元素表示相应位置是否可见。通常情况下，Attention Mask 矩阵是一个二进制矩阵，其中可见位置对应的元素为 1，不可见位置对应的元素为 0。

Attention Mask 的作用有以下两个方面。

- 掩盖无效位置：在处理可变长度序列时，有时会在序列末尾填充特殊的填充符号，以使所有序列具有相同的长度。在这种情况下，填充位置实际上是无效的，不应该对注意力计算产生影响。通过将 Attention Mask 中的填充位置对应的元素设置为 0，可以使模型忽略这些无效位置。
- 屏蔽未来位置：在训练过程中，为了保持自注意力机制的因果性，即在生成某个位置的表示时只能依赖于该位置之前的内容，可以使用 Attention Mask 屏蔽未来位置。通过将 Attention Mask 矩阵中上三角部分的元素设置为 0，可以确保模型只能关注当前位置及其之前的内容，而不会泄露未来信息。

使用 Attention Mask 的方式因模型和任务而异，但通常是在进行自注意力计算时与注意力权重相乘，以将无效位置或未来位置对应的权重置为 0。这样，模型在进行注意力池化时将只关注有效的位置，并且不会泄露未来信息。

总之，Attention Mask 在 Transformer 模型的训练中起到了控制注意力范围和关注有效位置的作用，从而提高模型的性能和泛化能力。

4. 预热（Warm-Up）

在 Transformer 模型的训练中，Warm-Up（预热）是一种常用的训练策略，用于逐渐增加学习率以提高模型的收敛性和稳定性。它在训练初始阶段以较低的学习率进行预热，并随后逐渐增加学习率到预定的最大值。

预热的具体实现方式是，在训练的前几个 Epoch 中逐渐增加学习率，然后在预定的最大学习率上保持稳定。通常采用线性或者指数函数来调整学习率的增长。预热阶段的长度可以根据具体任务和模型进行调整，一般是整个训练过程的一小部分。预热的作用主要有以下几个方面。

- 避免梯度爆炸：在 Transformer 模型训练中，梯度爆炸是一个常见的问题。当模型参数初始化不合适或学习率过大时，梯度值可能会变得非常大，导致训练不稳定甚至无法收敛。通过预热策略，可以在训练的早期使用较小的学习率，减少梯度的幅度，从而降低梯度爆炸的风险。

- 避免局部最优解：较高的学习率可能导致 Transformer 模型参数更新过快，使模型跳过局部最优解。通过预热策略，可以先让模型在较低的学习率下进行一段时间的探索，帮助模型更全面地探索参数空间。随着学习率的逐渐增加，模型逐渐向更准确的方向收敛，从而平衡了探索和利用的关系。
- 收敛性和稳定性：在 Transformer 训练的早期，模型的参数通常处于初始状态，对输入数据的表示可能还不够准确。通过预热策略，可以在初始阶段给予模型更多的探索和学习的时间，以便更好地适应输入数据。这样可以提高模型的收敛性，加快模型的训练速度，并且有助于稳定训练过程。

AI大幅度提升Google搜索质量：BERT模型

本章将深入探索在提升搜索质量方面取得巨大突破的关键技术。首先，详解了 BERT 模型，探讨其总体架构和输入形式，以及其在预训练任务中的表现。之后，深入研究 BERT 模型在搜索中的应用方法，包括查询理解、文本匹配和搜索排序等领域。此外，还将介绍 ALBERT 模型，这是一种高效降低内存使用的改进模型。读者将了解基于参数共享的参数缩减方法以及句子顺序预测（SOP）预训练任务，这些方法对于提升搜索质量至关重要。最后将深入实战，教读者如何构建 BERT 模型并进行实际训练。从数据准备到模型构建，再到训练过程中的并行优化技巧，读者可以学会利用这些方法来提高搜索质量，并为用户提供更准确、全面的搜索结果。通过本章的学习，读者将深入了解先进的 BERT 和 ALBERT 模型在 Google 搜索中的关键作用，以及它们如何通过强大的自然语言处理能力，使搜索结果更具准确性和相关性。

5.1 BERT 模型详解

BERT（Bidirectional Encoder Representations from Transformers）是一种基于 Transformer 的深度学习模型，一经推出便横扫了多个 NLP 数据集的 SOTA（最好结果）。得益于其出色的语言理解能力，谷歌也积极将 BERT 应用于搜索引擎业务（如生成排名和摘要），并且声称应用后成功将搜索效果提高了约 10%。从模型本身来讲，BERT 就是 Transformer 中的编码器（Encoder）部分。从功能上来说，BERT 是一个针对文本的特征抽取器（类似于计算机视觉领域的 CNN）。

在计算机视觉领域，CNN 的一大成功之处在于迁移学习（Transfer Learning）的能力。训练在大型 CV 数据集（如 ImageNet）上的 CNN 模型可以学习到大量通用的视觉特征和模式，这使得这些模型能够在其他视觉任务上表现良好，而不用从头开始训练。具体来说，可以保留原本 CNN 的参数，对于不同下游任务只需重新在 CNN 后面训练全连接层，或者训练新的全连接层+

更新 CNN 最后几层的参数，这样不仅可以借助模型的迁移能力实现较好的下游表现，也可以有效降低模型的训练成本。这种范式也被叫作"预训练+微调"（Pre-Training+Fine-Tuning）范式。

在 BERT 出现之前，NLP 领域一直没有特别成功的预训练模型（虽然 Word2Vec 得到了很好的单词级别的语义表示，但是单词级的表示难以处理句子和段落中复杂的上下文信息）。此外，NLP 领域没有如 ImageNet 这样的大型有标注数据集。那么 NLP 模型应该如何预训练呢？答案是自监督学习（Self-Supervised）。自监督对于模型来说是有监督的训练，但是这些标签又不需要由人工标注来得到，只需要通过一定规则就可以自动从无监督文本中源源不断获取，本节将介绍 BERT 使用的两个自监督任务：MLM 和 NSP。但需要注意的是 NLP 也有很多其他的自监督方式，比如 GPT 的语言模型任务（不断地根据前面的文本预测下一个字），还有 T5 使用的 Seq2Seq MLM 任务等。

▶▶ 5.1.1 BERT 模型总体架构与输入形式

BERT 的模型结构和原始的 Transformer 中的 Encoder 相同（多个 Transformer 块的堆叠），但是在对输入的处理上有少许改动：加入段落编码（Segment Embedding）和使用了可训练的位置编码（Trainable Positional Embedding）。对于输入文本的处理如图 5-1 所示。

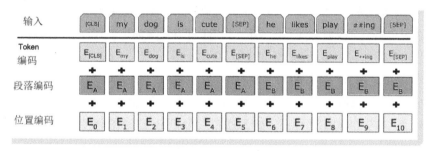

图 5-1   BERT 的输入形式

图 5-1 最上方深色部分是经过词元化（Tokenization）和预处理之后的文本。

1. 词元化

词元化的概念很简单，它将连续的自然语言句子划分为更细粒度的处理单元，即词元（Token）。一个模型的所有词元构成了一个词汇表（Vocabulary）。在实现模型时，为每个词元分配一个维度为 embed_size 的词元嵌入向量（Token Embedding）。因此，在 BERT 模型中会有一个参数矩阵（Embedding 层），其维度为（vocab_size、embed_size），用于存储词汇表中所有词元的词向量表示。其中，vocab_size 表示词汇表中词元的数量。在 BERT 原论文中，vocab_size 设定为 3 万（仅适用于英语）。对于 embed_size，在 BERT 中有两个不同大小的模型版本：BERT-Base 和

BERT-Large。BERT-Base 的 embed_size 为 768，而 BERT-Large 的 embed_size 为 1024。这意味着 BERT-Base 模型中的词元嵌入向量是 768 维的，而 BERT-Large 模型中的词元嵌入向量则是 1024 维的。通过词元化和词元嵌入向量，BERT 模型能够将自然语言文本转化为数值表示，从而方便进行深度学习模型的处理和训练。这样的表示方式使得 BERT 模型能够更好地理解语言的语义和上下文信息，从而在多种自然语言处理任务中取得卓越的性能。

词元的粒度在很大程度上取决于所采用的词元化方案。对于不同语言和任务，可以选择不同的词元化策略以适应特定需求。例如，在中文中，可以将每个汉字作为一个词元进行处理。而对于英语，最简单的词元化方案是将每个单词视为一个词元（基于单词的划分）。然而，这样的方法可能导致词元总数过多，从而导致模型参数庞大（尤其是对于英语这样规模庞大的词汇量而言）。为了控制词元数量，一些子词级别的词元化方案被提出。其中常见的方法包括 BPE（Byte Pair Encoding）和 SentencePiece 等。在 BERT 中，采用的词元化方法被称为 WordPiece。在图 5-1 中，第一行右侧部分的 play、##ing 就是子词级别的词元化示例。对于诸如 playing、jumping、eating 这样的词汇，不需要单独创建新的词元，只需将动词原形和##ing 这个词元组合在一起，即可表示相应的词汇。这种方式可以节省词元的总数。需要注意的是，像 play、##ing 这样的词元不需要依赖人类的语言学知识，而是通过 WordPiece 算法在语料库上进行训练得到的。WordPiece 算法能够自动学习并生成适合特定语料库的子词级别的词元划分，以达到更好的模型性能。通过采用子词级别的词元化方案，BERT 能够更灵活地处理复杂的词汇和提供更好的泛化能力，同时有效控制了词元的数量和模型参数的规模。

在词元化之后，BERT 会在序列（Sequence）中添加一些具有特殊功能的词元（Special Token），包括［CLS］［SEP］和［PAD］等。这些特殊词元的引入有助于 BERT 模型进行不同类型的任务处理。首先，［CLS］标记会被添加在序列的开头。BERT 模型在［CLS］位置对应的输出向量将代表整个句子的信息。这个向量可以通过输入一个多层感知机（MLP）用于处理整个句子的下游任务，例如文本分类。通过对［CLS］位置的向量进行适当的处理，可以捕捉到句子级别的语义和特征。对于单句的下游任务，只需在序列的结尾添加一个［SEP］标记。而对于句子对任务，例如判断两个句子是否矛盾的自然语言推理（NLI）任务或在问答（QA）任务中确定哪个是问题，哪个是文档，需要在第一段序列和第二段序列的末尾分别加入一个［SEP］标记。这样做是为了区分不同的句子，因为 BERT 模型的原始设计并不能直接通过问题描述或疑问句来区分不同任务。另外，［PAD］标记用于将每个文本序列填充到最大长度（max_seq_len）以便批量处理。通过在较短的序列中添加［PAD］标记，可以使所有序列达到相同的长度，便于进行批处理。在注意力机制（Attention）的操作中，模型会忽略［PAD］位置的信息，从而确保不会将填充标记对应的词元纳入到注意力计算中。通过引入这些特殊标记，BERT 模型可以更好地处理不同类型的自然语言处理任务，并有效地利用序列中的信息。这种设计使得 BERT 能够在各种文本相关任务中表现出色，并成了自然语言处理领域的重要基准模型。

2. 位置编码和段落编码

注意力操作本身是无法感知到序列中不同元素之间的位置信息的。而对于自然语言处理来说，词元的位置顺序对理解语义十分重要（比如"我喜欢猫"和"猫喜欢我"意思不同），因此人们引入位置编码（Positional Embedding）解决这个问题。在 Transformer 中，位置编码是通过一种固定的方式生成的，用于表示输入序列中单词的位置信息。在原始的 Transformer 中，不同位置的位置编码的不同维度通过不同频率的 sin 和 cos 函数得到，该位置编码对于模型来说是固定的，模型需要在训练中适应位置编码的规律。然而，对于 BERT 而言，由于预训练和微调阶段输入文本的长度可能不同，采用固定的位置编码会限制其对不同长度文本的适应能力。因此，BERT 使用可训练的位置编码，可以根据输入文本的长度自动学习生成合适的位置编码，从而更好地捕捉序列中单词的位置关系。原始 BERT 中设置支持的最长输入序列为 512 个词元，所以可学习的位置编码矩阵为 512 * embed_size 维。

段落编码（Segment Embedding）是 BERT 为了解决一些输入包含两段不同功能的文本的任务，比如自然语言推理（Natural Language Inference，NLI）和问答（Question Answering，QA）任务。比如在 NLI 任务中，需要判断两段话的关系。其中前一段话叫作"前提"（Premise），后一段话叫作"猜想"（Hypothesis），两者的关系有"蕴含"（Entailment，猜想可以由前提导出）、"矛盾"（Contradiction）和"中立"（Neutral）三种。由于前提和猜想这两部分功能不同，所以需要告诉模型哪部分文本属于前提，哪部分文本属于猜想，因此可以将两个不同向量加在 NLI 输入的不同部分的词元上（前一段"前提"每个位置都加上索引为 0 的段落编码，后一段"猜想"每个位置都加上索引为 1 的段落编码）。而对于不涉及句子对的任务，比如单句的文本分类、词元分类，将第一个段落编码（索引为 0）加在所有输入词元上。与位置编码相同，这两个向量也都是可训练的模型参数，存储在一个 2 * embed_size 的模型参数矩阵中。

通过引入段落编码和可训练的位置编码，BERT 能够更准确地表示输入文本中句子和段落之间的关系，同时也能够处理不同长度的输入文本。这样，BERT 在进行预训练和微调任务时能够更好地捕捉上下文信息，提高了其在各种自然语言处理任务中的性能表现。图 5-1 所示的输入文本处理示意图展示了 BERT 的改动对于输入文本的处理方式。

▶▶ 5.1.2 BERT 模型预训练任务

本节将详细探讨 BERT 模型的预训练任务。

1. BERT 的预训练任务：MLM 与 NSP

BERT 的强大能力主要源于其两个预训练任务：掩码语言模型（Masked Language Model，MLM）和下一句预测（Next Sentence Prediction，NSP）。这两个任务使得 BERT 能够有效地学习和理解语言的上下文和结构，并且所有的训练数据都是从无监督文本中自动生成的，不用人工标注训练数据。这种自监督学习的方式使得 BERT 能够广泛应用于各种自然语言处理任务中。

掩码语言模型（MLM）任务的思想是，在训练过程中，可以随机遮住输入文本中的一些词元，并将其替换为特殊的标记（例如［MASK］）。然后，模型需要根据上下文中的其他词元来预测被遮住的词元是什么。如果模型能够准确地还原被遮住的词元，就说明模型理解了语言的上下文和语义关系。通过这种方式，BERT 能够学习到丰富的词汇和句子之间的依赖关系，从而提高对文本的语言理解能力。

下一句预测（NSP）任务旨在让模型学习理解句子之间的关系。在训练过程中，可以随机选择一些相邻的句子对和两个不相邻的句子对。模型需要判断哪些句子对是连续的、有逻辑关系的，而哪些句子对是不相关的。通过这个任务，BERT 能够学习捕捉句子之间的语义关系，从而提高对文本中句子级别信息的理解能力。

这两个预训练任务类似于人们小时候学习语言时的完形填空和句子排序。通过这种方式，BERT 能够自动从大量的无监督文本中学习语言知识，不用人工标注数据，从而获得强大的语言理解能力。这也是 BERT 在自然语言处理领域取得巨大成功的关键之一。

图 5-2 所示为预训练时的模型结构以及 MLM 和 NSP 任务是如何体现在预训练损失函数中的。

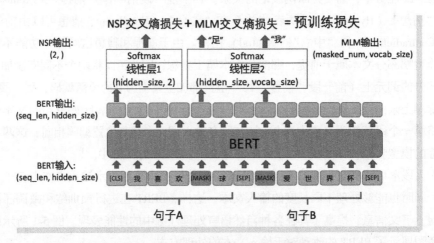

图 5-2　BERT 预训练任务示意图

图 5-2 中的 NSP 任务将［CLS］位置的输出向量输入到分类层 1 进行二分类，输出结果为两个句子是否相邻的概率。MLM 任务可以随机遮住句子中一定数量的词元（masked_num 个），然后将对应位置的输出向量送入分类层 2，预测被遮住的词元为词汇表中各个词的概率。由于这两个任务都是多分类任务（NSP 是二分类任务，MLM 是类别数为词汇表大小的多分类任务），所以使用交叉熵损失作为损失函数，最终的预训练损失是两个分类损失的总和。

在预训练时，这两个任务可以同时进行，也可以单独进行。分类层只有一个隐藏层，所以分类器的性能相对较弱。因此，BERT 在预训练过程中必须生成高质量的语义表示，以便较弱的分类器能够获得好的性能。

NSP 任务的样本构造相对简单：对于预训练生成的句子对，50% 的概率使用同一文档中相邻的两句话作为句子对，50% 的概率使用不同文档中的两段话作为句子对。对于 MLM 任务，BERT 会随机选择 15% 的词元位置进行预测。对于选中的位置，80% 的概率将原本的词元替换为 ［MASK］标记，10% 的概率将原本的词元随机替换为另一个词元，10% 的概率保留原来的词元不变。并不是全部替换为 ［MASK］，这是因为在实际的微调任务中，输入文本是不会包含这种人工生成的 ［MASK］标记的。因此，如果模型在预训练阶段过度依赖这种特殊的 ［MASK］标记，只有在遇到了 ［MASK］标记时才能在对应位置输出高质量的语义表示，那么在微调阶段，模型可能会在处理没有 ［MASK］标记的真实文本时遇到问题，导致表现不理想。因此，保留一部分原始词元可以帮助模型更好地适应真实文本数据。

作者注：这里的"句子"并不仅仅指以句号分割的文本，也可以是任何长度的连续文本。

2. 扩展：中文和多语言 BERT 的预训练

本部分简要介绍两个经典工作，百度 2019 年提出的中文预训练模型 ERNIE（Enhanced Representation through kNowledge IntEgration）和谷歌在 BERT 之后发布的 mBERT（multilingual BERT，多语言 BERT）。

ERNIE 是由百度在 2019 年提出的中文预训练模型。ERNIE 针对中文的特性进行了改进，采用了全词掩码技术来提升 MLM 预训练任务的效果。英语中的大多数词都是一个完整的词，因此遮住一个 Token 就能够遮住整个词的信息。在 MLM 预训练任务中，模型会试图通过上下文来预测被遮住的词。然而，中文中的大多数词是由多个字（Token）组成的，如果每次只遮住其中一个字，模型可能会从相邻的字中猜出被遮住位置的信息。这种情况下，模型只学习了单个词内部的信息，而没有尝试理解整个句子。

为了解决这个问题，ERNIE 一次性遮住了整个词语，迫使模型学习捕捉更丰富的语义信息来预测被遮住的词。这样，模型需要理解整个句子的语义信息才能正确地预测被遮住的词。这一方法可以帮助模型更好地理解中文句子的上下文和结构。ERNIE 的设计和改进使其在中文任务上取得了较好的效果，如图 5-3 所示。关于 ERNIE 的更多细节可以参考论文"ERNIE：Enhanced Representation through Knowledge Integration"。

此外，谷歌在发布英语版本的 BERT 之后，推出了支持 104 种语言的 mBERT（Multilingual BERT）。mBERT 的改进之一是扩大了 WordPiece 的词汇表，将其包含的 Token 数量增加到 11 万个。这样做的目的是为了统一所有语言的词汇表，以便在多语言环境下使用（英语版本的 BERT 的词汇表只包含大约 3 万个 Token）。需要注意的是，虽然 mBERT 支持多种语言，但许多语言之

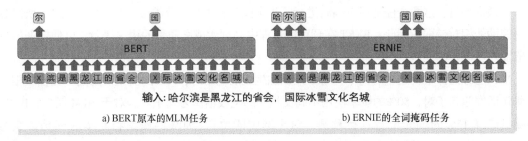

a) BERT原本的MLM任务　　　　　　　　　　　　　　b) ERNIE的全词掩码任务

图 5-3　BERT 和 ERNIE 对于同一句输入的不同掩码方式

间的 Token 是有交集的。例如，英语和德语都属于日耳曼语系，它们之间有许多共享的子词。因此，mBERT 中的词汇表数量并没有随着语言数量的增加而线性增长。mBERT 的设计允许在单个模型中处理多种语言的任务，从而提供了一种跨语言的预训练和迁移学习的能力。通过共享模型参数和词汇表，mBERT 可以在不同语言之间共享知识，并为不同语言的自然语言处理任务提供一致的表示能力。这使得 mBERT 成为处理多语言数据和多语言任务的有力工具。

除了上述的模型之外，还有许多支持多语言的 NLP 模型，感兴趣的读者可以自行探索。

作者注：支持多语言的模型/数据集的名称一般会带 m 或者 X。其中 m 代表 multilingual（多语言），比如 BERT 的多语言版本 mBERT、T5 的多语言版本 mT5。此外 X 也可以表示多语言的意思，因为 X 是一个 Cross（交叉）形状，引申为 Cross-Lingual（跨语言）这个词。比如 XLM 模型意为 Cross-lingual Language Model。不少多语言数据集也会加 X，比如常见的 QA 数据集 SQuAD 的多语言版本就叫 XQuAD。XNLI 也是一个多语言的自然语言推理（Natural Language Inference）数据集。当然，X 也时常表示 Extra 的意思，XL、XXL 说明这个模型非常大（Extra Large）或者支持很长的输入（Extra Long），所以读者不要把 T5-XL、Transformer-XL 这种模型当成模型的多语言版本。

3. 扩展：BERT 自监督任务在 CV 界的成功应用——MAE

BERT 的 MLM 自监督任务在 NLP 领域非常成功，那么它可以扩展到其他领域吗？答案是肯定的。在 CV 领域由何凯明（著名人工智能科学家）提出的 MAE（Masked Autoencoders）也用了这个思路。MAE 模型和 BERT 模型的使用方式很像，输出是一个代表图片信息的向量用于下游任务，只不过输入从文字变成了图片。MAE 的自监督任务是预测掩码图片块（Predict Masked Patches）。具体来说，首先把图片分成小块（Patches）。然后随机遮住一些块并让模型学习重建整个图像（和 MLM 有些像）。这里还是希望最终得到一个强大的图片 Encoder，对每个图片生成高质量的表征（Representation）完成下游任务。所以预训练的时候，只用一个能力较弱的轻量化的 Decoder（图 5-4 所示的 Decoder 方形比 Encoder 小），这样"迫使" Encoder 需要生成很好的表征给 Decoder 才能完成这个任务。关于 MAE 的更多细节可以参考原论文"Masked Autoencoders

Are Scalable Vision Learners"。

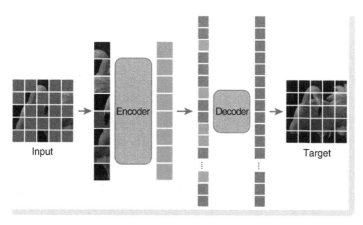

图 5-4　MAE 模型预训练示意图

▶▶5.1.3　BERT 模型的应用方法

在 BERT 的论文 "BERT：Pre-training of Deep Bidirectional Transformers for language Understanding" 中提到了 BERT 在下游任务微调中的几种用例：句子级（Sentence-level）的单句文本分类和句子对文本分类，以及词元级（Token-level）的单句标注和抽取式问答任务。此外，本部分还介绍了两种将 BERT 用于文本相似度任务（Semantic Textual Similarity）的模型：Sentence-BERT（S-BERT）和 SimCSE 模型。

1. 单句/句子对文本分类（Sentence-Level）

无论是单句还是句子对（Sentence-Pair）的分类都是句子级别（Sentence-Level）的任务。单句文本分类的常见场景有情感分类、体裁分类等，句子对的分类常见的场景有自然语言推理（NLI）任务、问答（QA）任务等。实现这两个任务利用的都是 [CLS] 标记对应的向量（代表整个的文本信息）。

具体的做法如图 5-5 所示，在 BERT 第一个位置的输出向量（[CLS] 对应的输出）后连接一个分类层，有时候该分类层也被叫作分类头（Classification Head）。在该分类层的输入是（hidden_size）维的向量，一个线性层会将该向量转换为（cls_num）维度（cls_num 代表类别的数量）的中间结果。对于多分类而言，使用 Softmax 函数将（cls_num）的中间结果转化为各类别的概率作为输出（训练时使用交叉熵损失）。对于多标签分类，即一个文本可能同时属于多个类别（比如一则新闻可能即属于经济新闻也属于政治新闻），可以对（cls_num）的中间结果逐元素使用 Sigmoid 函数，得到每个类各自的概率，若大于 0.5 则文本属于该类（训练时使用二元交叉熵损失）。单句和句子对分类的分类层的构造都相同，唯一区别为对输入文本的处理（［SEP］标签和段落编码），关于这一部分 5.1.1 节中已经做过说明。

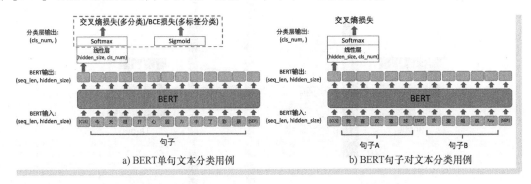

图 5-5　BERT 句子级（Sentence-Level）任务用例

在微调 BERT 时，只需要训练分类层的参数（此外也可以将 BERT 最后几层同时设置为可训练的状态获得更好的结果，不过这样可训练参数变多，数据集小的时候可能会过拟合）。

2. 单句标注（Token-Level）

单句标注是一个词元级别的任务，即对一个样本序列中 Token 逐个进行分类。常见的单句标注任务有命名实体识别（Named Entity Recognition，NER）和词性标注（Part-of-Speech Tagging，POS Tagging）。在实现上会使用一个输入和输出为（hidden_size，cls_num）维的分类层对 BERT 每个位置的输出向量进行处理，最终得到一个形状为（seq_len，cls_num）的矩阵，其中第 i 行 j 列的元素表示第 i 个位置的词元在第 j 个类别上的概率。这里选择每个位置概率最大的类别作为该词元的分类结果。图 5-6 所示为一个使用 BERT 进行命名实体识别的例子。

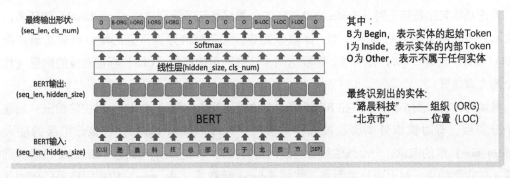

图 5-6　BERT 单句标注任务用例

在该例子中，每个位置可以属于 O（不属于任何实体），B-ORG（组织实体的开始位置），I-ORG（组织实体内部），B-LOC（位置实体的开始位置）和 I-LOC（位置实体内部）。最终将每种实体开始和中间的词元拼接，得到结果中的两个实体"潞晨科技"（组织）和"北京市"
（位置）。

3. 抽取式问答（Extractive QA）

问答任务（Question Answering，QA）是 NLP 领域中十分常见的一类问题。正如人们平时遇
到的阅读理解，模型需要先阅读一段文档（Document）然后根据其中信息回答问题（Question）。
处理 QA 任务的模型可以根据得到答案的方式不同分为两种：抽取式问答（Extractive QA）和生
成式问答（Generative QA）。抽取式方案的答案会直接从原文中被抽取出来，比如 BERT。这意味
着对于任何问题，答案都是原文中的一段连续的文本片段（开始位置、结束位置）。生成式问答
是另一种 QA 模型，它可以生成不一定完全出现在原文中的答案，比如 GPT 系列。这种类型的模
型可能需要更复杂的理解和推理能力，因为它需要将文档中的信息重新表述或者推导出新的信
息作为答案。图 5-7 所示为 BERT 是如何进行抽取式 QA 任务的。

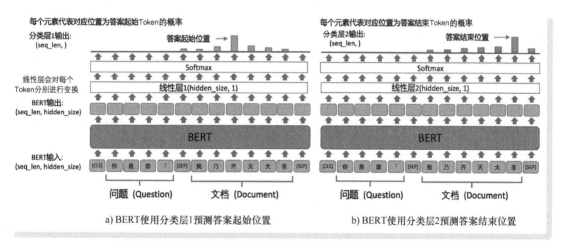

图 5-7　BERT 抽取式问答任务用例

抽取式 QA 其实只需要关注两个信息：答案开始和结束的词元位置。对于这两者，BERT 分
别通过两个（hidden_size，1）维度的线性层得到。从例子中可以看到，将分类层 1 和 2 分别应用
在每个 Token 上，这样就分别得到了两个（seq_len）长度的向量，其内部的元素分别代表该位
置是答案开始和结束的概率。在训练时，可以将真实答案的开始和结束位置也变成两个
（seq_len）的 one-hot 向量（一个开始的位置为 1 另一个结束的位置为 1）与预测的向量计算交叉
熵损失。在预测时，会选择两个向量中概率最高的作为开始和结束的位置截取出答案。但是需要
注意预测时有一定的约束，首先开始位置需要在结束位置之前；其次，模型需要保证在预测开始
或结束位置的时候，该位置的概率大于一个阈值（这个值的计算可以查看 BERT 原论文的 4.3

节），如果不满足上述某一条约束则不输出任何答案。设置阈值的作用是避免模型输出不负责任的结果。假设有一个长度为 3 的序列，得到每个位置为答案开始的概率为［0.34, 0.33, 0.33］，这种情况下模型其实是没有理解答案从哪里开始的（每个位置的概率都很均匀），这时选出的最大值也很可能是错误的结果。因此需要设置一个阈值，保证模型"足够确定"该位置是起止位置的时候才输出答案，否则输出为空（意味着该问题没有在文档中找到答案）。

作者注：BERT 在实际应用中非常灵活，绝不仅限于作为编码器以上述几种使用方式。在 Huggingface 的 BERT 文档中可以看到许多 BERT 的变种（https://huggingface.co/docs/transformers/model_doc/bert#bert）。比如其中 BertForMaskedLM 就是将 BERT 的输出池化后加了一个（hidden_size, vocab_size）的线性层，这样 BERT 就变成一个语言模型了（输入一段文字，预测下一个词）；BertModel 也可通过设置 is_decoder = True 成为 Encoder-Decoder 模型中的解码器。此外，并不是完成下游任务只能使用 BERT 最后一层的输出。BERT 原文在 NER 任务上进行了一些使用不同隐藏层的表示的实验，发现使用 BERT 最后 4 层的平均表示能够取得比其他方案更好的结果。这可能是因为高层的表示过于针对某种训练任务而失去了一定迁移能力，因此在使用 BERT 时读者也可以尝试使用不同隐藏层的表示来获得更好的效果。

4. 文本语义相似度任务

在很多下游任务中，需要得到一个句子的表征向量来衡量文本语义的相似程度，比如文本聚类、信息检索等。所以一个很自然的想法是将［CLS］位置的输出向量，或者取 BERT 各位置输出向量的平均作为句子的语义向量（这步操作是不是和平均池化很像？所以有的人会叫它 Pooling），然后就可以使用余弦相似度/欧氏距离等来衡量句子语义相似度了。但这种方案的效果并不理想。为什么呢？一些研究发现 BERT 得到的句向量表示在空间上呈"锥形"，其中高频词会导致向量离原点较近，低频词导致句向量离原点较远且分布稀疏，如图 5-8 所示。

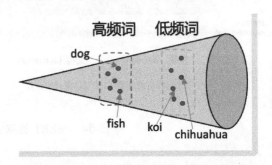

图 5-8　BERT 句向量在空间上的分布示意图

如此分布的问题在于，句子向量之间的相似度（距离）受到了除了语义之外信息的影响（词频），因此用来衡量语义相似度会不准确。图 5-8 的例子方便理解：鱼（fish）和狗（dog）都是高频的词，但是锦鲤（koi）和吉娃娃（chihuahua）的出现频率相对较低。在概念上，鱼和锦鲤的语义很接近，而和狗的差别较大。然而在向量空间中，锥形的分布使鱼和狗的距离小于鱼和锦鲤的距离，这显然是不合理的。因此使用原本 BERT 衡量语义相似度的性能并不理想。

为了解决这个问题，许多改进方案被提出。其中较为经典的方案有 2019 年的 Sentence-BERT

（SBERT）和 2021 年的 SimCSE。需要注意的是，这些改进方案都不是将 BERT 从头训练，而是在原本的 BERT 上加入新的目标函数"改造"BERT 句向量衡量语义相似度的能力，毕竟 BERT 本身对于文本的理解能力还是不容小觑的。

图 5-9 所示为基于孪生网络（Siamese Network）的 Sentence-BERT，其中两部分（孪生）网络共享一套 BERT 参数（训练时需要把一个输入样本的两部分，句子 A 和 B 分别输入同一个 BERT 模型得到图中的 u 和 v，随后更新 BERT 参数时候反向传播的梯度来自于两个分支的叠加）。SBERT 的微调目标也很简单：把 BERT 对两句话的输出拼起来做二分类，判断 A 和 B 两句话是否意思相同。因为分类器只是一个全连接层，能力较弱，所以 BERT 在训练下不得不输出很好反应语义相似程度的句子表示。最终使用的时候，可以抛弃分类的全连接层，直接使用训练好的 BERT。

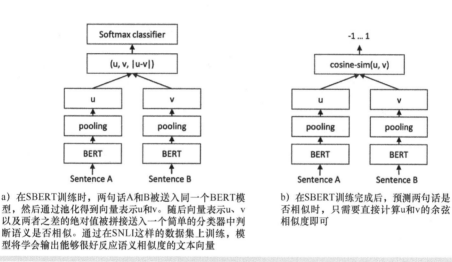

a) 在SBERT训练时，两句话A和B被送入同一个BERT模型，然后通过池化得到向量表示u和v。随后向量表示u、v以及两者之差的绝对值被拼接送入一个简单的分类器中判断语义是否相似。通过在SNLI这样的数据集上训练，模型将学会输出能够很好反应语义相似度的文本向量

b) 在SBERT训练完成后，预测两句话是否相似时，只需要直接计算u和v的余弦相似度即可

图 5-9 Sentence-BERT 训练与预测示意图

但是 SBERT 的学习需要人为提供大量相似或矛盾的句子（NLI 数据集）作为训练数据，那有没有可以在无监督语料上自动学习有效语义向量的方法呢？SimCSE 使用对比学习和 Dropout 巧妙实现了这一点（不过 SimCSE 模型还是在有监督情况下表现更好）。图 5-10 所示为 SimCSE 无监督和有监督情况下的训练方法。理解该方法的细节需要一定的对比学习的知识，但本部分尝试简要介绍思路。

简单来说，对比学习（Contrastive Learning）的损失函数会自动调整模型参数，使模型对正样本对（Positive Pair）的两个句子输出向量间的距离越近越好，对负样本对（Negative Pair）的距离越远越好，而这正是大家想要 BERT 模型达到的目标：语义相似的句子输出向量距离近，语

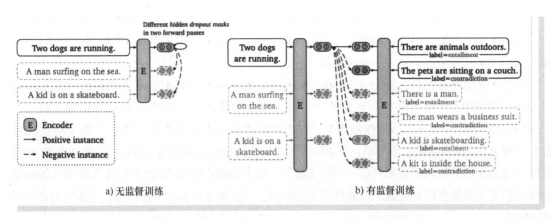

a) 无监督训练   b) 有监督训练

图 5-10　SimCSE 无监督和有监督训练示意图

义不相似的句子输出向量距离远。所以关键就在于如何有效地构造正、负样本对。在有监督情况下，正样本对是人为给出的两个语义相似的句子，负样本对就是两个语义不相似的句子。那么在无监督情况下怎么办呢？答案是 Dropout。对于一句无监督文本，使用两个的 Dropout Mask 对一句话添加不同的扰动，并且假设加了少许噪声后，这两个句子的语义依然是相似的。举一个不太严谨的例子，将"今天天气真好"加入两个扰动，可能会变成"今天天气不错"和"今儿天气真好"，这样就造出了两个语义相似的正样本对。而负样本对从哪里来呢？答案是同一个 Batch 中其他的样本。比如 Batch 中除了"今天天气真好"还有一些其他的句子"自古英雄如美人，不许人间见白头""一入 CS 如僧侣，不仅 Single 还秃头"等，那么这些句子都会和"今天天气真好"构成负样本对（语义不相似）。这样，虽然无监督情景下正、负样本对的质量比有监督要低（比如一个 Batch 中也可能会有语义相似的句子被误当作负样本对；正样本对的扰动太大彻底反转了两句话的语义；或者扰动太小两个句子太相似导致没有起到学习效果），但是当无监督数据足够多、Batch 足够大的时候，最后的无监督的 SimCSE 依然收敛到了不错的效果。

5.2　高效降低内存使用的 ALBERT 模型

增加模型参数显然可以提高模型的性能，但是也显著增加了模型训练和推理的成本，比如更大的内存以及更高的计算量。那么是否能在不损失性能的情况下尽可能减少模型参数呢？由蓝振忠博士 2020 年在谷歌 AI 研究院期间提出的 ALBERT（A Lite BERT）提供了一种方案，让模型在使用更少参数的情况下性能甚至可以超过原本的 BERT。

▶▶5.2.1 基于参数共享的参数缩减方法

下面将深入研究基于参数共享的参数缩减方法，旨在为读者提供一些有效的参数缩减策略，帮助他们构建更轻量级的模型，提升训练效率和推理速度。模型的参数数量直接影响到其性能和训练效率，因此，有效地减少参数数量是深度学习领域的重要任务。首先，会回顾一下 BERT 模型参数的来源，包括其词嵌入层、多头自注意力层和前馈神经网络层等，让读者对 BERT 模型的参数数量有一个清晰的认识。接下来，将讨论如何压缩词嵌入矩阵。词嵌入矩阵是 BERT 模型中的一个重要参数，它将每个词语映射到一个高维向量空间。通过压缩词嵌入矩阵，我们可以显著地减少模型的参数数量，同时尽量保持模型的性能。最后介绍层间参数共享的策略。在 BERT 模型中，多头自注意力层和前馈神经网络层在不同的层之间都有相似的结构，因此可以在这些层之间共享参数，从而进一步减少参数数量。

1. 回顾： BERT 参数从何而来

在讨论如何缩减模型参数前，需要首先分析一下 BERT 模型参数的主要来源。下面，V 代表 vocab_size，即词汇表中的词元的数量；E 代表 embed_size，即词汇表中每个词元向量的维度；H 代表 hidden_size，即模型内部的隐藏语义向量维度；N 代表堆叠的 Transformer 块数量。

在 BERT 原论文中，$V = 30\text{k}$，$E = H = 768(\text{base})/1024(\text{large})$，$N = 12(\text{base})/24(\text{large})$。

如图 5-11 所示，BERT 的参数主要来自两个部分，一个是 N 个前向传播的 Transformer 块①，另一个是词元向量的嵌入矩阵②。对于 Transformer 块，参数量量级为 $O(12 * N * H * H)$；对于

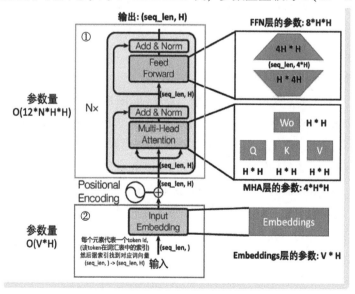

图 5-11　BERT 中参数主要来源示意图

嵌入矩阵，参数量量级为 $O(V*H)$。FFN 层中有 $8*H*H$ 个参数的原因是 BERT 沿袭了 Transformer 论文的做法：FFN 层会先用一个（H，$4*H$）的线性层把每个位置的表示转换到 $4*H$ 维，然后经过激活函数后再用一个（$4*H$，H）的线性层变回 H 维（原 Transformer 中的 $H=512$）。

上述分析中忽略了一些包含较少参数的模块，比如各个 LayerNorm 层（参数量：$2*H$），位置编码层（参数量：max_seq_len $*H$），段落编码层（参数量：$2*H$）。这些部分的参数不是导致模型参数量增加的主要因素，因此也不是 ALBERT 的优化目标。

2. 模型"瘦身"之开胃菜：压缩词嵌入矩阵

细心的读者可能已经发现，BERT 和 Transformer 模型中词嵌入层维度和 Transformer 块的中间表示的维度都是一样的（$E=H$），比如在 BERT-base 中两者都是 768。这一切看似并无不妥，但是 ALBERT 告诉研究人员：他们可能太"奢侈"了，完全没必要用和 H 一样大的 E 来表示静态的词元。为什么呢？因为对于词元嵌入层的向量其实是上下文无关的（不包含语境信息），而注意力机制的中间层的表示是含有上下文信息的。也就是说，既然词向量包含的信息比中间表示要少，那么用小一点的维度就足够了。这里可以举一个简单的例子来说明。假设输入是"我今天很开心，因为中了彩票"。其中"我"这个词向量本身只表示"我自己"这个含义。但是经过几次注意力层之后，"我"对应位置的中间层向量可能根据语境被加入了"开心""中彩票"甚至"有钱"等含义（信息量增加）。既然它们包含更丰富的信息，当然值得使用更高的维度来表示。

所以怎么实现这一点呢？答案很简单：矩阵分解。原来 BERT 的词嵌入矩阵维度是 $V*H$，可以将其分解为 $V*E$ 和 $E*H$ 两个矩阵，其中 $E<<H$。也就是让每个词元向量本身用一个较小的维度 E，随后再用一个线性变换将其放大到 H 维用于容纳上下文信息，这样就在保证模型性能的前提下减少了词嵌入矩阵的参数量。

3. 模型"瘦身"之大招：层间参数共享

另外一个减小参数的方法是跨层参数共享（Cross-layer Parameter Sharing），也就是说对于模型中不同的 Transformer 块使用相同参数。比如 BERT-base 模型有 12 层 Transformer 块，可以让所有的 Transformer 块只使用一层的参数（但是这一层会被运算 12 次），这样就大幅减少了总体参数量。作者在文章中尝试了多种策略，比如共享 Transformer 块的全部参数（All-Shared）、只共享 Attention 模块（Shared-Attention）、只共享 FFN 层（Shared-FFN），在使用这些策略的情况下，模型性能均没有出现明显的下降。对于参数共享带来的小幅性能下降，作者通过增大隐藏层维度 H 的方式进行提升（把共享的一层参数增多）。

在实际中，也可以通过把所有层分组，让浅层的组捕捉初级特征，深层的组捕捉高级特征，从而实现参数量和性能的折中。图 5-12 所示为将共 9 层的模型分为 3 组，同组共享一套参数。

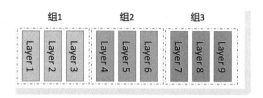

图 5-12　ALBERT 组间参数共享示意图

作者注：需要注意的是，ALBERT 参数主要是通过跨层参数共享大幅减少的。然而共享层间参数并不会减少模型每次前向/反向传播的计算量（共享的这一层参数依然要运算 N 遍，N 代表层数）。所以当 ALBERT-xxlarge 增大了共享层的参数量的时候，虽然模型参数量更少（使用更少的内存），但训练速度和推理速度反而比 BERT-large 慢很多。因此，"减参数但不减计算量"是不少人诟病 ALBERT 的一点，因为人们希望减少参数量，不仅可以减少显存占用（共享参数）也可以加快训练和推理速度。

▶▶5.2.2　句子顺序预测（SOP）预训练任务

在 BERT 的预训练任务中，原本的下一句预测（NSP）任务旨在让模型学会理解上下文之间的关系。然而，原始的 NSP 存在一些不足之处。对于一个句子 A 来说，它和文档中的下一句 B1 会构成一个正样本对（A，B1，相邻），而与在另一篇文档中随机选取的句子 B2 构成负样本对（A，B2，不相邻）。由于两篇文档很可能在主题上是不同的，这样构造的负样本对过于简单，导致模型可以通过主题猜测两者不相邻，而非从句子内容上进行分类。

为了解决这个问题，ALBERT 对 NSP 任务进行了改进，使得"下一句预测"任务真正预测句子的顺序。SOP 任务的目标是真正地预测两个句子的顺序关系，使得模型必须根据句子的语义和上下文信息进行准确的判断。具体而言，对于同一文档中相邻的两句话 A 和 B，正样本对为（A，B，相邻），负样本对为（B，A，不相邻）。这种改进版任务被称为句子顺序预测（Sentence Order Prediction，SOP）。通过引入 SOP 任务，ALBERT 的预训练阶段能够更好地捕捉句子间的顺序关系，提高模型对句子顺序的理解和判断能力。通过引入 SOP 任务，ALBERT 模型更加强调了对句子顺序关系的建模，促使模型更加专注于语义理解和句子之间的联系。相比于传统的 NSP 任务，SOP 任务提供了更具挑战性的学习目标，能够进一步提高模型对语义关系的理解和表达能力。SOP 任务在实践中的应用不仅仅局限于 ALBERT 模型，其他变体的 Transformer 模型也可以采用这个任务作为预训练的一部分。通过在预训练阶段引入 SOP 任务，模型可以更好地捕捉句子的上下文关系和语义表达，进而在下游任务中取得更好的性能。

此外，ALBERT 还做出了另一个重要的改变，即去掉了模型中的 Dropout。在 Transformer 中，一般会对多头自注意力层和前馈神经网络层的输出应用 Dropout 操作。然而，由于 MLM（Masked

Language Model）预训练任务实际上是一个复杂多样的任务，难以过拟合，ALBERT 观察到去掉 Dropout 反而能够获得更好的效果。因此，ALBERT 在模型中移除了 Dropout 操作，以进一步提高预训练的性能和效果。

通过引入句子顺序预测任务（SOP）和去除 Dropout 操作，ALBERT 模型在预训练阶段得到了改进和优化。这些改变使得模型更加专注于句子顺序和上下文理解，从而为后续的下游任务提供更准确、具有丰富语义理解的表示。ALBERT 的设计选择为大规模语言模型的发展和应用提供了新的思路和方法。

5.3 BERT 模型实战训练

Colossal-AI 的框架中实现了多种提升 BERT 训练效率的方法。接下来会介绍使用 ZeRO 内存优化器（ZeRO Optimizer）以及序列、流水线混合并行（Hybrid of Sequence and Pipeline Parallelism）的优化手段，并讲解实际上手操作的细节。在这之前，需要先了解序列并行的概念。

利用高性能训练框架 Colossal-AI 提供的序列并行模式，可以对 BERT 模型的训练进行超长序列以及批量训练。序列并行（Sequence Parallelism）对输入张量和过程激活函数在序列维度进行分割（Split），使内存使用更加高效，提升了在有限资源下训练支持的最大批量（Batch）以及序列长度。关于 Colossal-AI 系统的介绍，读者请参考本书第 2 章。

在开始操作例子前，需要先对序列并行方法进行简单讲解。根据 Transformer 模型的自注意力机制的定义，计算量会随着模型输入序列的长度指数级增加。长序列在应用中很常见，比如在利用 Transformer 模型处理医学图像时，输入的序列长度往往大于常规图像的大小（比如 512×512×512 v.s.256×256×3）。传统的并行手段（比如张量并行）并不能利用分布式训练来减轻每个设备处理输入序列的压力。由此，研究者们提出将输入序列分割到多个设备的序列并行方法，并且提出环形自注意力机制（Ring Self-Attention）来保证分布式注意力计算的高效性和正确性。在多卡训练环境下，序列并行可以支持最多 3 倍于张量并行的序列长度，同时达到的内存节省使同样的设备可以支持 13.7 倍于张量并行的训练批量。

序列并行也与流水线并行（Pipeline Parallelism）无缝衔接：由于序列并行已经将输入张量和过程中的激活函数在序列维度分割，它可以抵消掉流水线并行原本在每个阶段（Stage）分割和集合（All-Gather）的通信开销。

▶▶ 5.3.1 构建 BERT 模型

接下来利用序列与流水线的混合并行（Hybrid Parallelism）方式训练一个 BERT 模型。本例将侧重于序列并行的应用，不会重复介绍训练步骤。

使用序列并行时，每个 RANK（设备在组内的位置）上接收到序列是均匀分割的（具体的分割发生在数据读取步骤），所以要写一个预处理类来处理输入，包括输入 ids 以及 Attention Masks。

```python
from colossalai.context.parallel_mode import ParallelMode
from colossalai.core import global_context as gpc
class PreProcessor(torch.nn.Module):

    def __init__(self, sub_seq_length):
        super().__init__()
        self.sub_seq_length = sub_seq_length


    def bert_position_ids(self, token_ids):
        # 创建当前 RANK 的 position ids
        seq_length = token_ids.size(1)
        local_rank = gpc.get_local_rank(ParallelMode.SEQUENCE)
        position_ids = torch.arange(seq_length * local_rank,
                                    seq_length * (local_rank+1),
                                    dtype=torch.long,
                                    device=token_ids.device)
        position_ids = position_ids.unsqueeze(0).expand_as(token_ids)

        return position_ids
...
```

除此之外，可以重新定义了自注意力机制的计算（Transformer Self Attention Ring）来适配序列并行，对 LayerNorm 操作做了算子优化，以及对加 Bias 和 Dropout 操作进行算子融合。因此，可以重新定义包括 Embedding 层在内的一系列 Transformer 层。以下是对单个 Transformer 层的改造（完整请见路径/sequence_parallel/model/layers/bert_layer.py）。

```python
class BertLayer(nn.Module):
    """单个 Transformer 层的定义
    Transformer 层接受[批量, 序列长度, 隐层数]的输入,返回相同维度的输出
    """

    def __init__(self,
                 layer_number,
                 hidden_size,
                 num_attention_heads,
                 attention_dropout,
                 mlp_ratio,
                 hidden_dropout,
```

```
            is_naive_fp16,
            apply_residual_connection_post_layernorm=False,
            fp32_residual_connection=False,
            bias_dropout_fusion: bool = True,
            convert_fp16_to_fp32_in_softmax: bool = False):
        super().__init__()
        self.layer_number = layer_number

        self.apply_residual_connection_post_layernorm =
apply_residual_connection_post_layernorm
        self.fp32_residual_connection = fp32_residual_connection

        # 在输入数据的 layer norm 层
        self.input_layernorm = LayerNorm(hidden_size)

        # 环形自注意力机制
        self.self_attention = TransformerSelfAttentionRing(
            hidden_size=hidden_size,
            num_attention_heads=num_attention_heads,
            attention_dropout=attention_dropout,
            attention_mask_func=attention_mask_func,
            layer_number=layer_number,
            apply_query_key_layer_scaling=True,
convert_fp16_to_fp32_in_softmax=convert_fp16_to_fp32_in_softmax,
            fp16=is_naive_fp16
        )

        self.hidden_dropout = hidden_dropout
        self.bias_dropout_fusion = bias_dropout_fusion

        # 在 attention output 上的 layer norm 层
        self.post_attention_layernorm = LayerNorm(hidden_size)

        self.mlp = TransformerMLP(hidden_size=hidden_size, mlp_ratio=mlp_ratio)

    def forward(self, hidden_states, attention_mask):
        ......
```

▶▶ 5.3.2 并行训练 BERT 模型

这里提供了 examples/tutorial/sequence_parallel/train.py 来启动训练。在执行文件之前，需要完成以下几个步骤。

```
from colossalai.amp import AMP_TYPE

# hyper-parameters
TRAIN_ITERS = 10
DECAY_ITERS = 4
WARMUP_FRACTION = 0.01
GLOBAL_BATCH_SIZE = 32      # dp world size * sentences per GPU
EVAL_ITERS = 10
EVAL_INTERVAL = 10
LR = 0.0001
MIN_LR = 1e-05
WEIGHT_DECAY = 0.01
SEQ_LENGTH = 128

# BERT config
DEPTH = 4
NUM_ATTENTION_HEADS = 4
HIDDEN_SIZE = 128

# model config
ADD_BINARY_HEAD = False

# random seed
SEED = 1234

# pipeline config
# only enabled when pipeline > 1
NUM_MICRO_BATCHES = 4

# colossalai config
parallel = dict(pipeline=1, tensor=dict(size=2, mode='sequence'))

fp16 = dict(mode=AMP_TYPE.NAIVE, verbose=True)

gradient_handler = [dict(type='SequenceParallelGradientHandler')]
```

1）设置参数。在给定的 examples/tutorial/sequence_parallel/config.py 的文件（如上所示）里，定义了一组参数，包括训练方案、模型等。这时，也可以修改 Colossal-AI 的设置。例如，如果希望在 8 个 GPU 上进行序列并行，可以将 size 等于 4 改为 size 等于 8。如果希望使用流水线并行，可以设置 pipeline 等于并行数量。

2）调用并行训练。

3）可以使用序列并行的模式开始训练。如何调用 train.py 取决于具体的设置。

如果使用的是具有多个 GPU 的单台机器（Node），PyTorch 的启动实用程序可以轻松地启动脚本。相关示例命令如下。

```
colossalai run --nproc_per_node <num_gpus_on_this_machine> --
master_addr localhost --master_port 29500 train.py
```

如果使用的是多台具有多个 GPU 的机器，建议参考 colossalai.launch_from_slurm 或 colossalai.launch_from_openmpi，因为使用 SLURM 和 OpenMPI 在多个节点上启动多个进程更容易。如果读者有自己的启动程序，可以退回到默认的 colossalai.launch 函数。

第6章

▶▶▶▶▶▶

统一自然语言处理范式的T5模型

本章将深入探讨作为统一自然语言处理范式的 T5 模型。首先，将详细介绍 T5 模型的架构和输入输出方式，特别是文本到文本的处理方式。接着，将探讨 T5 模型的预训练方法和关键技术，以及它在自然语言处理领域的应用前景和未来发展。本章引入统一语言学习范式的 UL2 框架，从统一预训练任务的视角进行讨论混合去噪器的应用。最后，将进行 T5 模型的实战训练，详细讨论预训练方法、关键技术和训练过程的代码实现。通过学习本章，读者将深入了解 T5 模型的细节和原理，能够应用于自然语言处理任务，并掌握相关的训练方法和实现技巧。

6.1 T5 模型详解

T5（Text-to-Text Transfer Transformer）模型是由谷歌开发的先进的语言模型，它能够执行广泛的自然语言处理（NLP）任务，包括文本生成、文本摘要、机器翻译、问答任务和情感分析等。T5 模型基于 Transformer 模型结构，使用自注意力机制来处理输入序列，有效捕捉输入文本中的关键信息和上下文关系，从而生成目标序列。与之前提到的 BERT 模型类似，T5 模型的训练过程可分为两个阶段，包括无监督预训练以及有监督微调。值得注意的是，与之前为特定任务设计的 Transformer 模型不同，T5 模型是一个通用模型，可以使用统一的"文本到文本"的迁移学习框架在广泛的自然语言处理任务上进行微调。在预训练阶段，T5 模型使用大量的无标注文本数据进行训练，进而学习到通用的语言表示。在微调阶段，T5 模型使用特定任务的有标注数据进行微调，以适应特定任务的要求，从而达到模型在具体任务上的性能提升。

T5 模型在各种基线任务上取得了令人印象深刻的出色性能，在多个任务上超过了之前已有的所有模型，并且因为具有统一的输入输出格式，使得任务之间的迁移和组合变得更加容易。此外，T5 的整体架构和相关模型也存在多个关键优势，包括灵活性、适应性和准确性。由于 T5 模型可以使用单个"文本到文本"迁移学习框架在广泛的任务上进行微调，因此它非常适合具有大量可用文本数据但用于特定任务的标识数据有限的应用程序。目前来说，T5 模型和相关模型开发代表了自然语言处理领域的重大进步，在包括机器翻译、信息检索和数据分析在内的广泛领域具有重要应用。

▶▶ 6.1.1　T5 模型架构和输入输出——文本到文本

　　T5 模型基于 Transformer 模型开发所得，与 BERT、GPT 类模型不同的是，T5 模型主体架构仍然由"编码器-解码器"组成，在编码器和解码器中都包含多层 Transformer 模块。T5 模型的输入是一个文本序列，首先通过编码器部分来获得固定长度的连续向量表示。然后，解码器部分基于该固定长度的向量生成输出文本序列。有关 Transformer 中的自注意力机制目前已经衍生出多种操作，而对自注意力机制的改动进一步催生出不同的 Transformer 架构变体，在多个自然语言处理任务得到广泛应用，T5 模型在设计模型架构时也相应地做出了不同的尝试。

　　事实上，目前对于 Transformer 中的自注意力机制存在多种不同掩码操作。图 6-1 中自注意机制的输入和输出分别表示为 x 和 y。第 i 行和第 j 列的黑色单元格表示允许自注意力机制在输出时间步长（Timestep）i 处关注输入项 j。白色单元格则表示不允许自注意力机制关注相应的 i 和 j 的组合信息。图中左侧是一个完全可见的掩码（Fully-Visible Mask），可以允许自注意力机制生成每个输出时都能关注到完整的输入。中间部分则是因果掩码（Causal Mask），广泛应用于 GPT 类模型，其可以防止第 i 个输出项依赖于任何来自"未来"的输入项。右侧展示的是带前缀的因果掩码（Causal With Prefix），允许自注意力机制在输入序列的前一部分上使用完全可见的掩码。

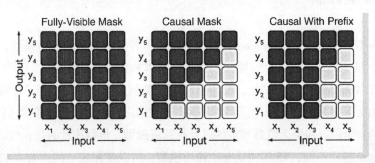

图 6-1　不同注意力掩码操作的矩阵

　　基于上述提到的关于 Transformer 模型自注意力机制的不同设计，一系列的 Transformer 模型变体也由此衍生出来，比如编码器-解码器（Encoder-Decoder）、语言模型（Language Model）和前缀语言模型（Prefix LM）。图 6-2 中的块（Block）表示序列的元素，线表示不同自注意力机制。不同颜色的块群表示不同的 Transformer 堆叠层。深灰色线对应于完全可见的掩码，浅灰色线对应于因果掩码。这里用特殊符号"."来表示序列结束的 Token，该 Token 表示模型预测的结束。输入和输出序列分别表示为 x 和 y。在图 6-2 中，左图是标准的"编码器-解码器"架构，其在编码器和"编码器-解码器"之间的注意力机制中使用完全可见的掩码，而在解码器中使用因果掩码。中间部分是语言模型由单个 Transformer 堆叠层组成，并通过使用因果掩码将输入和目标联系起来。右图则是前缀语言模型，通过在语言模型中添加前缀，前缀部分输入会施加完全可见的掩码。

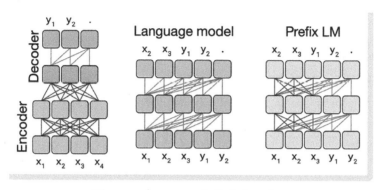

图 6-2 Transformer 架构变体示意图

通过大量的实验结果表明，对于"文本到文本"的输入输出格式，"编码器-解码器"架构取得了最优异的性能表现。但是为什么一定要选择"文本到文本"这种格式呢？因为几乎所有的自然语言处理任务都能转换为"文本到文本"任务。从图 6-3 可以发现，对于翻译任务，假如需要翻译"I love the World Cup."，可以先将其转换为"将此句子翻译成中文：I love the World Cup."作为文本输入，这样就可以得到该句子的中文翻译"我爱世界杯"。类似地，如果要分析某个句子的情感类别，则可以在句子前加上"sentiment："，例如"sentiment：This movie is really

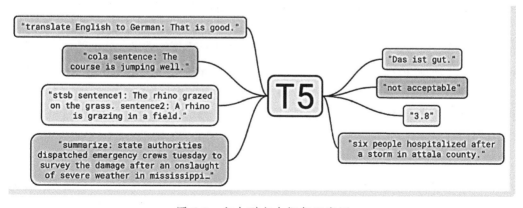

图 6-3 文本到文本框架示意图

good！"，T5 模型就会输出 positive 的正面情感分类。对于需要输出连续值的文本语义相似任务
（Semantic Textual Similarity，STS），T5 模型也能够以 0.2 为间隔，将 1 到 5 分的值域分成 21 个项
作为分类任务形式的输出。图 6-3 中 STS 任务的输出 3.8 不是代表着数值，而是一串文本，展示
出了 T5 模型强大的容量。

　　由此可以发现，通过这种方式将 NLP 任务统一转换为"文本到文本"的形式，运用迁移学
习的方法，就可以使用相同的模型、损失函数、训练过程来处理所有的 NLP 任务，最终实现所
有 NLP 任务的高度统一。

▶▶ 6.1.2　T5 模型预训练

　　T5 模型的训练遵循"预训练-微调"两个阶段。在预训练阶段，T5 模型使用大量的无标注
文本数据进行训练，学习到通用的语言表示。在微调阶段，T5 模型使用特定任务的有标注数据
进行微调，以适应特定任务的要求，从而达到模型在具体任务上的性能提升。对于无监督预训练
的训练设置，T5 模型进行了多个实验来寻找最优的预训练目标，图 6-4 所示为相关的整体流
程图。

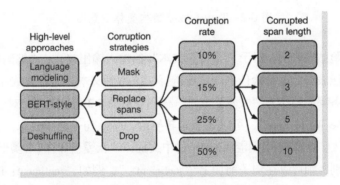

图 6-4　T5 模型探索无监督目标的流程图

　　对于预训练的训练目标设置，T5 模型首先探索了 3 种不同的技术，分别为前缀语言模型
（Prefix Language Modeling）、BERT 风格以及 Deshuffling，见表 6-1。前缀语言模型技术通过将一段
文本序列分成两个部分，一个用作编码器的输入子序列，另一个用作解码器预测的目标子序列。
除此之外，T5 模型也尝试了 BERT 模型中掩码语言模型（Masked Language Modeling）的预训练
目标，即遮住一部分 Token，然后在预训练阶段恢复这部分被添加掩码的 Token。由于 BERT 模型
架构只采用了 Transformer 的编码器部分，它的预训练目标是在编码器的输出位置重建所有掩码
Token，而作为"编码器-解码器"架构的 T5 模型则使用整个未添加掩码的序列作为解码器的目
标输出。最后，T5 模型还尝试了一个基本的 Deshuffling 目标，该方法首先获取一序列 Token，将

其顺序打乱，然后使用原始的 Token 顺序序列作为预训练目标。经过一系列的实验结果表明，以 BERT 风格为主的预训练目标可以使 T5 模型在下游任务取得最佳的综合表现。

表 6-1 "Thank you for inviting me to your party last week ." 所产生的输入和目标示例

预训练目标	输　　入	目　　标
前缀语言模型	Thank you for inviting	me to your party last week.
BERT 风格	Thank you <M> <M> me to your *apple* last week.	原始文本
Deshuffling	party me for your to . last fun you inviting week Thank	原始文本

在确定了整体的预训练方法（BERT 风格）后，T5 模型对细粒度的预训练目标设置进行了如表 6-2 所示的不同尝试。首先就是 BERT 风格预训练目标的一个简单变体 MASS-style，其中不会对 Token 顺序进行随机交换。最终的目标只是用掩码替换输入中 15%的 Token，并训练模型来重建原始未损坏的序列。其次，T5 模型还探索了是否有可能避免预测整个未损坏的文本序列，因为这需要考验解码器中自注意力机制在长序列上的能力。对此 T5 提出了两种策略。第一种不再使用掩码替换每个损坏的 Token，而是用唯一的掩码替换每个连续的被损坏的 Token。然后，目标序列成为"损坏片段（Corrupted Spans）"的连接序列，每个片段都有其在输入中替换它的掩码 Token 作为前缀。第二种变体则是简单地从输入序列中完全删除损坏的 Token，并让模型按顺序重建被删除的 Token。最终，实验结果表明使用替换损坏片段（Replace Corrupted Spans）作为预训练目标在多个下游任务上的综合表现最好。

表 6-2 BERT 风格无监督目标变体所对应的输入和目标示例

预训练目标	输　　入	目　　标
MASS-style	Thank you <M> <M> me to your party <M> week .	原始文本
替换损坏片段	Thank you <X> me to your party <Y> week .	<X> for inviting <Y> last <Z>
删除 Token	Thank you me to your party week .	for inviting last

具体来说，替换损坏片段的预训练目标与原始的 BERT 模型预训练目标设置的不同之处在于：T5 模型不再为每一个被遮挡的 Token 设置单独的掩码，而是用特殊的 sentinel token（<X>，<Y>，<Z>）来替换每个被遮挡的连续 Token（文本片段，Span），提高了计算效率。然后目标序列成为被损坏的文本片段的串联，每个文本片段都有用于在输入中替换它的掩码作为前缀。如图 6-5 所示，对于 "Thank you for inviting me to your party last week ." 这个句子，可以随机选择单词 for、inviting 和 last 作为损坏的目标 Token。每个连续的损坏 Token 都被唯一的 Sentinel Token（表示为<X>和<Y>）所替换。由于 for 和 inviting 两个 Token 是连续出现的，因此它们被单个

Sentinel Token <X>所取代。然后，输出序列（目标）由被损坏的文本片段组成，被在输入中替换它们的 Sentinel Token 和标志序列结束的 Sentinel Token <Z> 分隔。同时，T5 模型还对输入文本序列的损坏比例以及损坏文本片段的长度进行了进一步探索，发现将损坏比例设置为 15%以及将损坏文本长度设置为 3 时能取得最佳的模型性能表现。

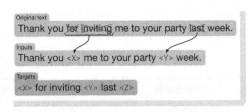

图 6-5　T5 模型预训练目标示意图

▶▶ 6.1.3 T5 模型应用前景及未来发展

目前，T5 模型已经展示了它在各种自然语言处理应用程序中的有效性和通用性，其处理各种"文本到文本"任务的优异表现使其成为解决各种 NLP 问题的强大工具，有着广阔的应用前景和发展潜力。一方面，T5 模型在机器翻译、文本摘要等自然语言处理任务有着出色的表现；另一方面，基于 T5 模型的相关模型的研发拓展也在如火如荼地进行着。

1. 关键应用

T5 模型的通用性和灵活性使得研究人员和开发者能够快速构建并部署适用于各种应用场景的语言模型。需要注意的是，T5 模型在不同任务上的应用需要进行针对性的任务描述和模型的微调，以便更好地适应特定的任务要求。通过预训练和微调相结合的方式，T5 模型能够获得较好的性能和泛化能力，为各种实际应用提供了强大的文本处理能力。以下是 T5 模型在现实生活中的一些关键应用。

- 机器翻译：T5 可用于机器翻译任务，即将输入文本从某种语言翻译成另一种语言。通过提供源语言的输入句子，并将翻译任务转换成为"文本到文本"问题，T5 模型便可以生成对各种语言的准确翻译。

- 文本摘要：T5 可以有效地生成输入文本对应的摘要。通过在摘要数据集上进行微调，它可被用于为新闻文章、文档或其他冗长的文本创建简明且信息丰富的摘要。

- 问答：T5 可以应用于问答任务，在给定问题和上下文段落的情况下生成准确的答案。通过以"文本到文本"的格式对问题和上下文进行编码，T5 可以生成详细且与上下文信息高度相关的答案。

- 情感分析：T5 可以用于情感分析任务，将给定文本的情感识别为积极、消极或中性等类别。通过在情感分析数据集上进行微调，T5 可以有效地分析各种形式文本中表达的情感，包括评论、社交媒体留言和客户反馈等。

- 文本分类：T5 可以高度执行文本分类任务，例如主题分类或文档分类。通过在分类数据集上进行微调，T5 可以为输入文本分配标签或类别，从而实现对大量文本数据的自动整理和分类。

- 文本生成：T5 可以根据给定的提示或输入生成连贯且与上下文相关的文本。它可以用于诸如故事生成、对话系统和内容创建等任务。通过对特定的生成任务进行微调，T5 可以生成富有创造性和吸引力的文本输出。

- 命名实体识别（Named Entity Recognition，NER）：T5 可以用于 NER 任务，即从给定文本中识别和提取命名实体，如人名、位置、组织或日期。通过对 NER 任务数据集的微调，T5 可以准确地识别和分类各种上下文中的命名实体。

2. 相关模型

T5 作为强大的预训练语言模型，也促进了其相关模型在不同任务上的进一步发展。这些相关的模型都与 T5 共享相同的底层结构，但是它们针对特定的任务进行了优化，或者在不同的数据集上进行了训练。

相关模型的开发展示了 T5 模型结构的多功能性和强大功能，以及它适应各种自然语言处理任务的能力。

- mT5（Multilingual T5）：mT5 模型是 T5 模型的多语言变体，能够处理 100 多种语言的文本。mT5 在大量多语言文本语料库上进行了预训练，并在广泛的多语言自然语言处理任务上表现出令人印象深刻的表现，包括机器翻译、情感分析和问答等。

- ByT5（Byte-Level T5）：ByT5 模型对 T5 模型的改进，将输入和输出的文本表示从词级别扩展到字节级别。通过使用字节级别的表示，ByT5 模型能够更好地处理各种语言中的词汇和结构差异，从而提高了在多语言任务上的性能。

- T0：T0 模型对 T5 模型进行了进一步拓展，通过在训练过程中使用提示语作为输入，T0 模型可以在学习多个任务的同时，不需要任务特定的标签，从而实现在新任务上的零样本泛化，这对于实际应用中需要面对多个任务或需要快速适应新任务的情况具有重要意义。

- Flan-T5：Flan-T5 模型是 T5 模型的增强版本，在多任务混合中运用指令微调（Instruction Finetuning）技术进行了微调。指令微调是一种对语言模型进行微调以增加其处理 NLP 任务的通用性的技术，而不是针对特定任务对其进行训练。Flan-T5 在接受了指令的训练后，在完成特定指令时表现异常出色，并且在广义上表现出了对遵循指令的高度熟练。

3. 发展方向

T5 模型作为一种通用的"文本到文本"转换模型，在自然语言处理领域展示了巨大的潜力。而对于 T5 模型未来的发展方向，这里也提出了以下一些设想。

（1）多语言处理能力的增强

T5 模型在机器翻译和跨语言任务中已经取得了令人瞩目的成果。未来，随着更多语言数据的可用性和研究人员对于多语言处理的关注，T5 模型有望进一步提升在多语言环境下的性能，实现更准确和流畅的跨语言任务处理。

（2）零样本学习和迁移学习

T5 模型的设计使其具备较强的零样本学习和迁移学习能力。这意味着 T5 模型可以通过在一个任务上进行微调，然后迁移到其他相关任务上，而不会有对大规模标注数据的需求。未来，T5 模型有望进一步探索并改进迁移学习技术，实现更广泛的任务迁移和更高效的模型训练。

（3）非英语语种的应用

虽然 T5 模型已经在英语语种上取得了很大的成功，但在其他语种上的应用仍有待发展。随着对其他语种数据集和语言特性的研究和探索，T5 模型可以扩展到更多非英语语种，并为全球范围内的 NLP 应用提供有效支持。

（4）特定领域的适应性

T5 模型在不同任务上的微调已经展现出了很好的效果，但随着对特定领域需求的增加，未来的研究将更加注重如何使 T5 模型更好地适应特定领域的任务。通过在领域特定数据上进行微调和改进模型结构，T5 模型可以提供更加个性化和精确的解决方案，满足各行业的特定需求。

（5）智能助手和自动化应用

T5 模型的强大文本生成能力为智能助手和自动化应用带来了无限可能。未来，T5 模型可以成为智能助手、虚拟助理和聊天机器人等领域的核心技术，能够与人类进行更自然、智能的交互，并提供高质量的文本生成服务。

整体来说，T5 模型作为一种通用的"文本到文本"转换模型，在 NLP 领域有着广阔的应用前景和巨大的发展潜力，无论是关于模型本身性能的进一步提升，或者是模型应用范围的进一步扩展，都彰显出 T5 模型对 NLP 领域甚至整个人工智能领域的巨大作用和高度影响。

6.2 统一 BERT 和 GPT 的 BART 模型

在 T5 模型发布的同时，同样基于标准 Transformer 架构的 BART 模型也同期发布，两者都专注于不同自然语言处理任务的统一。自监督方法在广泛的自然语言处理任务中取得了显著的成功，其中最成功的方法莫过于掩码语言模型的变体，这是一种去噪的自动编码器，对输入文本的随机单词子集添加掩码，其训练目标是重建原始未掩码的文本。然而，这些方法通常侧重于特定类型的终端任务［例如片段预测（Span Prediction）、生成（Generation）等］，限制了它们的适用性。例如，上一章节介绍的 BERT 模型在自然语言（文本）理解（Natural Language Understanding）任务上已经取得了质的飞跃，"模型预训练+下游任务微调"也逐渐成为许多语言大模型的标配。然而研究者们将 BERT 等预训练模型应用在自然语言（文本）生成（Natural Language Generation）

任务上时，模型性能往往不太理想。

针对这个问题，Facebook 公司提出一个结合双向和自回归 Transformer 的模型——BART，BART 是一个用序列到序列模型构建的去噪自动编码器（Denoising Autoencoder），在广泛的终端任务中都适用。其预训练有两个阶段：1）文本被任意去噪函数破坏；2）学习序列到序列模型来重建原始文本。BART 使用标准的基于 Transformer 的神经机器翻译架构，可以看作是 BERT（双向编码器），GPT（从左到右解码器）和许多其他最新的预训练方案的推广。

▶▶ 6.2.1　从 BERT、GPT 到 BART

BERT 模型和 GPT 模型都是基于不同的 Transformer 架构研发所得，同时各有所长。BERT 在文本理解任务中表现优异，GPT 则在文本生成任务中独占鳌头。基于两大热门语言模型的优缺点，取长补短的 BART 模型应运而生。

BERT 模型是一种自编码（Auto-Encoding）模型，基于 Transformer 模型的编码器部分研发所得，如图 6-6 所示。其随机使用特殊的［MASK］Token 来替换输入序列中的 Token，这也可以看作是某种对文本施加的噪声，同时对文本进行双向编码。由于被掩码的 Token 是被独立预测的，所以 BERT 无法被有效用于生成任务。

GPT 模型是一种自回归（Auto-Regressive）模型，基于 Transformer 模型的解码器部分研发所得，如图 6-7 所示。其训练目标就是标准的语言模型预训练目标：序列中所有 Token 的联合概率分布。由于 Token 是以自动回归的方式预测的，这意味着 GPT 可以用于生成任务。然而，单词的预测只能依赖于被预测单词左侧的上下文，因此它不能学习双向交互的信息。

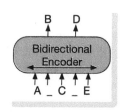

图 6-6　BERT 模型简图

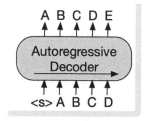

图 6-7　GPT 模型简图

由此可以得到 BERT 与 GPT 模型各自的优缺点：BERT 相比于 GPT 能够高效获取上下文信息，而 GPT 只能进行单向建模。但是 GPT 对序列的联合概率未作任何假设，而 BERT 却对序列的联合概率做了"独立性假设"，同时在预训练阶段引入了下游任务不会出现的［MASK］Token，并且预训练阶段与生成任务缺乏一致性。

BART 模型吸收了 BERT 的双向编码器和 GPT 的自回归解码器各自的特点，构建在标准的"序列到序列"Transformer 模型的基础之上，这使得它相比 BERT 更适用于文本生成任务，并且也比 GPT 多了双向上下文语境信息的处理。在 BART 模型中，编码器的输入不需要与解码器的输出对齐，允许任意的噪声变换。其首先对输入文本中部分片段添加掩码，随后使用双向模型对损坏的文本进行编码，然后使用自回归解码器来恢复到原始文本。对于下游任务，可以将未损坏的文本同时输入到编码器和解码器中，使用解码器的最终隐藏层状态（Hidden State）进行微调，如图 6-8 所示。

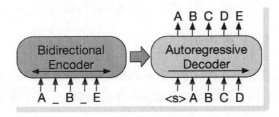

图 6-8　BART 模型简图

▶▶ 6.2.2　BART 模型预训练

此时，相信读者对 BART 的模型架构有了一个整体的了解，语言模型的预训练则对其在广泛下游任务上的泛化能力有着至关重要的作用，BART 的预训练方法是先对文本进行一定程度的破坏（掩码操作），然后对重建损失（Reconstruction Loss）——解码器输出和原始文本之间的交叉熵进行优化。在 BART 之前的去噪自动编码器（Denoising Autoencoders）是针对特定的去噪方案量身定制的，但是 BART 允许应用任何类型的文本损坏。在某些极端情况下，比如输入文本的 Token 全被掩码，此时 BART 相当于一个语言模型。

与 T5 模型类似，BART 也在编码器端尝试了多种不同的噪声（Noise）形式，意图是破坏掉有关序列结构的信息，从而减少模型对此类信息产生某种程度的"依赖"，如图 6-9 所示。Token 掩码（Masking）就是和 BERT 一样的处理方式，随机将序列中的 Token 替换为 [MASK]。Token 删除（De-

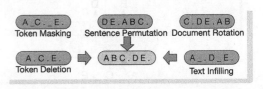

图 6-9　不同噪声形式

letion）则是随机删除部分 Token，同时模型必须明确是哪些位置缺少了对应的 Token。文本填充（Text Infilling）与 T5 模型中的操作类似，其随机将一段连续的 Token（片段）替换成 [MASK] 掩码，而片段的长度服从 $\lambda = 3$ 的泊松分布。当片段长度为 0 时，则相当于插入一个 [MASK] Token。句子排序（Sentence Permutation）是将文档中的句子顺序打乱。而文档旋转（Document Rotation）则是在文档中选取一个 Token 来作为文档的开头。同时，不同的噪声形式之间还能进行组合，见表 6-3。

表 6-3　不同噪声形式与其对应的作用

噪声形式	作　　用
Token 掩码	提升模型推理单个 Token 的能力
Token 删除	提升模型推理单个 Token 以及其对应位置的能力
文本填充	提升模型推理单个片段中包含 Token 数目的能力
句子排序	提升模型推理前后句之间关系的能力
文档旋转	提升模型识别文档开头的能力

▶▶ 6.2.3　BART 模型的应用

针对 BART 模型在下游任务上的微调及应用，主要选取了序列识别任务（Sequence Classification Task）和机器翻译（Machine Translation）来作为范例详细讲述 BART 是如何实现在下游任务上的有效微调。

对于序列分类任务，BART 将相同的输入传送到编码器和解码器中，并将最终解码器 Token 的最终隐藏状态输送到新的多类线性分类器（Multi-Class Linear Classifier）中。上述方法与 BERT 中的［CLS］Token 的作用类似。除此之外，BART 在序列的末尾添加了额外的 Token，以便最终的模型输出包含了序列中每一个 Token 的信息，如图 6-10 所示。

在机器翻译任务中，BART 将编码器中的嵌入层（Embedding Layer）替换为随机初始化的编码器（Randomly Initialized Encoder）。修改后的模型进行端到端的训练，同时训练新的编码器将外来词（新的语言）映射到 BART 可以解码到英文的空间。注意，新的编码器可以使用与原始 BART 模型不同的词汇表。具体的微调步骤可分为两步：第一步只对随机初始化的编码器、BART 的位置编码和 BART 的编码器的第一层中的自注意力输入映射矩阵进行更新，第二步更新所有的模型参数，但是只进行少量的训练，如图 6-11 所示。

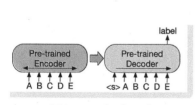

图 6-10　序列识别

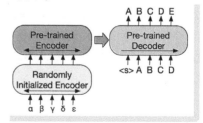

图 6-11　机器翻译

6.3　统一语言学习范式的 UL2 框架

上面，T5、BART 对自然语言处理任务的统一范式进行了初步尝试，提出了"文本到文本"的语言模型架构，取得了一定的成果。除此之外，UniLM 提出使用单个 Transformer 模型对多个语言建模目标进行训练。然而，随着自然语言处理领域的迅猛发展，如今的研究者们有大量的预训练模型（BERT、GPT、T5 等）可供选择，而最终的模型架构往往由需要完成的特定任务所决定。具体来说，什么是最优的模型架构？是使用编码器-解码器架构还是仅解码器架构？怎样设置准确的预训练目标？是采用 BERT 风格（BERT-Style）还是前缀语言模型？此类细粒度问题都完全取决于下游任务的选择。但是，是否能够预训练出在众多自然语言处理任务普遍表现优异的语言模型呢？针对这个问题，谷歌的研究者们提出了统一语言学习范式的 UL2 框架，在一系列的自然语言处理任务和设置中保持了稳定的高效性。

自然语言处理领域对通用模型的需求是显而易见的，因为这不仅允许集中精力改进和扩展单个模型，而不必在 N 个模型上分散资源。此外，在资源受限的情况下，只有少数模型可以被使用（例如，在设备上），最好有一个可以在多个类别的任务上表现良好的单一预训练模型。UL2 将模型架构与预训练目标进行了解构，而这两者在之前的预训练语言模型中常常混为一谈。然后为语言模型的预训练自监督任务提供了通用和统一的视角，并展示了不同的预训练目标之间可以如何进行转换。最后，UL2 进一步提出了混合去噪器（Mixture-of-Denoisers，MoD）将不同的预训练范式结合到一起，统一了语言学习范式。

▶▶ 6.3.1 关于语言模型预训练的统一视角

目前已有的语言模型预训练任务可以简单地表述为"输入到目标"的任务，其中输入指的是模型所依赖的任何形式的记忆或上下文，目标则是模型的预期输出。总体来说，预训练目标任务可大致分为 3 类：语言模型、片段损坏（Span Corruption）以及前缀语言模型。语言模型基于所有过往的时间步信息作为模型的输入，以预测下一个 Token，也就是所说的目标。在片段损坏中，模型利用来自过去和未来的所有未损坏的 Token 来预测输入中被损坏的文本片段。前缀语言模型则使用过去的 Token 作为输入，但对输入进行双向编码获取信息，这比在常用的语言模型中对输入进行单向编码提供了更强大的建模能力。

如果从统一的视角来看待这 3 类预训练任务（去噪任务），就可以发现它们之间实际上存在一定的联系。例如，在片段损坏目标中，当损坏的文本片段（即预训练目标）等于整个序列时，此时的问题实际上就转变成了一个语言模型问题。考虑到这一点，如果在使用片段破坏时，可以选取较大的被损坏的文本片段长度，便可以有效地模拟出输入序列局部区域的语言模型目标。

基于此观点进一步拓展，UL2 通过定义一个公式来将多个不同的去噪任务整合为一体。首先，去噪任务的输入和目标由 SpanCorrupt 函数生成，该函数包含 3 个参数 μ、r、n，其中 μ 是平均文本片段长度，r 是损坏率，n 是损坏文本片段的数量。值得注意的是，n 可以被设置为输入长度 L 和文本片段长度 μ 的函数，例如 L/μ。但在某些情况下，UL2 会选择使用固定的 n 值。给定输入文本，SpanCorrupt 函数会从均值为 μ 的（正态或均匀）分布中采样作为被损坏文本的长度。经过损坏后，输入文本将被传送到去噪任务参与预训练，最终损坏的文本片段将被作为去噪任务恢复的目标。举例来说，要使用上述提到的公式构建类似于因果语言模型的预训练目标，只需要设置 $\mu = L$, $r = 1.0$, $n = 1$，即单个文本片段，其长度等于整个输入序列的长度。为表示为一个类似于前缀语言模型的预训练目标，可以设置 $\mu = L\text{-}P$, $r = 1.0\text{-}P/L$, $n = 1$，其中 P 是前缀序列的长度，但同时需要附加一个约束，即单个损坏的文本片段始终到达序列的末尾。

此时注意，这种输入到目标的训练范式可以广泛应用于编码器-解码器模型架构和单部分 Transformer 模型（例如，仅解码器的模型架构）。至此，UL2 选择关注预测下一个目标 Token 的模型，而不是那些预测当前 Token 的模型（例如预测 BERT 模型中当前的掩码 Token［MASK］），因为预测下一个目标 Token 的模型范式更加通用且影响力更大，可以包含更多的任务，而不是使用特殊的［CLS］Token 和针对特定下游任务的预测头（Projection Head）。

▶▶ 6.3.2 结合不同预训练范式的混合去噪器

正如上面提到的，在训练前，如果有一个强大的通用模型框架来解决各种各样的问题，则可以大大降低在不同任务上设计各种模型架构和预训练任务的损耗。鉴于预训练通常是通过自监督完成的，UL2 认为应该将这种多样性注入模型的预训练目标中，否则模型可能会缺失某种能力，比如长距离连贯的文本生成能力。

基于上述的观点以及当前的预训练目标任务分类，UL2 定义了 3 种目前预训练使用的主要范式，如图 6-12 所示，其中灰色矩形部分是被遮住的 Token，作为预训练目标进行预测。

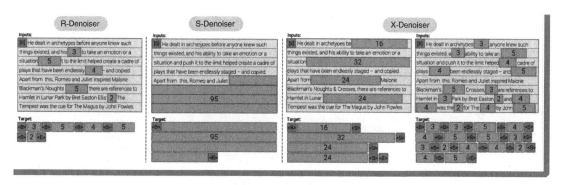

图 6-12　用于训练 UL2 的混合去噪器

1）R-去噪器（R-Denoiser）：R-去噪器是常用的去噪任务，也就是标准文本片段损坏，通常使用 2~5 个 Token 作为被损坏的片段长度，这种方法遮挡了大约 15% 的输入 Token。由于这些被遮挡的文本片段很短，可能有助于预训练模型获取文本相关知识，而不是学习如何进行流畅的文本生成。

2）S-去噪器（S-Denoiser）：S-去噪器是去噪任务的一种特殊情况，即在为"输入到目标"任务设置框架时，需要遵守严格的序列顺序，即前缀语言模型。为此，只需将输入序列划分为两个子序列，分别表示作为上下文和目标的 Token，有利于预训练目标不需要依赖未来的信息。这与标准的片段损坏目标不同，在标准的片段损坏中，目标 Token 的位置可能早于上下文的 Token。值得注意的是，与前缀语言模型的设置类似，上下文（前缀）会保留双向感受野（Receptive Field）。事实上，记忆很短或没有记忆的 S-去噪器与标准的因果语言模型具有相似的特性。

3）X-去噪器（X-Denoiser）：X-去噪器是一种极端的去噪方法，在这种方法中，模型需要基于给定的小部分或者中等部分的输入序列来恢复很大部分的原始输入序列，这模拟了预训练模型需要从信息相对有限的记忆中生成长序列目标的情况。为了做到这一点，UL2 选择了一些增强去噪的范例，其中大约 50% 的输入序列被遮住，而这是通过增加损坏片段长度或提高损坏率来实现的。UL2 中认为，如果预训练任务的片段很长（例如 ≥12 个 Token）或具有较高的损坏率（例如 ≥30%），那么该任务就是一个极端的预训练任务。X-去噪器的动机是作为标准片段损坏和类似语言模型的预训练目标之间的空白部分的填充。

总体而言，上述的所有去噪器与之前使用的目标函数有着紧密的联系：R-去噪器是 T5 模型片段损坏的预训练目标，S-去噪器则与 GPT 类因果语言模型关联颇深，X-去噪器进一步将 T5 和因果语言模型的预训练目标结合。从图 6-13 中可以发现，无论是仅解码器的前缀语言模型或者

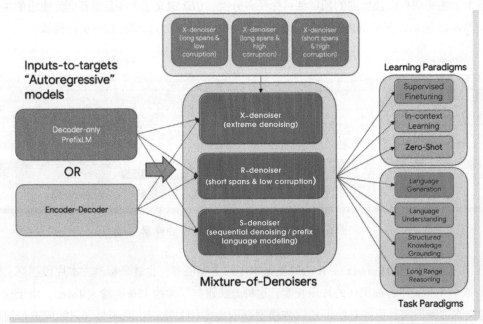

图 6-13　UL2 预训练范式概述

是"编码器-解码器"架构的语言模型,都可以利用 UL2 中的混合去噪器来对模型进行预训练,在多种不同学习范式[有监督微调(Supervised Finetuning)、上下文学习(In-Context Learning)、零样本(Zero-Shot)等]和不同任务范式[语言生成(Language Generation)、语言理解(Language Understanding)、结构化知识任务(Structured Knowledge Grounding)、远距离推理(Long Range Reasoning)等]的情景中都达到了相比之前所有语言模型最优的性能表现。

除此之外,X-去噪器也被联系起来以提高样本效率,因为在每个样本中模型可以学习到更多的 Token 来进行预测,这与语言模型的设想类似。UL2 以统一的方式将所有这些任务进行融合,从而得到一个混合的自监督目标。最终的预训练目标是 7 个降噪器的融合,其配置见表 6-4。

表 6-4 UL2 混合式去噪器的配置

去 噪 器	配 置
R-去噪器	$(\mu=3,\ r=0.15,\ n)\ \cup\ (\mu=8,\ r=0.15,\ n)$
S-去噪器	$(\mu=L/4,\ r=0.25,\ 1)$
X-去噪器	$(\mu=3,\ r=0.5,\ n)\cup(\mu=8,\ r=0.5,\ n)\cup(\mu=64,\ r=0.15,\ n)\cup(\mu=64,\ r=0.5,\ n)$

对于 X-和 R-去噪器,片段长度从平均值为 μ 的正态分布中采样。对于 S-去噪器,UL2 使用均匀分布,将损坏的片段数目固定为 1,并附加一个额外的约束,损坏的片段应在原始输入文本的末尾结束,即损坏部分后不应出现未裁剪的 Token。所以 S-去噪器大致相当于序列到序列去噪或前缀语言模型的预训练目标。

由于语言模型是前缀语言模型的特例,因此 UL2 并没有将因果语言模型任务包含到混合任务中。所有任务在混合任务中的参与程度大致相等。除此之外,UL2 还探索了一种替代方法,即将 S-去噪器的数量增加到所有混合的去噪器总数的 50%,而所有其他去噪器将占用剩余 50%。

多个实验结果表明,基于混合去噪器预训练出的模型在广泛的自然语言处理任务中都有出色的性能表现。然而,如果只选用某一种去噪器作为预训练目标时,模型性能往往会有损。例如,最初的 T5 模型探索了一种损坏率为 50%(X-去噪器)的预训练目标设置,但实验表明该设置下的预训练模型性能不佳。

值得一提的是,UL2 还通过模式切换(Mode Switching)引入了范式转换(Paradigm-Shifting)的概念。具体来说,即是在预训练期间,为模型提供一个额外的范式 Token,也就是上文提到的[R][S]和[X],这有助于模型切换不同去噪器模式并在更适合的模式下运行给定预训练任务。对于微调和下游的小样本学习(Few-Shot Learning),为了帮助预训练模型学习到更好的解决方案,UL2 还添加了一个关于下游任务的设置和需求的范式 Token。模式切换实际上将下游任务行为绑定到了在上游任务训练中使用的模式之一。

▶▶ 6.3.3 UL2 的模型性能

UL2 选取了多个不同的预训练目标作为基线测试来验证框架的有效性,其中包括因果语言模型(CLM)、前缀语言模型(PLM)、片段损坏(Span Corruption)、片段损坏+语言模型(SCLM)以及 UniLM。众多实验表明 UL2 在多个自然语言处理任务上的模型性能优于 T5 类和 GPT 类模型。

从图 6-14 可以发现,在"仅解码器"和"编码器-解码器"的模型架构设置中,UL2 在微调判别任务(Fine-Tuned Discriminative Tasks)和基于提示的一次开放式文本生成任务(Prompt-Based 1-Shot Open-Ended Text Generation)之间的性能平衡上相比现存的方法有了显著的改善。

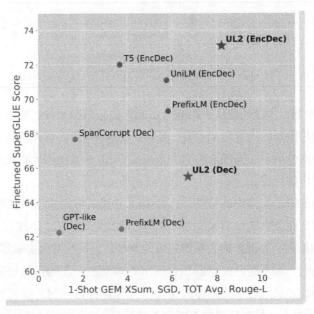

图 6-14 UL2 整体性能

所有预训练目标都是在"编码器-解码器"或仅解码器模型架构中实现的输入到目标的形式,因为 UL2 认为 BERT 风格的掩码语言模型预训练已经有效地包含在这种预训练风格中。同时 UL2 也没有使用特定于任务的分类头,因为它们显然违背了使用通用模型的原则,并且费时费力。

图 6-15 所示为与标准编码器-解码器片段损坏模型(T5)相比的相对性能。图中的结果以相对于基线测试的差值的百分比表示。带有 * 的模型表示主要比较的基线测试。UL2 在比较的 9 个自然语言处理任务中相比于基线都取得了性能上的一定提升,有效验证了 UL2 通过统一的预训练范式实现了在不同任务上的泛化能力,为语言学习范式的统一奠定了坚实的基础。

| Obj | Arch | SG | Supervised | | | SGL | One-shot | | | LM | All | Win |
			XS	SGD	TOT		XS	SGD	TOT			
CLM	Dec	-13.6	-9.2	-0.7	-3.0	+1.8	-91.7	-2.2	-90.5	+208	-31.7	2/9
PLM	Dec	-13.3	-9.2	-0.5	-2.8	+10.5	-85.6	+158	+205	+185	-11.0	4/9
SC	Dec	-5.6	-6.2	-0.6	-1.3	+0.05	-84.5	+54	-23.8	+99	-20.6	3/9
SCLM	Dec	-6.0	-6.5	-0.2	-2.0	+5.9	-59.6	-11.3	-95	+204	-16.1	2/9
UniLM	Dec	-10.1	-8.2	-0.2	-2.3	-5.3	-69.1	+382	+110	+200	-16.1	3/9
UL2	Dec	-9.0	-6.9	0.0	-1.4	+9.8	+6.9	+340	+176	+209	**+14.1**	5/9
PLM	ED	-3.7	+2.9	-0.2	-0.6	-0.86	-13.3	+397	+86	+199	+16.7	5/9
SC*	ED	0.0	0.0	0.0	0.0	0.0	0.0	0.0	0.0	0.0	0.0	-
SCLM	ED	+0.7	+2.1	-0.2	-0.5	+3.2	-31.6	+508	+248	+201	+28.3	7/9
UniLM	ED	-1.2	-0.2	+0.1	-0.4	+3.5	-11.0	+355	+95	+173	+19.8	5/9
UL2	ED	+1.5	+2.6	+0.5	+0.4	+7.2	+53.6	+363	+210	+184	**+43.6**	9/9

图 6-15 UL2 实验性能对比

6.4 T5 模型预训练方法和关键技术

本节专注于 T5 模型的实战训练，读者将全面了解 T5 模型预训练的关键技术以及模型的训练过程和代码实现。以下是训练 T5 模型的具体步骤。

1）准备数据集。按照适合特定 NLP 任务的文本对文本格式准备数据集。每个输入-输出对应为一个文本序列，其中输入转换为查询格式，输出为模型生成的目标文本。确保数据集经过适当的预处理，并分为训练集、验证集和测试集。

2）安装依赖项。

```
# 安装所需依赖项
pip install torch
pip install transformers
```

3）加载和分词数据集。

```
from transformers import T5Tokenizer
# 加载 T5 分词器
tokenizer = T5Tokenizer.from_pretrained('t5-base')
# 分词数据集
tokenized_dataset = tokenizer.prepare_seq2seq_batch(input_texts, target_texts, truncation=
True, padding=True)
```

4）定义 T5 模型结构。

```
from transformers import T5ForConditionalGeneration
# 实例化 T5 模型
model = T5ForConditionalGeneration.from_pretrained('t5-base')
```

5）准备用于训练的数据。

```
from torch.utils.data import DataLoader, TensorDataset
# 将分词后的数据集转换为 DataLoader 对象
dataset = TensorDataset(tokenized_dataset['input_ids'], tokenized_dataset['attention_mask'],
tokenized_dataset['labels'])
dataloader = DataLoader(dataset, batch_size=8, shuffle=True)
```

6）微调 T5 模型。

```
from transformers import AdamW

# 定义优化器和损失函数
optimizer = AdamW(model.parameters(), lr=1e-5)
loss_fn = torch.nn.CrossEntropyLoss()
# 微调循环
model.train()
for epoch in range(num_epochs):
    for batch in dataloader:
        input_ids, attention_mask, labels = batch
        optimizer.zero_grad()
        # 正向传播
        outputs = model(input_ids=input_ids, attention_mask=attention_mask, labels=labels)
        loss = outputs.loss
        # 反向传播
        loss.backward()
        optimizer.step()
```

第7章

作为通用人工智能起点的GPT系列模型

本章将深入探讨作为通用人工智能起点的 GPT 系列模型。首先，回顾 GPT 系列模型的起源，介绍 GPT 的训练方法和关键技术，并对其模型性能进行评估分析。接着，详细解释 GPT-2 模型的核心思想和模型性能。随后，深入探讨 GPT-3 模型，比较小样本学习、一次学习和零次学习的异同，并介绍 GPT-3 的训练方法和关键技术，对其模型性能和效果进行评估。最后，介绍 GPT-3 模型的构建和训练实战，包括构建 GPT-3 模型的过程以及使用异构训练降低训练资源消耗的方法。通过本章的学习，读者将全面了解 GPT 系列模型的背景、原理和性能，能够应用于通用人工智能领域，并掌握相关的模型构建和训练技巧。

7.1 GPT 系列模型的起源

在第 5 章中介绍了 BERT 使用大规模预训练的方法可以在各类自然语言处理（NLP）任务中取得令人惊艳的结果。然而，BERT 并不是最早提出预训练方法的工作。早在 BERT 之前，由美国的 OpenAI 公司研究的生成式预训练模型（Generative Pre-trained Transformer，GPT）中就提出了使用大量文本数据来预训练语言模型的概念。

GPT 的作者提出了将同一个模型运用于各类型自然语言处理（Natural Language Processing，NLP）任务的概念，并提出了可行的方法使 GPT 在 9 个不同的 NLP 下游任务中都取得了超越当时表现最佳模型（State-Of-The-Art，SOTA）的成绩。这一方法的核心思想是通过在大规模文本数据上进行自监督学习，让模型学习到语言的统计规律和语义表示。GPT 使用了 Transformer 模型结构，并通过堆叠多个 Transformer Decoder 层来实现预训练和下游任务的联合训练。

在 GPT 之后，GPT-2 进一步增加了预训练数据量和模型参数量，并提出了零次表现的概念（Zero-Shot Performance）。这意味着模型在预训练之后不需要通过任何其他训练，也能在 NLP 任务上取得不错的表现。GPT-2 的参数量达到了数十亿级别，它在生成文本、问答、摘要等任务上表现出了令人瞩目的能力。随后，GPT-3 以其惊人的 1750 亿参数量引发了巨大的关注。GPT-3 不仅在参数数量上刷新了人们对大语言模型（Large Language Models）的概念，而且在各类 NLP 任务上展现了令人惊艳的效果。例如，由 GPT-3 生成的新闻文稿已经达到了以假乱真的效果，通过一半的准确率可以判断新闻文稿是否是机器生成还是真人手写。

尽管 GPT-3 仍不能直接应用到现实业务中，但它为后续更为智能的模型（如 WebGPT、InstructGPT、ChatGPT 甚至 GPT-4 等）奠定了基础。这些模型在不同领域的应用前景非常广阔，如智能对话系统、知识问答、自动摘要等。通过进一步提升模型的规模、优化训练策略和加强模型的可解释性，GPT 系列模型将为实现更强大的通用人工智能迈出重要的一步。

在 GPT 出现以前，NLP 领域的各类任务（分类、蕴含、相似度、常识问答等）往往需要不同架构的模型，以及大量人工标注的数据进行训练。不同的模型架构为日常使用场景造成了很大的不便：使用者需要根据各类任务来运行不同的模型，增加了管理和存储上的困难。此外，这些模型都需要大量的人工标注进行训练，而人工标注耗时耗力，大幅延缓了 NLP 领域的研究进度。GPT 提出了将 NLP 的各类任务融合，从而使用同一个模型就能完成各类任务的目标。这个目标对模型的语言能力有着极高的要求。因此，GPT 首先通过大规模无监督学习的预训练方法，使基础模型具备较好的语言能力。然后，在基础模型上，使用少量人工标注的任务数据进行微调，即可达到在各任务上优秀的效果。这一方法由于 GPT 基础模型本身具备了一定的语言能力，可以节约对于人工标注量的需求，而在后续的使用上，GPT 的基础模型可以适用几乎所有 NLP 领域中的任务。

▶▶ 7.1.1 GPT 的训练方法和关键技术

GPT 的模型训练主要由两个部分组成，分别是无监督预训练和对应任务的有监督微调。GPT 的模型架构基本沿用了 Transformer 中的解码器结构（详情见第 4 章）。图 7-1a 所示的 GPT 整个模型共 12 层，采用掩码的自注意力机制（12 个自注意力头，768 个的词编码维度）。该模型一共训练了 100 个时期（Epoch），每个批次（Batch Size）64 个样本，总共参数量为 1.17 亿（更多模型细节请参考原文）。

1. 无监督预训练

GPT 的无监督预训练的训练目标以模型的语言能力（Language Modelling）为主，采用 Transformer 模型中的解码器（Decoder）结构。具体公式如下：

$$L_1(U) = \sum_i \log P(u_i \mid u_{i-k}, \cdots, u_{i-1}; \theta) \tag{7-1}$$

其中，k 是滑动窗口的大小，代表语言模型参考的输入长度，而 u_i 是训练文本中的每一个单独的字符。条件概率 P 是根据模型参数 θ 进行建模，即根据模型的参数和文本滑动窗口中出现的

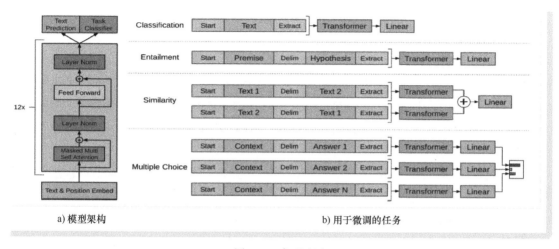

a) 模型架构　　　　　　　　　b) 用于微调的任务

图 7-1　实现任务

字符，来计算下一个字符是某个特定字符的概率。这个公式将每一个训练文本中的概率通过似然方程的方式叠加，来更好地更新模型的参数。在训练模型的过程中，模型参数 θ 会被不断迭代，使得训练样本中的下一个字符基于其前方 k 个字符的条件概率达到最高。例如，当训练文本为"无监督预训练的方法使得自然语言处理的研究取得重要突破"，而 $k=4^{\ominus}$，那么模型需要使每 4 个相连的字中后出现的下一个字的概率尽可能达到最高（如"无监督预"后"训"字的概率尽可能的高，"监督预训"后出现"练"字的概率尽可能的高等）。

这种方法无需对文本进行标注，就可以使用大量已有的文本信息来训练 GPT，使之拥有基础的语言能力。理想情况下，当模型的参数根据足够多且高质量的文本进行调整，那模型根据已有窗口内容而预测出较高概率的词汇也能符合自然语言的使用规则。例如，当给出模型一个不完整的句子，模型就可以根据给出的内容来补全这个句子，并使整个句子是符合语法和常理的。

具体而言，GPT 预训练使用的数据集为 BookCorpus，由 7000 本未发布的英文书籍组成。使用书籍作为预训练数据，一方面可以在文本质量上得到较高的保障，尤其是书籍上下文冗长、连贯，可以使模型学到更长的文本前后关系；另一方面，选择未发布的数据也避免了训练文本中包含下游任务的内容而导致数据污染的现象。虽然 GPT 主要在英文上进行训练，因此具备一定的英语语言能力，相似的逻辑亦可被运用到其他语言模型上（如中文、法语等），甚至也有其他科研工作者进行跨语言模型（Multi-Lingual Language Models）的研究（因这不属于本部分的重点，不在此详述）。

⊖　在实际训练中，k 的数值远大于 4，可以采取 512、1024、2048 甚至更高的数值。

2. 有监督微调

当得到了已经具备一定语言能力的模型后，可以使用具体任务的标注数据对这个模型进行进一步的微调。微调即使用新的训练目标（Training Objective）和损失函数（Loss Function）来更新模型的参数。在预训练的过程中，训练目标即是模型拥有一定的语言能力，损失函数如公式（7-1）所示。而微调则可以通过使用特定任务的损失函数，使模型具备更好地处理特定任务的能力。对于任意一个有标签的任务，都可以定义合适的损失函数，微调模型参数来使模型能更好地处理训练集中的任务。

前面提到，不同的任务的输入、输出各有不同，因此在 GPT 的概念被提出之前，各个任务都有其特定的模型架构。然而，GPT 可以通过将各个任务各自拼接成一个单一输入的方法，来达到使用同一个基础的模型架构（即预训练完成后的模型）来完成多个任务的目标。

图 7-1a 所示为仅仅通过一个 12 层的 Transformer 解码器架构，GPT 就可以实现两个大类型的任务，分别是字符预测（Text Prediction）和分类（Task Classifier）。这两个大类型的任务又可以被细化到 NLP 具体的下游任务中。图 7-1b 所示的每一行代表了一个类型的任务。所有的任务都有起始序列（Start）和终止序列（Extract）拼接在前后，用来明确输入的范围。分类（Classification）型任务的主要内容只有一个文本（Text），直接放在起始、终止序列中间组成一个整输入；蕴含（Entailment）和语义相似度（Similarity）类型任务则有两段文本（分别为 Text 1 和 Text 2），两段文本中间可以由分隔符（Delim）分开，再放入起始、终止符中间，组成一整个输入。对于多选题（Multiple Choice），则将每个选项（Answer N）都和背景文字（Context）拼接（由分隔符分开），放入起始、终止符后组成各个输入，依次通过模型（Transformer）得到输出，再将所有模型全连接层（Linear）的输出通过归一化从而得到各个选项的被选择概率。

▶▶ 7.1.2 GPT 的模型性能评估分析

完成预训练阶段的 GPT 基础模型，在 12 个 NLP 的下游任务上进行了微调。这些任务包括自然语言推理（Natural Language Inference），问答（Question And Answering），语义相似度（Semantic Similarity），和文本分类（Text Classification）等任务。在这 12 个任务中，不同于其他模型在单个任务上的使用，GPT 仅仅用一个通用的模型（经过各类任务的微调）就达到了 9 个任务的最佳表现。

此外，从 GPT 的模型的研究中也可以看出预训练对下游任务提升的重要性。图 7-2 所示为和 GPT 一样框架的模型在一个中小学生英语阅读理解考试的数据（RACE）和一个跨类型自然语言推理数据集（MultiNLI）上的任务表现。左侧纵轴的指标是模型在 RACE 任务上的准确率，右侧纵轴是模型在 MultiNLI 任务上的准确率。横轴从左到右是使用了预训练的模型层数。其中实线（RACE/MultiNLI Dev）指模型在对应任务的开发集（Development Set）上的表现，而虚线

（RACE/MultiNLI Train）则指模型在对应任务的训练集（Training Set）上的表现。可以看出，随着使用预训练的层数的增加，模型不但能在训练集上学习得更快，而且学习到的知识也能体现在更好地开发集的表现上。由此，预训练实实在在地可以提升模型在下游任务的表现。

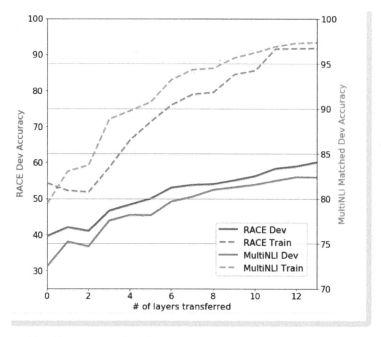

图 7-2 增加使用预训练模型中层数后对 RACE 和 MultiNLI 任务表现的影响

此外，为了验证 GPT 使用 Transformer 作为底层框架的合理性，通过图 7-3 来比较使用两种不同的模型架构在 4 个不同下游任务上的零次表现（Zero-Shot Performance）。零次表现即在完成预训练之后不再进行模型微调，而直接使用基础模型来完成测试任务。因此，不同模型架构通过预训练得到的处理下游 NLP 任务的能力也可以通过零次表现来体现。被比较的模型架构分别为 Transformer（GPT 的基础架构）和长短期记忆网络（Long Short-Term Memory，LSTM），4 个下游任务分别为情感分析（Sentiment Analysis）、威诺格拉德模式挑战（Winograd Schema Resolution）、语言可接受性（Linguistic Acceptability）和问答（Question Answering）。在图 7-3 的横轴最右侧（数值 10^6 处），实线从上到下分别代表 Transformer 架构在情感分析、威诺格拉德模式挑战、语言可接受性和问答任务上的表现，虚线从上到下则分别代表 LSTM 架构在情感分析、语言可接受性、威诺格拉德模式挑战和问答任务上的表现。

图 7-3 中纵轴是将各类任务归一化后的模型对应表现，而横轴是预训练中参数更新的次数。可以看出，随着预训练量的增加，两种框架都取得了一定提升。然而，Transformer 架构更为稳定，并可以取得更高的提升。因此，GPT 基于 Transformer 的框架进行训练是合理的。

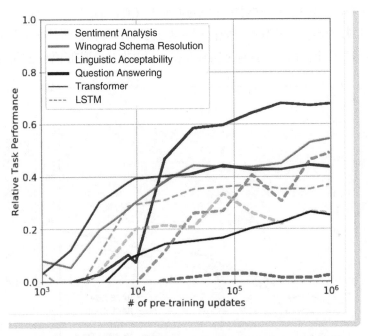

图 7-3　增加预训练更新次数在各任务上零次表现的效果

GPT 在各类型任务上的优秀表现，验证了语言模型预训练的重要性和 Transformer 架构的优越性，并展现了同一个预训练模型可以被运用到各类型 NLP 下游任务的广阔前景。GPT 是一个较为早期的预训练语言模型工作，在 GPT 之后，陆续出现了其他各类优秀的预训练语言模型（如第 5 章中介绍的 BERT，第 6 章中介绍的 T5 等），延续了 GPT 中提出的先进行预训练，再进行具体下游任务有监督微调的步骤。可以说，GPT 是预训练模型的开山之作，对之后 NLP 语言模型的研究起到了至关重要的影响。

7.2　GPT-2 模型详解

本节将对 GPT-2 模型进行详尽的解析。GPT-2 是一种开创性的语言模型，它的设计思想和卓越性能在自然语言处理领域产生了深远影响。本节主要由两个子节组成，分别深入探讨了 GPT-2 的核心思想以及其模型性能。首先，全面解析了 GPT-2 模型的设计理念和架构，以及如何利用大规模无标签数据进行预训练。接着，对 GPT-2 的性能进行了深入的评估和解析，详细分析 GPT-2 在多个标准 NLP 任务中的性能，包括文本生成、阅读理解、摘要等，并对其表现进行详细的解读。此外，这一部分还将探讨 GPT-2 的模型性能随着模型大小的增长如何变化，以及如何根据特定任务需求选择合适规模的 GPT-2 模型。

通过本节，读者将深入理解 GPT-2 的设计理念、架构和性能表现。无论是从理论深度，还是从实践角度，都为读者提供了关于 GPT-2 模型的全面解析。

▶▶ 7.2.1 GPT-2 的核心思想

前一节中可以看到，GPT 在特定任务上的零次表现也会随着预训练量的增加而取得提升，即不在下游任务上进行有监督学习，只是通过增加语言模型的无监督学习（预训练），也可以得到更好的结果。那么，如果通过不断地增加预训练的训练数据量，是否就可以不断地取得模型的零次表现的提升呢？如果这个提升有着很高的上线，那就意味着可能不需要进行任何额外的需要人工标注数据的有监督学习，就可以使各类型的 NLP 任务取得很大的突破。

模型不需要进行额外的人工标注和训练就可以完成任务对于机器智能的意义是里程碑式的。例如，常见的深度学习模型需要通过学习几万张图片才能判断某一张图片中的动物是猫还是狗，而人已经在孩童的时期就掌握了这个知识，因此不需要再学习任何图片就可以直接判断某张图片中的动物是猫是狗。预训练的过程就类似于人在孩童时期的学习，当完成预训练后，在理想的情况下，随机给模型一个任务，模型就能成功完成（即完美的零次表现）。这也是 GPT-2 的主要目标。

GPT-2 的中心思想是通过增加预训练数据量和模型大小来提升模型的泛化性，从而达到模型在各个下游任务上不需要通过任何训练就可以取得较好的效果。因此，在模型架构上，GPT-2 除了一些细节的改动，其他基本与 GPT 一致，也采用了 Transformers 架构的解码器方式，此处不做赘述。需要注意的是，GPT-2 的作者对相同架构的 4 个不同大小的模型进行了预训练实验。如图 7-4 中所示，第一列为模型参数量。第二列为模型层数。第三列为嵌入层维度，4 个模型的参数量分别为 1.17 亿（117M，与 GPT 相同的参数量）、3.45 亿（345M）、7.62 亿（762M）和 15.42 亿（1542M），以指数倍增长。在之后的内容中，如果没有明确指明参数量，默认 GPT-2 指其中参数量最大的 15.42 亿的模型。

Parameters	Layers	d_{model}
117M	12	768
345M	24	1024
762M	36	1280
1542M	48	1600

图 7-4 实验中 4 个模型参数量和超参设置

当模型参数量有了极大的增加后，用于 GPT 预训练的数据量已经不足以支持 GPT-2 的训练了。互联网上的数据（如 Common Crawl）因为量大、范围广、获取成本低，有着作为预训练数据的潜力。然而，很难控制互联网上的数据质量。例如，很多数据可能存在着大量语法、逻辑错误、偏见甚至极端言论，有些甚至毫无意义，无法对模型的语言能力起到正向的作用。因此，互联网上的数据往往需要经过大量的数据删选和数据清理才能用于模型训练。

GPT-2 的作者最终整理了一个 40GB 的数据（WebText），由一个社交网络平台（Reddit）上取得至少 3 个点赞数量（在 Reddit 网站上称作 Karma）的文章处理得来。此处的点赞数量被当作了一个数据质量的指标，可以保障被选取的数据至少对于部分读者来说是有意义的。由于网络数据的多样性，即便 GPT-2 的主要目标语言是英语，预训练数据中也包含了一些其他语言的信息。如图 7-5 所示，训练数据的英语中掺杂着其他语言（加粗部分的内容为法语及与其对应的英语翻译），而其他语言的语义也可以根据英语的背景被推测出（中括号中英文内容为可以根据语境推测出的英文含意）。如第二行中加粗的法语内容，在英文中意思为"我不是一个傻瓜（I'm not a fool）"。这些掺杂着其他语言的内容为提升 GPT-2（甚至 GPT-3）的翻译能力起到了一定作用，这部分将于后序内容中详述。此外，预训练数据还需要去掉包含下游任务中测试集的数据，以防造成数据污染导致的模型在评测任务中"作弊"——即取得超过模型本身能力的得分。

> "I'm not the cleverest man in the world, but like they say in French: **Je ne suis pas un imbecile [I'm not a fool]**.
>
> In a now-deleted post from Aug. 16, Soheil Eid, Tory candidate in the riding of Joliette, wrote in French: "**Mentez mentez, il en restera toujours quelque chose**," which translates as, "**Lie lie and something will always remain.**"
>
> "I hate the word '**perfume**,'" Burr says. 'It's somewhat better in French: '**parfum**.'
>
> If listened carefully at 29:55, a conversation can be heard between two guys in French: "**-Comment on fait pour aller de l'autre coté? -Quel autre coté?**", which means "**- How do you get to the other side? - What side?**".
>
> If this sounds like a bit of a stretch, consider this question in French: **As-tu aller au cinéma?**, or Did you go to the movies?, which literally translates as Have-you to go to movies/theater?
>
> "**Brevet Sans Garantie Du Gouvernement**", translated to English: "**Patented without government warranty**".

图 7-5　预训练数据 WebText 中包含的英语以外的语言

（加粗部分为法语及其对应的英译）

▶▶ 7.2.2　GPT-2 的模型性能

在大量的预训练数据和大于 GPT 十倍的参数下，GPT-2 的效果取得了再一次的提升。如图 7-6 所示，第一行是每个语言任务的缩写，小括号内为对应任务表现的衡量单位。PPL 即 Perplexity（困惑度），数值越小则表现越好。ACC 即 Accuracy（正确率），数值越高则表现越好；BPB（Bits Per Byte）和 BPC（Bits Per Character）都是基于困惑度的指标，数值越低则表现越好。第二行 SOTA 即 Start-Of-The-Art，是同时期在各类任务上除 GPT-2 以外表现最好的模型。第三至六行则代表了不同参数量（从 1.17 亿到 15.42 亿）的 GPT-2 框架的模型在各类任务上的表现。好的语言模型任务表现代表着模型优秀的语言能力。在被测试的 8 个语言模型的任务中，15.42

亿参数量的 GPT-2 在 7 个任务上取得了最优表现。同时也可以看出随着模型参数量的不断增加，模型的零次表现也不断提升。

	LAMBADA (PPL)	LAMBADA (ACC)	CBT-CN (ACC)	CBT-NE (ACC)	WikiText2 (PPL)	PTB (PPL)	enwik8 (BPB)	text8 (BPC)	WikiText103 (PPL)	1BW (PPL)
SOTA	99.8	59.23	85.7	82.3	39.14	46.54	0.99	1.08	18.3	21.8
117M	35.13	45.99	87.65	83.4	29.41	65.85	1.16	1.17	37.50	75.20
345M	15.60	55.48	92.35	87.1	22.76	47.33	1.01	1.06	26.37	55.72
762M	10.87	60.12	93.45	88.0	19.93	40.31	0.97	1.02	22.05	44.575
1542M	8.63	63.24	93.30	89.05	18.34	35.76	0.93	0.98	17.48	42.16

图 7-6　不同参数量的 GPT-2 模型在 8 类语言模型类任务上的零次表现

此外，图 7-7 展示了 GPT-2 随着不同参数量在其他 4 类下游任务上的零次表现。4 个任务从左到右分别为阅读理解（Reading Comprehension）、机器翻译（Translation）、摘要（Summarization）、问答（Question Answering）。每个图中，纵轴代表了各个任务的衡量单位（越高则表现越好），横轴则是 GPT-2 模型不同的参数量，分别由实线中的 4 个点代表 4 个不同参数量的 GPT-2 模型。图中水平的虚线则代表各个基线模型（即被比较的其他模型）在相应任务上的表现。令人欣喜的是，GPT-2 在阅读理解的任务上超越了 3 个基线模型（即 Seq2Seq、PGNet 和 DrQA）的表现，但离真人的表现还有着较大的差距。需要注意的是，阅读理解任务上的极限模型都使用了任务数据进行训练，而 GPT-2 只采取了预训练。在机器翻译上，GPT-2 也有着不错的表现。这与包含了部分英语以外语言的 WebText 数据集息息相关，GPT-2 通过仅仅少数包含其他语言的预训练，已经具备了初步的机器翻译能力。然而，在摘要任务上 GPT-2 的零次表现非常不理想，几乎和随机抽取三句句子作为摘要的成绩（Random-3）类似，在问答任务上表现则远远低于其他模型（图中 Open Domain QA Systems 两边的双向上箭头代表开放式领域问答系统的表现远超目前 GPT-2 的表现）。即便如此，图 7-7 中再次显现出和语言任务上相同的趋势：随着模型参数量的增加，模型

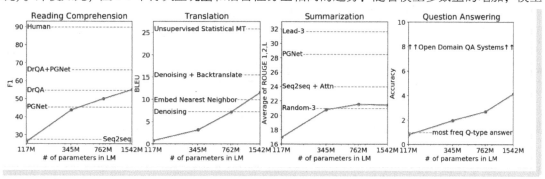

图 7-7　不同参数量的 GPT-2 模型在 4 个下游任务上的零次表现

在各个任务上的表现都能取得提升。甚至可以看出，即便 GPT-2 在问答任务上的表现并不好，随着模型参数量的上升，模型表现的提升更大，即 GPT-2 在这类型的任务上，通过进一步增加模型参数，很可能有着更多的提升空间。

GPT-2 验证了随着模型参数量的上升，仅仅通过完成预训练，同一个模型就可以在语言能力型任务及各类 NLP 下游任务上直接取得较好的零次表现的成绩。同一个模型在不同任务上的表现都很好，也代表该模型的泛化性较强，即可以很好地适应于不同的任务。同时，网络数据也在 GPT-2 的性能提升中起到了关键作用。即便网络数据存在着许多质量问题，但其本身庞大的数据量可以支撑 GPT-2 模型需求较大的参数量来学习到较好的语言能力。这里可以看出，即使 GPT-2 在当前一些任务的表现上比不过已有的有监督训练模型，但它的潜力并没有被完全挖掘，这也是 GPT-3 的探索方向。

7.3 GPT-3 模型详解

从 GPT-2 中可以得出预训练的数据量和模型的大小都对模型的泛化性起到了至关重要的结果。然而，GPT-2 的零次表现在很多任务上依旧有所欠缺。GPT-3 在 GPT-2 的基础上，主要通过 3 个角度来进一步提升模型的能力。1）增加模型大小。GPT-3 的 1750 亿的参数与 GPT-2 的 15.42 亿参数相比可谓小巫见大巫。2）增加预训练数据量。为了训练 GPT-3 大幅度增加的参数量，GPT-3 的预训练数据集大小也由 GPT-2 中使用的 WebText 的 40 GB 急剧扩充到了 570 GB。3）使用语境学习（In-Context Learning，又称上下文学习）。当零次表现的成绩欠佳，那也可以退而求其次，通过小样本示例的方式来取得更好的模型表现。虽然理想情况是优秀的零次表现，但是在现实中，即便对于真人来说，不给任何例子就答对每一个问题也是十分困难的。更为可靠的方式是给出几个少数的例子作为示范，然后再提出同一类型的问题来获得答案。这便是语境学习。这一概念由 GPT-3 提出，并很快演变成了衡量大语言模型能力的一个重要指标，这个将在下面重点阐述。

▶▶ 7.3.1 小样本学习、一次学习与零次学习的异同

GPT-3 中首次提出了语境学习的概念。虽然语境学习中用了"学习"二字，这个方法不涉及根据具体数据集来更新模型参数，与传统微调模型的方法有着很大的区别。语境学习更像是如何应用已经完成预训练的大语言模型（Large Language Models，LLM）的方式。如图 7-8 所示，图上方的箭头代表了模型在无监督预训练中不断迭代的过程，而深色背景的 3 列则代表了不同的任务。GPT-3 中提出的理念是，语言模型在预训练的过程中已经习得大量知识，包括完成深色背景中示例的不同任务的知识。而仅仅需要通过特定的语境来唤醒 GPT-3 对于这些任务的知识，

使其能更好地完成不同的任务。例如，图 7-8 的深色背景从左到右分别展示了加法运算的语境、英文单词拼写纠错的语境，以及英语单词翻译法语单词的语境。在提供了相应的语境作为背景知识后，GPT-3 就可以很好地完成对应的任务。语境学习在中心思想上延续了 GPT，GPT-2 想要用同一个模型来完成各类 NLP 下游任务的目标，只不过比起 GPT 需要在各类任务上微调更为便捷，比起 GPT-2 的零次表现，取得了更大的突破性效果。

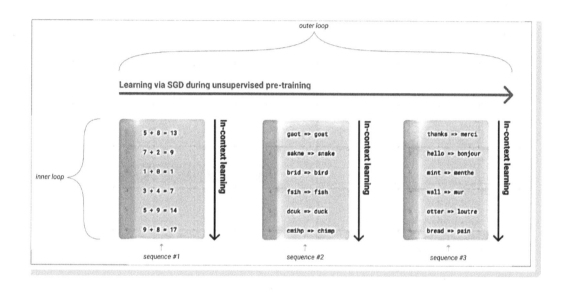

图 7-8　语境学习示例

语境学习分为 3 种模式，图 7-9 的左列从上到下，分别为零次（Zero-Shot）示例、单次（One-Shot）示例和小样本（Few-Shot）示例。其中，零次示例（或零次学习）和 GPT-2 中已经提到的零次表现相同，即不对模型进行调参，给出任务指令和问题，直接让模型完成某个特定的任务。图 7-9 左列最上方的图所示，直接给出让模型将英文翻译成法语的指令，并给出一个英文单词 cheese（芝士），然后期待模型可以给出对应的法语单词。单次示例即在不对模型进行调参的前提下，将某个任务的指令，这个任务的一个示例问题和答案作为前缀加在任务问题之前，一起输入模型。图 7-9 左列居中的图所示，想让模型写出芝士的法语单词（任务问题），就将"将英语翻译为法语"的任务指令，以及海獭（sea otter）的英语法语对应单词放在芝士的英文单词之间作为示例样本，一起输入模型。小样本示例则和单次示例相似，只不过将单个的样本改成了多个。图 7-9 左列的最下方图所示，比起单词示例，示例样本增加了薄荷（peppermint）、毛绒长颈鹿玩具（plush giraffe）的英法单词示例。实际操作中，根据任务需要，小样本示例的样本可以从 2 个、4 个、8 个一直到上百个[⊖]不等。

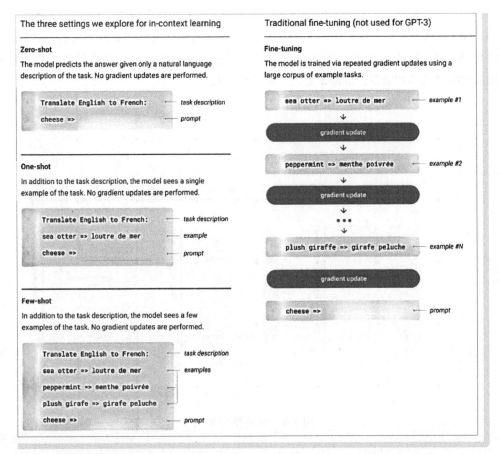

图 7-9　语境学习中的零次示例、单次示例和小样本示例（左侧）与传统微调（右侧）的对比

　　语境学习与传统机器学习最大的区别是，在完成预训练以后，不需要更新模型的参数。图 7-9 的右列对比了传统微调模型的方法。传统微调的方法会使用每一个样本对模型进行训练，不停地对模型的参数进行更新。然而，语境学习则不需要更新模型参数。当模型完成大规模预训练时，就已经一劳永逸地完成了所有需要调整参数的环节。

▶▶ 7.3.2　GPT-3 的训练方法和关键技术

　　GPT-2 已经初步探索了 4 个不同大小的模型（从 1.17 亿增加到 15.42 亿）在相同任务上的表

⊖　因为相对于机器学习动则成千上万的训练数据，即使百个的训练数据也可以被称作"小样本"。

现变化。GPT-3 依旧基于 GPT-2 的架构，但是在模型大小上做出了重大突破：研究了从 1.25 亿直至 1750 亿大小的 8 个模型在海量数据预训练下的结果。如图 7-10 所示，GPT-3 包括了 8 个不同参数量的模型（每一行对应一个模型。第一列为模型名称。第二列为参数量。第三列为层数。第四列为嵌入层的维度。第五列为注意力头的数量。第六列为注意力头的维度。第七列为训练单批次的样本数。第八列为学习率），参数量以指数级增长，分别是 GPT-3 Small（1.25 亿参数），GPT-3 Medium（3.5 亿参数），GPT-3 Large（7.6 亿参数），GPT-3 XL（13 亿参数），GPT-3 2.7B（27 亿参数），GPT-3 6.7B（67 亿参数），GPT-3 13B（130 亿参数），GPT-3 175B（1750 亿参数）。下面，如果没有明确说明参数量，GPT-3 代指 1750 亿参数级的模型。从图 7-10 可以看出，在增加模型参数量的过程中，GPT-3 采取了更为扁平的架构——最大模型的层数只是最小模型的 8 倍（参考 n_{layers} 列，从 12 层到 96 层），然而词编码维度却扩充到了 16 倍（参考 d_{model} 列，从 768 维到 12288 维）。更为扁平的模型因为层数相对较少，与其他相同参数量的模型相比，在运行（训练和推理）速度上有一定优势。此外，也可以观察到对于更多参数量的模型，训练单批次的样本数也更大（参考 Batch Size 列，从 500 万到 3200 万的单批次样本数），且学习率也相应地降低（参考 Learning Rate 列，从 6.0×10^{-4} 到 0.6×10^{-4}）。随着模型参数量的大幅度增加，如何稳定的训练好大模型，也是一个科研难点。

Model Name	n_{params}	n_{layers}	d_{model}	n_{heads}	d_{head}	Batch Size	Learning Rate
GPT-3 Small	125M	12	768	12	64	0.5M	6.0×10^{-4}
GPT-3 Medium	350M	24	1024	16	64	0.5M	3.0×10^{-4}
GPT-3 Large	760M	24	1536	16	96	0.5M	2.5×10^{-4}
GPT-3 XL	1.3B	24	2048	24	128	1M	2.0×10^{-4}
GPT-3 2.7B	2.7B	32	2560	32	80	1M	1.6×10^{-4}
GPT-3 6.7B	6.7B	32	4096	32	128	2M	1.2×10^{-4}
GPT-3 13B	13.0B	40	5140	40	128	2M	1.0×10^{-4}
GPT-3 175B or "GPT-3"	175.0B	96	12288	96	128	3.2M	0.6×10^{-4}

图 7-10　GPT-3 中训练的 8 个不同大小模型的具体细节

在训练数据上，GPT-3 也不得不吸纳一些质量相对于书籍较低的网络数据（Common Crawl）来大幅度扩大预训练的数据量，用于支撑极大的模型的预训练。图 7-11 展示了训练 GPT-3 所用到的所有预训练数据集（每一行对应一个数据集。第一列为数据名称。第二列为数据集的词量。第三列为训练时的使用比例。第四列为模型完成预训练时在每个数据上完成的训练时期）。其中，Common Crawl（已经过数据清理）为预训练提供了 4100 亿的词量，而两个书籍的数据只能分别提供 120 亿和 550 亿。在预训练过程中，数据质量、数量对于语言模型的最终表现都是至关重要的。网上数据，即便进行了大量的数据清洗，在数据量上有着绝对优势，在质量上依旧良莠不齐。因此，GPT-3 虽然使用这些网上数据，但是在训练时掺入更高比例的其他高质量数据。图 7-11 的第 3 列中显示当 GPT-3 完成预训练时，Common Crawl 的数据只被使用了 0.44 个时期

（Epoch），而高质量的书籍数据 Books1 则被使用了 1.9 个时期。即便 Common Crawl 在字符量上几乎是 Book1 的 34 倍（4100 亿相对于 120 亿），在总体训练比例上却仅仅是 Book1 的 7.5 倍（60% 相对于 8%）。这种方法会造成模型对于书籍的数据小幅度的过拟合（Overfit）。即便如此，GPT-3 的作者认为这种方法对于提升模型的综合能力利大于弊。有趣的是，可以看到 GPT-3 仅仅训了 3000 亿的词汇量，并没有完全用到所有的预训练数据，而根据 GPT-3 的作者观察，GPT-3 整体的模型仍在整体上处于欠拟合（Underfit）状态，即继续预训练对于模型会有更多的帮助。

Dataset	Quantity (tokens)	Weight in training mix	Epochs elapsed when training for 300B tokens
Common Crawl (filtered)	410 billion	60%	0.44
WebText2	19 billion	22%	2.9
Books1	12 billion	8%	1.9
Books2	55 billion	8%	0.43
Wikipedia	3 billion	3%	3.4

图 7-11　GPT-3 的预训练数据

▶▶ 7.3.3　GPT-3 的模型性能与效果评估

图 7-12 所示为 GPT-3 在 3 种不同语境学习的设定下在 42 个不同任务上的表现（实心蓝线：零次示例的平均表现。实心绿线：一次示例的平均表现。实心灰线：小样本示例的平均表现。其他浅色线：模型在各个任务上的表现）。图中 3 条实线代表了 GPT-3 模型在 42 个以准确率为主的基准（Benchmark）任务上的平均值。横轴从左到右每一个原点则代表不同大小的预训练模型。对此，可以从 GPT-3 上得出与 GPT-2 相似的结论：当模型越大，平均任务表现就越好。而在语

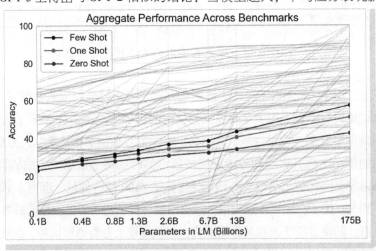

图 7-12　GPT-3 不同模型大小和语境学习模式在 42 个以准确率为主的基准任务上的表现

境学习的 3 种模式中，以小样本示例模式代表的灰线表现最优，且随着模型的增大而提升空间越大。前面介绍的 GPT-2 零次学习，在图 7-12 中类似于横轴 1.3B 处对应的蓝色实心圆点。不难看出，GPT-3 中的最右侧灰点已经远超 GPT-2 的表现。

总体来说，GPT-3 的表现已经达到了令人惊艳的效果。仅仅使用无标注、无监督的数据完成模型预训练之后，GPT-3 在语言建模（Language Modelling）类型的任务上超越了大多数当时最先进的模型，且在其他 NLP 下游任务中也超过了很多用标注数据微调后的最先进模型。在美国高考（SAT）的模拟测试下，GPT-3 甚至达到了 65% 的准确率，而平均大学申请者的准确率仅为 57%。GPT-3 在新闻生成任务上甚至达到了以假乱真的效果——只有 52% 的被测试人员可以成功看出文章内容是由机器生成、而非人工书写的。

此外，虽然 GPT-3 中的训练数据中英文包含了约 93% 的总训练词数，它在机器翻译的任务上也贴近甚至超越了当时最先进的有监督训练模型。图 7-13 所示的第一行箭头左侧是被翻译的语言，右侧为翻译目标语言。En 为英语、Fr 为法语、De 为德语、Ro 为罗马尼亚语，第一列是对比模型的名称，即使 GPT-3 在将英文翻译成其他语言（见 En→Fr、En→De、En→Ro 列）的表现欠佳，它在将其他语言翻译成英文（见 Fr→En、De→En、Ro→En 列）的表现及其优秀。图 7-13 的第一行（SOTA）代表了当时有监督学习训练的最优模型的表现，而 GPT-3 的小样本学习模式几乎都超越了外文翻译英文的模型（除了罗马尼亚语翻译英文的任务，GPT-3 小样本学习的表现和 SOTA 的表现相差不远）。这很有可能与 GPT-3 在英语上强大的语言建模能力有关，而即使通过少数的外文预训练数据，GPT-3 也建立起了这些语言和英语的联系。当然，这也和网络数据中包含了部分其他语言的信息（见图 7-5）息息相关。

Setting	En→Fr	Fr→En	En→De	De→En	En→Ro	Ro→En
SOTA (Supervised)	45.6[a]	35.0[b]	41.2[c]	40.2[d]	38.5[e]	39.9[e]
XLM [LC19]	33.4	33.3	26.4	34.3	33.3	31.8
MASS [STQ+19]	37.5	34.9	28.3	35.2	35.2	33.1
mBART [LGG+20]	-		29.8	34.0	35.0	30.5
GPT-3 Zero-Shot	25.2	21.2	24.6	27.2	14.1	19.9
GPT-3 One-Shot	28.3	33.7	26.2	30.4	20.6	38.6
GPT-3 Few-Shot	32.6	39.2	29.7	40.6	21.0	39.5

图 7-13 GPT-3 在机器翻译上的表现

虽然 GPT-3 在多个任务上表现尚佳，但是离 GPT-2 中提出的万能模型的理想还有着不小的距离。GPT-3 在常识逻辑等任务上的表现依旧欠佳，此外，由于训练语料中很难去除偏见、刻板印象，甚至其他不实内容，GPT-3 并不适合直接被应用到业务场景中。而且对于像 GPT-3 类型的大型语言模型，预训练是一个极其耗材耗力的工作。预训练 GPT-3 需要上千的以 PetaFlops/s-day 为单位的算力，每一个单位即每秒千万亿词的计算机运行一天的消耗总量。能支持起像 GPT-3 一样模型的训练的机构可能在世界范围内也屈指可数。一旦完成预训练，除非继续训练，否则

GPT-3 模型的内容得不到更新，例如 GPT-3 在 2020 年完成预训练，那这个模型就不包含 2020 年之后的知识，而不断地多次预训练也会造成 GPT-3 模型损耗大量资源。此外，语言模型是概率性生成，有着生成错误内容（Hallucinations，幻觉）的通病。这些问题都有待解决。

7.4 GPT-3 模型构建与训练实战

本节将深入研究并实践如何构建和训练 GPT-3 模型。GPT-3 是一种创新性的大规模语言模型，以其庞大的参数数量和出色的性能著称。本节主要分为两个部分，分别针对如何构建 GPT-3 模型和如何使用异构训练降低其训练消耗的资源进行详细讨论。首先，将详细讲解如何构建 GPT-3 模型，包括模型的架构设计、模型的配置和模型的实现等细节。我们会介绍 GPT-3 的核心组件，比如自我注意力机制，同时也会讨论如何处理大规模的模型，例如通过模型并行化等方法解决模型存储和计算问题。读者通过本节，将能够了解并掌握如何实际构建一个 GPT-3 模型。接下来，将探讨如何使用异构训练策略来降低 GPT-3 的训练资源消耗。这包括利用不同类型的计算资源（例如，CPU、GPU 和 TPU）以及如何使用模型并行、数据并行和流水线并行等高效的分布式训练策略。本节旨在让读者了解并应用这些技术，以在实际训练过程中降低资源消耗，提高训练效率。

通过本节的学习，读者将获得构建和训练大规模语言模型 GPT-3 的实战经验，同时理解和掌握如何降低训练资源消耗，提高训练效率的有效方法。

▶▶ 7.4.1 构建 GPT-3 模型

1. 步骤预览

1）基于 colossalai/model_zoo 定义 GPT 模型。

2）处理数据集。

3）使用混合并行训练 GPT。

2. 项目依赖

```
import json
import os
from typing import Callable

import colossalai
import colossalai.utils as utils
import model_zoo.gpt.gpt as col_gpt
import torch
import torch.nn as nn
```

```
from colossalai import nn as col_nn
from colossalai.amp import AMP_TYPE
from colossalai.builder.pipeline import partition_uniform
from colossalai.context.parallel_mode import ParallelMode
from colossalai.core import global_context as gpc
from colossalai.engine.schedule import (InterleavedPipelineSchedule,
                                        PipelineSchedule)
from colossalai.logging import disable_existing_loggers, get_dist_logger
from colossalai.nn.layer.wrapper import PipelineSharedModuleWrapper
from colossalai.trainer import Trainer, hooks
from colossalai.utils.timer import MultiTimer
from model_zoo.gpt import GPTLMLoss
from torch.nn import functional as F
from torch.utils.data import Dataset
from transformers import GPT2Tokenizer
```

3. 模型定义

总体来说，可以提供 3 种方法来建立一个流水线并行的模型。

1）colossalai.builder.build_pipeline_model_from_cfg。

2）colossalai.builder.build_pipeline_model。

3）自己按阶段拆分模型。

当内存能够容纳模型时，可以使用前两种方法来建立模型，否则必须自己分割模型。前两种方法首先在 CPU 上建立整个模型，然后分割模型，最后可以直接把模型的相应部分移到 GPU 上。

colossalai.builder.build_pipeline_model_from_cfg（）接收一个模型的配置文件，它可以均匀地（按层）或平衡地（按参数大小）分割模型。

如果熟悉 PyTorch，用户可以使用 colossalai.builder.build_pipeline_model（）接收一个 torch.nn.Sequential 模型并按层均匀分割。

本教程将修改 GPT 为 torch.nn.Sequential，然后使用 colossalai.builder.build_pipeline_model（）来建立流水线模型。

当数据是一个 Tensor，可以使用模型 forward（）中的位置参数来获得数据张量。对于流水线的第一阶段，forward（）的第一个位置参数是从数据加载器加载的数据张量。对于其他阶段，forward（）的第一个位置参数是上一阶段的输出张量。注意，如果该阶段不是最后一个阶段，则 forward（）的返回必须是一个 Tensor。

当数据是一个 Tensor 的 dict，可以使用模型 forward（）的命名关键字参数来获得数据的 dict。

对于 GPT，word embedding 层与 output head 层共享权重，可以提供 PipelineSharedModuleWrapper

类在流水阶段之间共享参数。它需要一个整数型的列（List）作为参数，这意味着 Rank 们共享这些参数。可以使用 register_module（）或 register_parameter（）来注册一个模块或一个参数作为共享模块或参数。如果有多组共享模块/参数，应该有多个 PipelineSharedModuleWrapper 实例。

如果参数在一个阶段内共享，则不应该使用 PipelineSharedModuleWrapper，而只是使用同一个模块/参数实例。在这个例子中，word embedding 层在第一阶段，而 output head 层在最后一个阶段。因此，它们在 RANK 在 [0，pipeline_size - 1] 范围内的设备间之间共享参数。

在流水线并行第一阶段，它维护 embedding 层和一些 transformer blocks。对于最后一个阶段，它维护一些 transformer blocks 和 output head 层。对于其他阶段，他们只维护一些 transformer blocks。

```python
class PipelineGPTHybrid(nn.Module):
    def __init__(self,
                 num_layers: int = 12,
                 hidden_size: int = 768,
                 num_attention_heads: int = 12,
                 vocab_size: int = 50304,
                 embed_drop_rate: float = 0.,
                 act_func: Callable = F.gelu,
                 mlp_ratio: int = 4,
                 attn_drop_rate: float = 0.,
                 drop_rate: float = 0.,
                     dtype: torch.dtype = torch.float,
                 checkpoint: bool = False,
                 max_position_embeddings: int = 1024,
                 layer_norm_epsilon: float = 1e-5,
                 first: bool = False,
                 last: bool = False):
        super().__init__()
        self.embedding = None
        self.norm = None
        self.head = None
        if first:
            self.embedding = col_gpt.GPTEmbedding(
            hidden_size, vocab_size, max_position_embeddings, dropout=embed_drop_rate,
dtype=dtype)
        self.blocks = nn.ModuleList([
            col_gpt.GPTBlock(hidden_size, num_attention_heads, mlp_ratio=mlp_ratio, atten-
tion_dropout=attn_drop_rate,
                    dropout=drop_rate, dtype=dtype, checkpoint=checkpoint, activation=
act_func)
```

```
                for _ in range(num_layers)
        ])
        if last:
            self.norm = col_nn.LayerNorm(hidden_size, eps=layer_norm_epsilon)
            self.head = col_gpt.GPTLMHead(vocab_size=vocab_size,
                                          dim=hidden_size,
                                          dtype=dtype,
                                          bias=False)


    def forward(self, hidden_states=None, input_ids=None, attention_mask=None):
        if self.embedding is not None:
            hidden_states = self.embedding(input_ids=input_ids)
        batch_size = hidden_states.shape[0]
        attention_mask = attention_mask.view(batch_size, -1)
        attention_mask = attention_mask[:, None, None, :]
        attention_mask = attention_mask.to(dtype=hidden_states.dtype)   # fp16 compatibility
        attention_mask = (1.0 - attention_mask) * -10000.0
        for block in self.blocks:
            hidden_states, attention_mask = block(hidden_states, attention_mask)
        if self.norm is not None:
            hidden_states = self.head(self.norm(hidden_states))
        return hidden_states


def build_gpt_pipeline(num_layers, num_chunks, device=torch.device('cuda'), **kwargs):
    logger = get_dist_logger()
    pipeline_size = gpc.get_world_size(ParallelMode.PIPELINE)
    pipeline_rank = gpc.get_local_rank(ParallelMode.PIPELINE)
    rank = gpc.get_global_rank()
    wrapper = PipelineSharedModuleWrapper([0, pipeline_size - 1])
    parts = partition_uniform(num_layers, pipeline_size, num_chunks)[pipeline_rank]
    models = []
    for start, end in parts:
        kwargs['num_layers'] = end - start
        kwargs['first'] = start == 0
        kwargs['last'] = end == num_layers
        logger.info(f'Rank{rank} build layer {start}-{end}, {end-start}/{num_layers} layers')
        chunk = PipelineGPTHybrid(**kwargs).to(device)
        if start == 0:
            wrapper.register_module(chunk.embedding.word_embeddings)
        elif end == num_layers:
```

```
            wrapper.register_module(chunk.head)
        models.append(chunk)
if len(models) == 1:
    model = models[0]
else:
    model = nn.ModuleList(models)
return modelfrom transformers import GPT2Tokenizer
```

▶▶ 7.4.2　使用异构训练降低 GPT-3 训练消耗资源

这里将重点讨论如何使用异构训练来降低 GPT-3 模型训练的资源消耗。这部分内容主要分为处理数据集和开始训练两个步骤。

1. 处理数据集

下面处理数据集。在这里提供了一个小型的 GPT 网页文字数据集。原始格式是 Loose-JSON，将保存处理后的数据集。

```
class WebtextDataset(Dataset):
    def __init__(self, path, seq_len=1024) -> None:
        super().__init__()
        root = os.path.dirname(path)
        encoded_data_cache_path = os.path.join(root, f'gpt_webtext_{seq_len}.pt')
        if os.path.isfile(encoded_data_cache_path):
            seq_len_, data, attention_mask = torch.load(
            encoded_data_cache_path)
            if seq_len_ == seq_len:
            self.data = data
            self.attention_mask = attention_mask
            return
        raw_data = []
        with open(path) as f:
            for line in f.readlines():
            raw_data.append(json.loads(line)['text'])
        tokenizer = GPT2Tokenizer.from_pretrained('gpt2')
        tokenizer.pad_token = tokenizer.unk_token
        encoded_data = tokenizer(
            raw_data, padding=True, truncation=True, max_length=seq_len, return_tensors='pt')
        self.data = encoded_data['input_ids']
        self.attention_mask = encoded_data['attention_mask']
        torch.save((seq_len, self.data, self.attention_mask),
                    encoded_data_cache_path)
```

```
def __len__(self):
    return len(self.data)

def __getitem__(self, index):
    return {
            'input_ids': self.data[index],
            'attention_mask': self.attention_mask[index]
    }, self.data[index]
```

本例可以确定在流水阶段（Pipeline Stages）之间交换的每个输出张量的形状。对于 GPT 模型，该形状为（MICRO BATCH SIZE, SEQUENCE LEN, HIDDEN SIZE）。通过设置该参数，可以避免交换每个阶段的张量形状。当不确定张量的形状时，可以把它保留为 None，形状会被自动推测。请确保模型的 dtype 是正确的：使用 fp16，模型的 dtype 必须是 torch.half；否则，dtype 必须是 torch.float。对于流水线并行，仅支持 AMP_TYPE.NAIVE。

2. 开始训练

可以通过在 CONFIG 里使用 parallel 来使用张量并行。数据并行的大小是根据 GPU 的数量自动设置的。

```
NUM_EPOCHS = 60
SEQ_LEN = 1024
BATCH_SIZE = 192
NUM_CHUNKS = None
TENSOR_SHAPE = (1, 1024, 1600)
# 纯流水线并行
# CONFIG = dict(NUM_MICRO_BATCHES = 192, parallel=dict(pipeline=2), fp16=dict(mode=AMP_
TYPE.NAIVE))
# 流水线并行加 1D 的张量并行
CONFIG = dict(NUM_MICRO_BATCHES = 192, parallel=dict(pipeline=2, tensor=dict(mode='1d',
size=2)), fp16=dict(mode=AMP_TYPE.NAIVE))

def train():
    disable_existing_loggers()
    parser = colossalai.get_default_parser()
    args = parser.parse_args()
    colossalai.launch_from_torch(config=CONFIG, backend=args.backend)
    logger = get_dist_logger()

    train_ds = WebtextDataset(os.environ['DATA'], seq_len=SEQ_LEN)
```

```
    train_dataloader = utils.get_dataloader(train_ds,
                                            seed=42,
                                            batch_size=BATCH_SIZE,
                                            pin_memory=True,
                                            shuffle=True,
                                            drop_last=True)
    use_interleaved = NUM_CHUNKS is not None
    num_chunks = 1 if not use_interleaved else NUM_CHUNKS
    model = GPT2_exlarge_pipeline_hybrid(num_chunks=num_chunks, checkpoint=True, dtype=
torch.half)
    if use_interleaved and not isinstance(model, nn.ModuleList):
        model = nn.ModuleList([model])

    criterion = GPTLMLoss()

    optimizer = torch.optim.Adam(model.parameters(), lr=0.00015, weight_decay=1e-2,)

    engine, train_dataloader, _, _ = colossalai.initialize(model,
                                                           optimizer,
                                                           criterion,
train_dataloader=train_dataloader)
    global_batch_size = BATCH_SIZE * \
        gpc.get_world_size(ParallelMode.DATA) * getattr(gpc.config, "gradient_accumulation", 1)
    logger.info(f'Init done, global batch size = {global_batch_size}', ranks=[0])

    timer = MultiTimer()

    trainer = Trainer(
        engine=engine,
        logger=logger,
        timer=timer
    )

    hook_list = [
        hooks.LossHook(),
        hooks.LogMetricByEpochHook(logger),
        hooks.ThroughputHook(),
        hooks.LogMetricByStepHook(),
    ]
```

```
trainer.fit(
    train_dataloader=train_dataloader,
    epochs=NUM_EPOCHS,
    test_interval=1,
    hooks=hook_list,
    display_progress=True,
    return_output_label=False,
)
```

完整的训练用例见随书资源。

第8章

兴起新一代人工智能浪潮：ChatGPT模型

本章将重点讨论 ChatGPT 模型。首先，介绍能与互联网交互的 WebGPT 模型，包括其训练方法和关键技术，并对其模型性能进行评估分析。接着，介绍能与人类交互的 InstructGPT 模型，探讨指令学习、近端策略优化和基于人类反馈的强化学习方法。然后，详细介绍 ChatGPT 和 GPT-4 模型，包括其特点和应用。在构建会话系统模型方面，将探讨基于监督的指令精调、RLHF 训练模型以及会话系统的推理与部署策略。

8.1 能与互联网交互的 WebGPT

ChatGPT 模型展示了人工智能在自然语言处理和对话交互方面的巨大潜力。通过不断改进和创新，人们可以期待未来的模型在知识更新、偏见消除、任务指导和会话交互等方面取得更加出色的表现。这将为人们提供更智能、更人性化的人机交互体验，并推动人工智能技术在各个领域的广泛应用和发展。

上一章介绍了 GPT 系列模型。随着不断增加模型参数量大小、模型训练数据，GPT-3 已经初步展现了它强大的语言能力以及处理各类任务的能力。然而，一旦完成预训练，如果不经过模型的微调，GPT-3 的知识将得不到任何更新。那么随着时间的推移，GPT-3 很有可能会提供错误的、已经过时的知识。此外，受限于预训练语料的清洁程度，GPT-3 中可能包含了预训练语料中存在的偏见、刻板印象，甚至其他不实内容。这些内容可能会引起与 GPT-3 使用者的不适，也使得 GPT-3 不适合直接被使用到各项实际生活的业务中。为了改善这些缺陷，后续的模型提出了一些创新的方法和技术。

虽然 GPT-3 已经有着极强的英语语言能力了，但是依旧受限于预训练的语料，知识不能得到及时的更新。此外，随着模型的增大，训练的时间和金钱成本也随之攀升：预训练 GPT-3 需要上千的以 PetaFlops/s-day 为单位的算力。可以说，训练 GPT-3 所需的财力，只有极少数的大企业可以承担的起。然而，如果把语言模型只看做一个有着沟通能力的模型，使其避开再次的大规模预训练，直接通过额外的知识获取来更好地完成任务，就可以更好地解决上述问题。这便是 WebGPT 的主要思想。WebGPT 探索的问题是如何使开放域的长格式问答（Long Form Question Answering）变得更加可靠。在现实中，当人们被问到知识之外的问题时，他们往往也会上网搜索，基于已有的知识来思考并汇总从网上得到的信息，然后才能给出更好的答案。WebGPT 将这一理念运用到了语言模型中：首先，通过微调语言模型，WebGPT 使语言模型拥有和互联网交互的能力；然后，WebGPT 根据从网上检索到的信息，可以生成更为正确的答案。

▶▶ 8.1.1　WebGPT 的训练方法和关键技术

WebGPT 是在 GPT-3 不同大小（分别是 1.6 亿、130 亿和 1750 亿参数）的 3 个预训练模型的基础上进行微调得来的。模型训练总体分为 4 个阶段。第一阶段是对模型进行有监督训练，使用了人工对于使用互联网的标注的数据，这可以使模型习得如何使用网络。第二阶段是训练一个奖励模型（Reward Model）。通过移除第一阶段所得模型的最后一层嵌入层，得到起始模型，再进一步训练这个模型来根据提问、答案来输出奖励分值。第三阶段则是用近端策略优化算法，（Proximal Policy Optimization，PPO）来使用第二阶段的奖励模型对第一阶段中的模型通过强化学习（Reinforcement Learning）来进一步加强（这 3 个阶段的技术细节将在下一节的 InstructGPT 中详细介绍）。第四阶段则是作为一个额外的方法，不需要强化学习的额外训练，而只通过从第一阶段的模型中随机抽取同一问题生成的多个答案，再用第二阶段的模型来选择奖励分值最高的回答。

WebGPT 通过使用一个现代的搜索引擎（Bing）和互联网进行的交互。模型通过模拟人类浏览网页的过程生成各类指令。如图 8-1 所示，WebGPT 中有明确的与互联网交互的各项指令（左列为具体指令（Command）；右列为各项指令的实际互动效果（Effect））。如第一行中"（在搜索引擎中）查找 xxx"（Search <query>），实际效果为将 xxx 输入到 Bing 的应用程序编程接口（API）进行网页搜索。即当 WebGPT 生成了 Search <query>这个指令，对接软件就会开始运行在 Bing 上的搜索。同理，当 WebGPT 生成了第二行中的 Clicked on link <link ID>（即"单击链接 xxx"）指令，对接软件就可以在 Bing 上进入相应的页面并返回该页面的内容。以此类推，图 8-1 的第 3 行至最后一行分别是："在网页中找到 xxx"（Find in page：<text>），即在网页中找到下一个出现 xxx 内容的位置；"引用 xxx"（Quote：<text>），即引用网页中 xxx 的内容；"向上滑动页面 1/2/3 次"（Scrolled down <1，2，3>）；"向下滑动页面 1/2/3 次"（Scrolled up <1，2，3>）；"回到网页顶端"（Top）；"返回"（Back），即返回到上一个浏览页面；"结束：回答"（End：Answer），即结束浏览，开始回答阶段；"结束：无用或有争议"（End：<Nonsense, Controversial>），即结束浏览，取消回答（因为浏览到的内容对回答问题没有任何帮助）。当模型在浏览过程中，如果模型选择引用当前页面的某段内容，当前页面的信息（如链接、题目等）也会被保存。因此，WebGPT 可以通过生成这一系列的指令，接入 Bing 的搜索引擎而达到与互联网互动的效果。

Command	Effect
Search <query>	Send <query> to the Bing API and display a search results page
Clicked on link <link ID>	Follow the link with the given ID to a new page
Find in page: <text>	Find the next occurrence of <text> and scroll to it
Quote: <text>	If <text> is found in the current page, add it as a reference
Scrolled down <1, 2, 3>	Scroll down a number of times
Scrolled up <1, 2, 3>	Scroll up a number of times
Top	Scroll to the top of the page
Back	Go to the previous page
End: Answer	End browsing and move to answering phase
End: <Nonsense, Controversial>	End browsing and skip answering phase

图 8-1　WebGPT 与互联网交互的各项指令定义

当模型完成浏览后，浏览中所有被引用的内容及其相关信息都会被输入模型以用于模型生成最终的答案。当模型完成浏览后，浏览中所有被引用的内容及其相关信息都会被输入模型用于模型生成最终的答案。如图 8-2 所示，第一行是一个开放式问答领域的提问，即 "为什么我们认为特定的词汇是不好的且不应该在特点的社交场合被使用"。第二行是模型经过浏览互联网后最终生成的答案。这里可以看出答案中也包括了各类引用，具体引用的文献则展示在第 3 行。在此处也可以看出 WebGPT 的生成依旧包含了一些错误。例如图 8-2 中第二行的答案中并没有引用序号为 4 或者 5 的文献，即便第三行的文献中提供了相关文献。

Question	Why did we decide that certain words were "bad" and shouldn't be used in social settings?
Answer	We have all been taught that there are certain words that should not be used in public, at least not without good reason. But why do some words fall into this category while others do not? It turns out that there is not a single answer to this question, as each word has a different history and carries different meanings in different cultures and families [2]. However, there are some general categories that "bad" words tend to fall into. "Bad" words generally relate to parts of life that we don't like talking about in public, like bathroom functions, or negative ways of talking about people's religion, skin color, ability, or gender [3]. Often, people say bad words when they are experiencing strong emotions, and those words are linked to our emotions [3].
References (titles only)	[1, 2, 3] Why Are Some Words 'Bad'? I Vermont Public Radio (www.vpr.org) [4] On Words: 'Bad' Words and Why We Should Study Them I UVA Today (news.virginia.edu) [5] The Science of Curse Words: Why The &@$! Do We Swear? (www.babbel.com)

图 8-2　WebGPT 答题示例

然而，原本的预训练语言模型（GPT-3）不具备正确生成上述浏览互联网指令的能力。为了解决这个问题，WebGPT 使用了人工标注的数据来微调模型。图 8-3 所示为标注与互联网互动数据的平台。第一行 "How can I train the crows in my neighborhood to bring me gifts?" 即需要回答的问题（"如何训练邻里的乌鸦为我带礼物"）。问题下方额外存在两个选项，分别是 "这个问题没有任何逻辑"或者"这个问题不应该被回答"，也可以通过此类标注训练 GPT-3 不要回答不合理的问题。图 8-3 左下方白色背景部分则是搜索互联网得到的内容，而标注员搜索、浏览网页的一系列指令都会被记录下来作为 GPT-3 的训练数据。对于搜索到的内容，标注员需要选取合适的内容引用（Add Quote），也以此训练模型选择合适的内容。

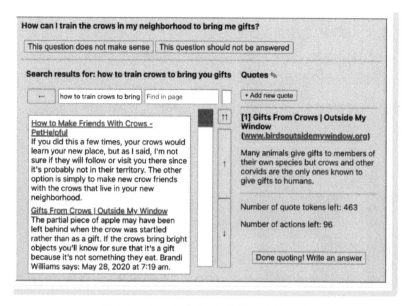

图 8-3　人工标注与互联网互动的平台

此外，为了使模型能够挑选出更优的答案（用于奖励模型的训练），WebGPT 也收集了和网页内容对应的模型生成内容，并用人工标注来选出更优的内容，用以训练模型判断优劣的能力。WebGPT 是在 GPT-3 的基础上通过使用 6000 个浏览示例数据（92% 的提问来自于 ELI5 数据集，其余提问来自于 TriviaQA 数据集）和 21500 个对比数据用于训练 GPT-3，最终得到了 WebGPT 模型。

▶▶ 8.1.2　WebGPT 的模型性能评估分析

WebGPT 在开放域问答上取得了显著的效果。图 8-4 所示为 3 个不同参数量的 WebGPT 在一个问答任务（Explain Like I'm Five，ELI5，即像对 5 岁孩童一样解释问题）的数据集上的表现。其中最浅色的蓝色柱状图代表了最小的 7.6 亿参数的 WebGPT，居中深浅的蓝色柱状图代表了 130 亿参数的 WebGPT，而最深色的蓝色柱状图则是 1750 亿参数的 WebGPT。图 8-4a 比较了 WebGPT 的答案和人工标注的答案，纵轴代表真人裁判更喜欢 WebGPT 或者人工标注答案的百分比，而横轴则代表了真人裁判打分的 3 个维度，分别是在答案的总体实用性（Overall Usefulness）、连贯性（Coherence）以及事实正确性（Factual Accuracy）。其中，虚线部分的 50% 位置代表了随机概率

（即随机选择 WebGPT 答案或人工标注答案）。因此，如果 WebGPT 的评分超过了 50%，可以说明 WebGPT 在相应的评测维度超越了人工标注的数据。可以看出，最大的模型（1750 亿）在总体回答的实用性（Overall Usefulness）、事实正确性（Factual Accuracy）上经过人为评估被认为都超过了一开始通过人工标注得到的回答。图 8-4b 中比较了真人裁判对 3 个不同参数量的 WebGPT 在 ELI5 上生成内容和 ELI5 数据集的标准答案的偏好。相比于 ELI5 中的参考答案，即使 130 亿参数量的模型也被真人裁判认为有着更好地表现。同时，不难看出随着模型参数量的增加，模型在各个维度的表现也随之增加。因此，可以得出结论，即便有了互联网的加持，模型本身的语言能力也对模型在特性任务上的表现至关重要。

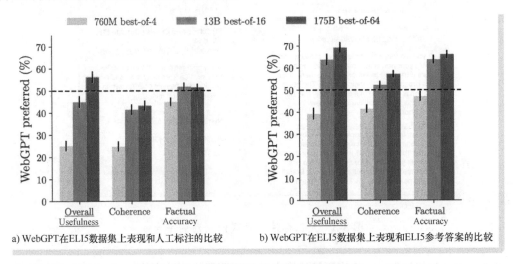

a) WebGPT在ELI5数据集上表现和人工标注的比较   b) WebGPT在ELI5数据集上表现和ELI5参考答案的比较

图 8-4　3 个不同参数量的数据集表现

此外，图 8-5 所示为 WebGPT 在 TruthfulQA 数据集上的表现。TruthfulQA 是一个专门用来测试模型回答问题的真实性的数据集，其中包含了一些真人也容易答错的问题。图中白色和蓝色的柱状图代表了两种衡量指标，蓝色即仅仅衡量真诚性（Truthful），而白色同时衡量了真诚性和内容翔实性（Informative）。和图 8-4 一样，在真实性的指标上，不同深浅的蓝色柱状图代表了不同参数量的 WebGPT 模型。凭直觉可以得出同时衡量真诚性和内容翔实性的指标更为严格，而图 8-5 中的确也显示同一个模型白色指标的得分比蓝色指标低。举一个极端例子，模型对每一个问题都回答它不知道答案，那么所有的回答都是真诚的，即模型没有伪造错误信息，但是这样的回答对于提问者来说毫无意义。图中长虚线代表了真人答案的真诚性得分（Human % truthful），而短虚线则代表了真人答案在真诚性和内容翔实性上的综合得分（Human % truthful and informative）。可以从图中得出，WebGPT 的表现是比不上真人水平的。即便如此，相比于 GPT-3，WebGPT 仍取得了显著提升。因此，将预训练大模型接入互联网的方法，可以真实有效地提升模型的实用性。

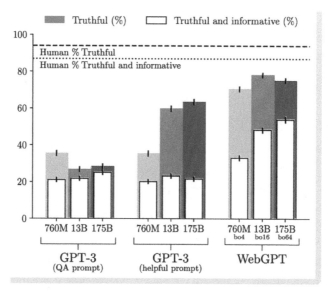

图 8-5　WebGPT 和 GPT-3 在 TruthfulQA 数据集上的表现对比

相比于预训练 GPT-3 所需的多大 570GB 的海量数据内容，WebGPT 仅仅用到了 6000 条人工标注的互联网使用示例，并通过 2 万多的对比数据⊖训练模型对于答案优劣的判断能力。可以说，在 GPT-3 的基础上，通过接入互联网的方法，仅仅通过少量的标注和训练，就可以使模型的能力取得强有力的提升。

8.2　能与人类交互的 InstructGPT 模型

到目前为止，读者已经学习了 BERT、T5、GPT-3 等一系列模型。但无论哪种模型，即使其性能再强，在不同的下游任务，还是要通过专门的精调，或者是精心设计的提示语来激发出模型的能力。但对于人类来说，却可以轻松对不同的问题做出回答。如何才能让模型成为"通才"，满足合理有效地回答人类各种问题的需求，是本节将要解决的问题。

▶▶ 8.2.1　指令学习

不同的预训练模型，或基准模型（Foundation Model）展现出了很强的模型性能。然而，语

⊖　虽然这类数据的数量更多，但是相比于第一类更容易标注，因为标注员只需做出二选一的判断即可。

言模型的预训练任务与真实的使用场景有所差异。以 GPT 模型为例，这类 Decoder-Only 模型的预训练任务是预测下一个单词。只有当合理设计输入时，才可以在一定程度得到符合预期的输入。

举例言之，想让语言模型推荐旅游的地点时，如果直接提问"在中国旅游时我们可以去哪里？"，GPT-2 模型会输出"在该网页寻找世界各处是否有免费 WiFi"。这个回答可谓牛头不对马嘴。其原因在于 GPT-2 训练时使用了大量的网络文本，很有可能一个 WiFi 推荐网站中含有上述文本，使语言模型学到了这样的输出。

为了获得理想的回答，需要对于语言模型人工设计更好的提示语（Prompt）。以上述任务为例，当输入为"以下是在中国旅游时可以去的好地方：上海、"时，模型能够给出更多推荐的地点："甘肃、广州、深圳……"。这时，研究者们并不希望对于每个任务都要进行提示工程（Prompt Engineering），这样会大大增加普通用户使用语言模型的难度。

指令学习（Instruct Learning）就是为了让模型能够读懂人类的指令，从而做出相应的回复。换言之，可以让语言模型的行为与人类的需求对齐（Align）。在 InstructGPT 相关论文"Training language models to follow instructions with human feedback"中，作者希望通过指令学习让模型获得以下 3 个能力。

1. 有用性（Helpful）

正确根据用户要求完成任务。例如，当询问模型"在中国旅游时我们可以去哪里？"时，模型应该给出合理且有价值的回答。ChatGPT 的回答如下"在中国旅游时，您可以去许多不同的地方，以下是一些受欢迎的旅游目的地：北京（中国的首都）、……"。

2. 诚实性（Honest）

不能捏造事实误导用户。即使是大语言模型也无法避免"幻觉"（Hallucination），包括看似合理实则使用错误或者捏造的事实支持论断。在大模型广泛应用后，这些错误可能会导致错误的信息泛滥。

3. 无害性（Harmless）

不应该对人类造成物理、心理以及社会危害。对于用户的请求，如果违反公序良俗，譬如要求模型介绍制作危险化学品的流程，语言模型应该学会拒绝这类请求。

通过指令学习后的模型更加实用且安全。目前主流的指令学习方法包括基于监督学习的指令微调（Supervised Finetuning，SFT）和基于人类反馈的强化学习。前者方法更加直接简单，而后者需要强化学习的相关知识。

基于监督学习的指令微调是最直接的指令学习方法。该方法收集一个由（指令，回复）对构成的数据集，在该数据集上继续用预训练的方法训练。如使用 GPT 模型时，对于回复中的每个单词（Token），预测下一个单词。通常经过几轮训练，模型就初步具有了回复指令的能力。

该方法简单有效，但难点在于数据集的收集。为了构建监督学习的数据集，需要高质量的指令集合，以及对指令高质量的回答。在 InstructGPT 的监督学习中，为了构建指令集合，人类标注者总共制作了 13000 条指令，包括各种不同的任务，如图 8-6 所示。每个指令又由标注者书写回答，每条回答大约 88 个单词。为每个任务书写回答所需的时间成本相对较高。

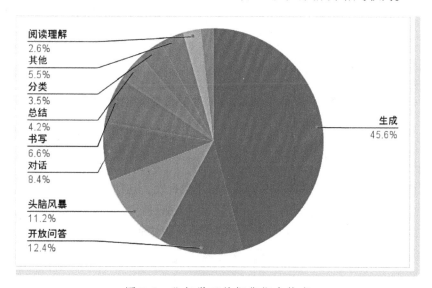

图 8-6　监督学习数据集指令构成

虽然监督学习相当有效，在合适的数据集上训练后能够泛化到其他的指令上，但数据集的标注成本很高。同时，每个问题只给定了一个正确答案，这对模型的泛化性也有所欠缺。基于人类反馈的强化学习通过学习一个奖励模型克服了上述的缺点。

在 ChatGPT 出现后，通过已经指令微调过的大模型来标注数据集成为了一种廉价标注的方法。虽然该方法必须基于已有的指令精调过的模型，但廉价的标注成本可以快速获得大量的数据。如图 8-7 所示，通过收集网络上的指令，调用 ChatGPT 接口生成更多指令，同时回答每个指令的问题。只需约 3000 元人民币，就可以完成约 52000 条指令的数据集标注。

在 InstructGPT 的训练中，监督训练是整个指令学习流程的第一阶段。在此之后，还应用了强化学习微调语言模型。为了学习这一部分内容，读者们需要先学习关于强化学习的一些基础知识以及近端策略优化算法（PPO）。

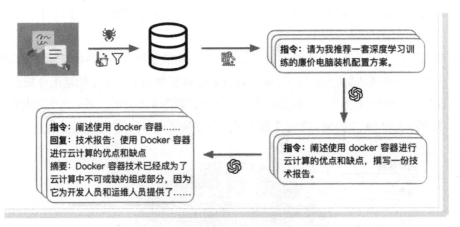

图 8-7　利用 ChatGPT 制作廉价指令数据集

▶▶ 8.2.2　近端策略优化

上一节已经讲了一种指令精调的方法。该方法虽然有效，但需要标记数据的成本很高。在提到的 InstructGPT 这篇论文中，作者提出了利用强化学习来进行精调的方法。该方法利用人类标记的数据先训练了一个打分模型，在通过训练原模型希望其能获得更高的打分。在正式介绍该方法之前，考虑到读者可能对强化学习的了解不够充分，下面先介绍该方法中用到的强化学习算法——近端策略优化。这个算法也是强化学习领域的基线算法之一。

在监督学习中，有一个由人类标记的带标签数据集，并且通常假设数据是独立同分布的。而强化学习则希望在一个复杂不确定的环境（Environment）中最大化智能体（Agent）能获得的奖励。这与监督学习相比有两个不同：1）存在时间序列（数据不是独立同分布的）；2）没有标签，取而代之的事奖励（Reward）。奖励不是直接目标，同时也存在延时回报，即往往要到最后一个状态才知道最终的奖励值。由于延时回报，在强化学习中存在"探索-利用"窘境，在充分利用已知的最优策略的同时，也需要探索新的可能路径。

强化学习的两部分就是环境与智能体。其中，环境的 3 要素分别是状态空间 S，动作空间 A 和奖励 R。状态（State）包括了当前世界的所有信息，通常智能体观测到的部分称为观察值，记为 s。动作空间包括了智能体可以采取的所有动作，包括离散动作空间和连续动作空间。而奖励是一个标量值，它反映了智能体在某一步采取了某个策略的表现如何。

在指令学习问题中，可以这样建模强化学习：状态空间是截至目前所有的人机对话，动作空间则是所有可能的回复内容。这虽然是一个离散的状态和动作空间，但却是指数级的。由于目标是对齐语言模型输出，可以让人类标注者为模型的输出打分作为奖励值。当然这样的效率很低，之后会讨论如何避免每次都要人类进行打分。如果不进行多轮对话训练而只进行单步的指令学

习，那么状态就是采样得到的指令文本，时间序列长度 $T_n = 1$，是一个简化的强化学习问题。

强化学习的目标是学习最优的策略。通常会假设任务具有马尔科夫性质，即当前的随机变量在给定前一步的随机变量后，与其余的随机变量条件独立。在这种情况下，策略 $\pi(a|s)$，$a \in A$，$s \in S$ 为在观测到状态 s 后，模型采取动作 a 的概率。对于一个给定的，或者是学习出的策略，可以计算根据该策略，从状态 s 开始能够获得价值数的期望。定义每个状态的价值函数为：

$$V_\pi(s) \doteq \mathbb{E}_\pi[R_t \mid s_t = s] = \mathbb{E}_\pi\Big[\sum_{k=0}^{\infty} \gamma^k R(s_{t+k+1}) \mid s_t = s\Big] \tag{8-1}$$

其中，γ 为折扣因子，其引入时因为长期的奖励不确定性更高，因此更加重视短期的奖励。除了状态的价值函数之外，Q 函数则包括了状态和动作。其定义为：

$$Q_\pi(s,a) \doteq \mathbb{E}_\pi[R_t \mid s_t = s, a_t = a] = \mathbb{E}_\pi\Big[\sum_{k=0}^{\infty} \gamma^k R(s_{t+k+1}, a_{t+k+1}) \mid s_t = s, a_t = a\Big]$$

强化模型的方法可以分为有模型与免模型方法两种。这里有模型指的是算法会对状态转移进行建模，显式的学习状态转移函数 $P(s_{t+1}|s_t, a_t)$ 以及奖励函数 $R(s_t, a_t)$。在这种情况下，可以用动态规划直接求解价值函数，并基于价值函数设计策略（如最大化价值函数）。但对于大部分问题，状态空间的数量非常大，难以直接学习。以指令学习为例，对于长度为 L 的序列，状态空间是词表大小的 L 次方。因此，目前常用的深度强化学习方法都是免模型方法。其中又分为：基于价值的（或称评论员型，Critic），基于策略的（或称演员型），和两者混合的（Actor-Critic）方法。这时，可以将学习的 PPO 算法属于在演员型方法上增加了评论员的改进。所以，这里将从基于策略的方法开始逐步学习 PPO 算法。

由于本书不是强化学习的专门教材，对强化学习的很多内容都做了简化处理。感兴趣的同学可以找一下强化学习的教材专门学习。在这里简单介绍一下基于价值的强化学习方法。这类算法的常见学习目标是价值函数 Q。一种表示价值函数 Q 的方法是表格法，行列分别是所有可能的状态和动作。当状态或者动作空间过大，难以用表格存下 Q 函数时，可以用神经网络 $f: S, A \rightarrow \mathbb{R}$ 来拟合 Q 函数。该方法被称作"深度 Q 网络（DQN）"。在 Q 函数已经得到的情况下，可以用贪心策略以及一些改进版本来生成策略：$\pi(a|s_t) = argmax_a f(s_t, a)$。训练 Q 函数的过程，就像是在培养一位评论家，它会评估每个状态下每个动作的价值，为生成策略提供指导。

首先，基于 Actor 的强化学习方法策略梯度（Policy Gradient）方法是最基础的基于策略的方法。与评论员型的方法不同，基于演员型的方法希望学习策略本身。这里利用神经网络 $\pi_\theta(a|s_t) = P(a|s;\theta)$ 获得当前状态下每个动作的概率。根据网络对应的策略，可以计算该策略的期望奖励：

$$J(\theta) = E_{\tau \sim \pi_\theta} R(\tau) = \sum_\tau P(\tau;\theta) R(\tau) \tag{8-2}$$

其中，τ 是根据当前策略采的不同轨迹。一个轨迹（Trajectory）是状态、动作从开始到结束的序列，$\tau = (s_1, a_1, \cdots, s_T, a_T)$，代表了在智能体环境中的交互记录。学习出的策略能够最大化期望奖励，所以学习目标为 $max_\theta J(\theta)$。

在机器学习中，可以使用梯度上升法来处理这个优化问题，为此需要计算梯度 $\nabla J(\theta)$。但是如果直接求导，可以发现，π_θ 是采样的分布，在 E 的下标上，并不容易直接求导。此时运用以下技巧：

$$\nabla_\theta J(\theta) = \sum_\tau R(\tau)\ \nabla P(\tau;\theta) = \sum_\tau P(\tau;\theta) R(\tau)\ \nabla \log P(\tau;\theta) \tag{8-3}$$

$$= E_{\tau \sim \pi_\theta}\big[R(\tau)\ \nabla \log P(\tau;\ \theta)\big] \approx \frac{1}{N} \sum_{i=1}^N R(\tau^n)\ \nabla \log P(\tau^n;\ \theta)$$

$$= \frac{1}{N} \sum_{i=1}^N \sum_{t=1}^{T^n} R(\tau^n)\ \nabla \log P_\theta(a_t^n \mid s_t^n)$$

其中第二步是利用了 $\nabla f(x) = f(x)\ \nabla \log f(x)$。重新整理为期望形式后，第四步用采样 N 次轨迹的方法得到近似的梯度值。最终，梯度上升的更新为 $\theta \leftarrow \theta + \eta\ \nabla J(\theta)$。

在策略梯度方法中，每次更新完都要重新采样，用重新采样的数据再去更新模型。不断重复采样会成为优化过程中的速度瓶颈。那能否把之前采样的数据用起来呢？此时，对于最新的网络参数对应的策略，之前采样的轨迹不再符合 $\tau \sim \pi_\theta$，而是对应之前的策略 $\pi_{\theta'}$。对于这种情况，可以使用重要性采样技术继续使用之前收集到的数据。

$$\nabla_\theta J(\theta) = \mathbb{E}_{\tau \sim \pi_{\theta'}}\left[\frac{P(\tau;\theta)}{P(\tau;\theta')} R(\tau)\ \nabla \log P(\tau;\theta) \right] \tag{8-4}$$

其中 $\dfrac{P(\tau;\theta)}{P(\tau;\theta')}$ 是重要性权重，是对使用其他概率分布而非当前概率分别采样的修正。

对于重要性采样，读者可以参阅其他资料进一步学习。在这里，可以较为直观地理解该权重的含义。考虑在概率分布 p 下函数 f 的期望值，当加上重要性权重后，即使不使用概率 p 分布进行采样，也可以估计出该期望值：

$$\mathbb{E}_{x \sim p}[f(x)] = \mathbb{E}_{x \sim q}\left[f(x) \frac{p(x)}{q(x)} \right] \tag{8-5}$$

由此可以依据概率分布 q 采样来计算概率分布 p 下函数的期望值。但是也要注意，如果概率分别 p，q 差别过大，会导致两者方差差距过大等问题，从而影响最终的结果。

回到强化学习中，为了让重要性采样不要偏差太多，那么在学习的过程中分布 $P(\tau;\theta)$，$P(\tau;\theta')$ 不要相差过大。由于 $P(\tau;\theta)$ 是由策略 $P(a_t;s_t)$ 决定的，一般期望在训练的过程中 $P(a_t;s_t)$ 的变动不要过大。近端策略优化中的近端就是在策略梯度的基础上增加了限制策略变动幅度的约束。PPO 有两种变体，一种是在原损失基础上添加上不同时刻参数之间 KL 散度大小的惩罚项，通过减小参数间的 KL 散度来降低策略的变动幅度。下面将详细介绍第二种更为常用的变体，即近端策略优化裁剪（PPO-Clip）。

由于主要目标是希望当前的模型和进行采样的模型差距不要太大，往往要求限制经过重要性采样权重的范围。给定超参数 ϵ，裁剪函数 $clip\left(\dfrac{P(\tau;\theta)}{P(\tau;\theta')}, 1-\epsilon, 1+\epsilon \right)$ 让第一项值小于第二项时返回第二项，大于第三项值时返回第三项。当回报为正时，如果不同分布差距过大而使采样权重过大时，将采样权重截断到 $1+\epsilon$。同理，当回报为负数时，裁剪到 $1-\epsilon$。综上所述，记重要性采样权重为 r，PPO-Clip 优化的目标函数为：

$$J(\theta) \approx \sum_{\tau \sim \pi_{\theta'}} \min\{r R(\tau^n), clip(r R(\tau^n), 1-\epsilon, 1+\epsilon)\} \tag{8-6}$$

到目前为止，已经讲述了基于策略的 PPO 算法的整体框架。其核心思想是在策略梯度基础上使用重要性采样以复用历史数据，并通过近端策略优化裁剪保证采样分布与当前分布相差不会过大。近端梯度优化是 OpenAI 公司提出的经典强化学习算法，也是其在强化学习的各种任务上首先尝试的基准方法，其有效性有充分的实验支撑。

在此基础上，基于 Actor-Critic 的方法回顾在策略梯度中，更新的梯度为：

$$\nabla_\theta J(\theta) \approx \frac{1}{N} \sum_{i=1}^{N} \sum_{t=1}^{T^n} R(\tau^n) \nabla \log P_\theta(a_t^n \mid s_t^n) \tag{8-7}$$

如果一个任务的奖励全部是正数，那么无论模型采取何种策略，最终都会学习让其概率提升。这会大大降低没有采样到的动作在策略中被使用的概率。为此一般期望奖励值能够有证有负。这里可以引入基线值 b，让所有奖励值减去基线值达到此效果。一种简单设置基线值的方案是记录训练时出现的奖励值并计算平均数作为基线值。

除此之外，上述更新过程中同一个轨迹的所有动作都使用了相同奖励值 $R(\tau^n) = \sum_{t=0}^{T_n} \gamma^t R(s_t, a_t)$，即整个轨迹的累计奖励。但即使是同一个轨迹，其中不同的动作也是有好有坏，全局的奖励值低不意味着每个动作都是不好的。为此可以为每个动作改进对应的奖励值权重。注意到每个动作都只会对其发生过后的事件产生影响，可以将每个动作发生前的奖励扣除。结合减去基线值的技巧，新的更新梯度为

$$\nabla_\theta J(\theta) \approx \frac{1}{N} \sum_{i=1}^{N} \sum_{t=1}^{T^n} \Big[\sum_{k=t}^{T^n} \gamma^{k-t} R(s_k, a_k) - b \Big] \nabla \log P_\theta(a_t^n \mid s_t^n) \tag{8-8}$$

其中 γ 是折扣因子。将中括号中的值记为优势函数 $A(s_t, a_t)$，它代表了在状态 s_t 时执行动作 a_t 相对而言有多合适。

在以上计算 $J(\theta)$ 的过程中，约等号是因为用多次采样的结果的均值对期望进行估算。然而，当每次采样数量较小时，其方差可能会很大。一种让训练更稳定的方法是在计算优势函数时直接计算期望值：

$$\mathbb{E}_{\tau \sim \pi_\theta} A(s_t, a_t) = \mathbb{E}_{\tau \sim \pi_\theta}\Big(\sum_{k=t}^{T^n} \gamma^{k-t} R(s_k, a_k) \Big) - b \tag{8-9}$$

读者注意，这里的第一项其实就是之前提到的价值函数 Q。这样就引入了评论员网络 Q，来提供对每个状态的价值估计。在选取基准值时，$\mathbb{E}_{\tau \sim \pi_\theta} Q_\pi(s_t^n, a_t^n) = V_\pi(s_t^n)$ 可以选取基线为价值函数 $b = V_\pi(s_t^n)$。但同时使用两个网络建模 Q 和 V，使用的资源和误差风险都会大大增加，为此，可

以利用 $Q_\pi(s_t^n, a_t^n) = \mathbb{E}_{\tau \sim \pi_\theta}[V_\pi(s_{t+1}^n) + R(s_t^n, a_t^n)]$，将 $Q_\pi(s_t^n, a_t^n)$ 利用 $V_\pi(s_{t+1}^n) + R(s_t^n, a_t^n)$ 进行估计，这样只需要一个 V 网络即可。该网络的输入是状态，输出则是估计的价值函数的标量值。实验表明，上述近似可以获得好的效果。

引入价值函数网络后，更新目标则为：

$$\nabla_\theta J(\theta) \approx \frac{1}{N} \sum_{i=1}^{N} \sum_{t=1}^{Tn} [R(s_t^n, a_t^n) + V_\pi(s_{t+1}^n) - V_\pi(s_t^n)] \nabla \log P_\theta(a_t^n \mid s_t^n) \tag{8-10}$$

此时需要训练两个网络，分别为演员网络 P_θ 和评论员网络 V_π。对于不能复用历史记录的梯度策略算法，训练流程为：利用策略与环境交互进行采样，更新评论员网络，以及更新演员网络。这就是"优势演员-评论员"算法（A2C）。

上述讨论中还没有涉及如何更新评论员网络。由于没有详细介绍基于价值的算法，结合指令学习场景，考虑这样一个简单的情况。在指令学习中，一般认为时间序列长度仅为 1，因此，状态函数 V_π 应该直接等于奖励值的期望。实验中也用期望内的奖励值直接进行估计，训练的目标损失为：

$$\mathcal{L}_{value} = (V_\pi(s) - R(s,a))^2 \tag{8-11}$$

最后，把"优势演员-评论员"算法与近端策略优化结合，可以得到 PPO 的训练目标如下

$$A(s_t^n, a_t^n) = R(s_t^n, a_t^n) + V_\pi(s_{t+1}^n) - V_\pi(s_t^n)$$

$$\mathcal{L}_{PPO} \approx \sum_{i=1}^{N} \sum_{t=1}^{Tn} \min\{rA(s_t^n, a_t^n), clip(rA(s_t^n, a_t^n), 1-\epsilon, 1+\epsilon)\} \tag{8-12}$$

▶▶ 8.2.3 基于人类反馈的强化学习（RLHF）方法汇总

学习完近端策略优化后，下面将进一步学习如何将该方法利用到语言模型的精调上来。下面将介绍基于人类反馈的强化学习用以精调语言模型。开始时可以通过标记数据训练一个奖励模型（打分模型）。在该奖励模型的基础上，可以构建出强化学习的框架，从而通过近端策略优化求解。最后会把所有方法结合起来，看看 InstructGPT 训练的整体流程。

首先需要训练奖励模型。在建模指令学习为强化模型的过程中，提到了如果对模型的每次动作（也就是输出的回复）进行人工评价作为奖励值，那么需要大量人工成本，并且严重制约了采样速度。为了解决这个问题，基于人类反馈的强化学习（Reinforce Learning from Human Feedback，RLHF）提出先利用人类标记训练一个奖励模型用来对模型的输出进行评估。要注意这里的奖励不是上文中的评论员。演员、评论员都是强化学习算法的一部分，而此处训练的奖励模型则是环境中的奖励函数。该模型接受指令和回复对，输出一个标量的奖励分数，越高的分数代表其认为该回复质量越高。

一种直接的训练方法是，给定一个指令和当前模型的输出，人类标记者给出评价得分，让奖励模型学习。但不同评价者、不同指令的绝对评分往往难以给出。为了解决这个问题，可以让奖

励模型的学习目标为相对评价。具体而言，在收集数据时，对于同一条指令，对当前模型进行不同的采样得到 K 条输出，在实际中可以选择 4~9 条。人类标记者对输出质量从高到低进行排序。记模型 r_θ 对指令 x 回复 y 的评分为 $r_\theta(x, y)$，将 K 条输出两两组合后计算相对损失作为目标函数，最大化人类标记者更喜欢的响应和不喜欢的响应之间的差值。其中 $\binom{K}{2}$ 是可能的组合总数，y_w，y_l 分别是人类标记中更喜欢和较不喜欢的输出。

$$\mathcal{L}_r = -\frac{1}{\binom{K}{2}} \mathbb{E}_{x, y_w, y_l \cdot \mathcal{D}} \log \sigma [r_\theta(x, y_w) - r_\theta(x, y_l)] \tag{8-13}$$

在强力模型的基础上利用强化学习微调语言模型。

此时，可以更细致地仔细学习一下如何利用近端策略优化进行指令学习，以 ColossalChat 中 PPO 算法的实现为例进行讲解。首先，关注下方 PPO 的部分，左下角是采样模块，其中最新的 Actor 和 Critic 分布在多个进程中，同时进行采样以提高采样效率。采样得到的轨迹数据被放在缓冲区中供模型训练。Actor 和 Critic 的训练则按照 8.2.2 节中推导的损失函数进行。

但如果直接进行 PPO 的训练，会遇到如下问题：强化学习的过程中过分学习奖励函数、拟合 PPO 数据集，导致与原有模型差距过大，在其他各类任务上泛化性能大幅下降。为了解决这个问题，让 PPO 的训练不要过分激进，InstructGPT 使用了以下两种技巧。

第一种方法，在计算奖励值时，在奖励模型输出的基础上加上 KL 散度的惩罚项，让当前模型每个单词输出的概率与原模型输出概率之间的 KL 散度差距不要过大。该项展式在图 8-8 左下计算奖励函数的部分内。

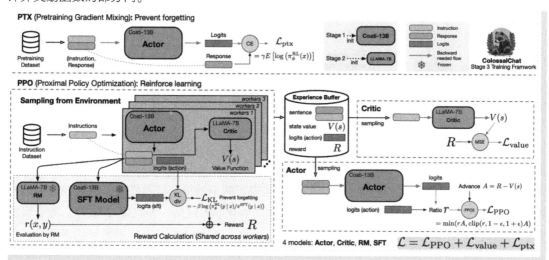

图 8-8　强化学习详细流程

第二种方法，在 PPO 损失的基础上加上预训练梯度（Pretraining Gradient Mixing，PTX）以防止遗忘过去的知识。图 8-8 上方部分展示了这个损失。在 PPO 训练过程的同时从预训练数据集中采样数据进行预训练（对于 GPT 是预测下一单词），从而缓解对 PPO 数据的过拟合。这两种技巧让强化学习的流程更加稳定，避免了灾难性对过去学到的知识的遗忘。

InstructGPT 整体的训练流程如图 8-9 所示。总体流程分为三步。第一步是基于监督学习指令微调训练过的 GPT-3 模型，参数量 1750 亿。由于强化学习的训练往往比较困难，用监督学习获得一个好的起始模型可以大大减小强化学习的难度。第二步则是利用数据训练奖励模型，将获得的奖励模型应用到第三步强化学习中进行训练。第二步中人类标记这不再需要撰写回答，而只需要对不同回答进行排序，效率更高。第三步中甚至不再需要人类标注者的参与，利用奖励模型作为奖励函数，应用强化学习的 PPO 算法训练。

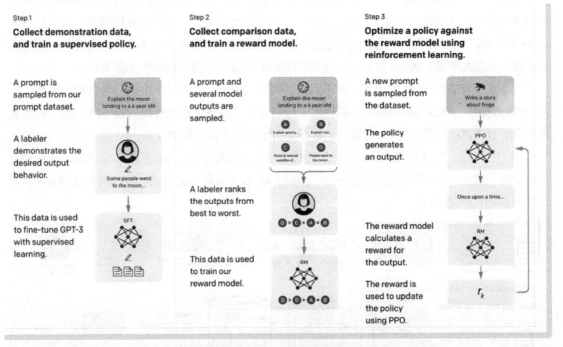

图 8-9　InstructGPT 指令学习全流程

第二、三步基于人类反馈的强化学习的过程共需要两个网络：奖励模型网络和强化学习网络。InstructGPT 将第一步中精调过的网络作为起始的强化学习网络，参数量 1750 亿。对于奖励模型网络，论文中指出过大的参数量在训练时很不稳定，因此改成了 60 亿参数量的模型。这样不仅可以让训练稳定，而且减少大量计算的代价。此外，第二步中的数据收集时也需要一个模型，首次训练时可以用第一步精调过后的网络，当第三步训练好后，也可以继续使用最新的网络再训练一个强化模型，从而循环迭代进行第二步和第三步。实验中发现，即使不进行迭代，每个步骤进行一次，也能取得相当不错的效果。

通过之前的学习，相信读者已经掌握了指令学习的理论知识。后面会在训练好的语言模型上进行指令学习的实战，在其中可以将这些知识付诸实践，一步步地实现一个属于读者本人的会话系统。

8.3 ChatGPT 和 GPT-4

下面将集中讨论两个突破性的语言模型：ChatGPT 和 GPT-4。这两个模型在自然语言处理的研究和应用中都取得了显著的成果。本节将分别介绍这两个模型的基本特性和应用，并提供相关的实例和应用案例。首先讨论 ChatGPT 模型，深入探讨这款模型的构建和训练过程，包括数据收集、模型预训练和微调等关键步骤。然后，进一步探索 ChatGPT 在各种情况下的应用，比如客服机器人、内容创作、聊天助手等，并通过实例让读者了解和掌握这些应用。接着，将讨论 GPT-4，这是一款更大规模的语言模型，以其出色的生成能力和理解力在自然语言处理领域引起了广泛关注。这里将详细介绍 GPT-4 模型的主要特点和优势，包括模型架构、训练方法和生成策略等。同时，也会探讨 GPT-4 的各种应用，比如文本生成、情感分析、知识问答等，并通过实例说明如何利用 GPT-4 实现这些应用。

通过本节的学习，读者将了解并理解 ChatGPT 和 GPT-4 这两个语言模型的基本特性和应用，从而为自己在自然语言处理领域的研究和应用提供更广阔的视野和更深入的理解。

▶▶ 8.3.1 ChatGPT 模型简介和应用

ChatGPT 与 GPT 和 GPT-2 之间存在密切的关系。GPT（Generative Pre-trained Transformer）是由 OpenAI 开发的一系列大型语言模型，而 ChatGPT 则是在 GPT 的基础上进行微调和优化得到的特定应用的模型。

GPT 是早期由 OpenAI 提出的生成式预训练模型，旨在通过大规模的语料库数据进行预训练，使模型具备理解和生成自然语言的能力。GPT 模型的关键思想是使用无监督学习方法，将大量的文本数据输入模型进行训练，从而使模型能够学习到语言的统计规律和语义表示。GPT 模型在多个自然语言处理任务上取得了令人瞩目的表现。随后，GPT-2 模型进一步扩大了预训练数据集和模型规模，并引入了零次表现的概念，即在预训练之后不用进行额外的任务特定训练，就能在多个下游任务上表现出色。GPT-2 在生成文本方面取得了显著的突破，其生成的文本质量更高，更具连贯性和创造性。

ChatGPT 是基于 GPT 和 GPT-2 的基础上进行微调和优化的聊天机器人模型。通过对 ChatGPT

进行监督学习和强化学习的训练，使其在对话任务中具备更好的表现和交互能力。ChatGPT 可以与用户进行自然的对话，并且能够提供广泛的主题讨论和知识回答。它可以生成多种类型的文本，包括事实性摘要、创造性文本和实用指南等。

因此，可以说 ChatGPT 是在 GPT 和 GPT-2 模型的基础上进一步发展和优化的产物。它继承了 GPT 系列模型在自然语言处理领域的优秀表现，并在对话交互方面取得了显著的进展。ChatGPT 在实际应用中具有广泛的潜力，为人们提供了更加智能和便捷的对话机器人体验。

ChatGPT 具有以下特点和应用领域。

- 自然对话能力：ChatGPT 能够与用户进行自然流畅的对话。它通过语言模型的生成能力，可以回答用户的问题、提供信息和解决问题。ChatGPT 的回答通常是全面和富有信息的，即使是开放性、具有挑战性或奇特的问题。

- 广泛的主题涵盖：ChatGPT 可以涵盖广泛的主题。它可以提供事实性的概述，包括历史事件、科学知识、文化背景等。此外，ChatGPT 还可以生成创作性文本，如诗歌、代码、剧本等。

- 应用领域多样：ChatGPT 可以应用于各种领域。在客户服务中，它可以帮助回答常见问题，提供产品或服务的信息，解决用户的疑问和问题。在教育领域，ChatGPT 可以作为学习辅助工具，为学生提供答疑解惑、学习资源和知识概述。在娱乐领域，ChatGPT 可以作为聊天伙伴，与用户进行有趣的对话，以及提供娱乐和消遣。

- 可能的革新性影响：ChatGPT 的开发仍在持续进行中，它有可能彻底改变人类与计算机的互动方式。随着 ChatGPT 的不断改进，它的应用领域和潜力将更加广阔。例如，它可以被用于智能助理、虚拟导游、智能客服等场景，为人们提供更智能、便捷和个性化的服务和体验。

尽管 ChatGPT 在许多应用领域都展现出了巨大的潜力，但也面临着一些挑战和限制。首先，ChatGPT 的输出可能存在错误和不准确性，需要进行有效的验证和过滤。其次，ChatGPT 的知识和回答仍然基于其预训练的数据，可能无法及时更新和反馈最新的信息。此外，ChatGPT 的应用还需要考虑隐私和安全问题，确保用户的个人信息和对话内容得到充分的保护。

▶▶ 8.3.2 GPT-4 模型特点与应用

GPT-4 是一款引人瞩目的大型多模态深度学习模型，它具备接收图像和文本输入，并生成文本输出的能力。其在多个领域展现了令人惊叹的表现，并被视为人工智能领域，特别是自然语言处理领域的一个重要里程碑。

一个显著的特点是，GPT-4 在各种专业和学术基准测试中取得了接近甚至超越人类水平的表现。例如，在模拟的律师资格考试中，GPT-4 的得分位于考试者的前 10% 左右。这表明 GPT-4 在理解和分析复杂的法律文本方面具备出色的能力，能够提供高质量的法律建议和解释。

GPT-4 相比于其前身 GPT-3.5 在几个关键方面得到了显著的改进。首先，它更加可靠，能够生成更加准确和连贯的文本。这使得与 GPT-4 进行对话或获取信息时，用户能够得到更可靠和精确的回答。其次，GPT-4 具备更强大的创造力，能够生成更富有想象力和创新性的文本。它能够在各种创作任务中发挥出色，包括生成诗歌、故事、剧本等。这使得 GPT-4 成了一位多才多艺的文本创作者，能够为用户提供独特且引人入胜的文本内容。同时，GPT-4 能够处理更微妙的指令和要求。它能够理解更复杂的任务描述，并针对具体需求提供更精准和个性化的回答。这使得 GPT-4 在交互式对话、个性化助手和智能客服等领域具备广泛的应用潜力。

总体来说，GPT-4 是一款具备强大多模态能力的深度学习模型，它在自然语言处理和人工智能领域取得了显著的进展。其可靠性、创造力和对微妙指令的处理能力使其成了一个高度智能且多功能的语言模型。随着 GPT-4 的发展和推广应用，可以期待在各个领域看到更广泛、更智能的人机交互体验的实现。尽管 GPT-4 实现细节没有公开，但是也可以从官方文档中了解到其某些特征。

1. 新的先进水平

GPT-4 在许多自然语言处理和多模态基准测试中取得了新的先进水平（见表 8-1 和表 8-2）。值得一提的是，GPT-4 的测试方法是基于少样本（Few-Shot），也就是说，GPT-4 没有在训练集上微调，而只是将几个示例写入提示词中。而与 GPT-4 对比的基线模型经常是基于微调的。

表 8-1　GPT-4 在自然语言处理学术数据集基准测试上的表现

基 准 测 试	GPT-4	GPT-3.5	之前最佳基线
MMLU	86.4%	70.0%	75.2%
HellaSwag	95.3%	85.5%	85.6%
AI2 Reasoning Challenge（ARC）	96.3%	85.2%	86.5%
WinoGrande	87.5%	81.6%	85.1%
HumanEval	67.0%	48.1%	65.8%
DROP（F1 score）	80.9	64.1	88.4
GSM-8K	92.0%	57.1%	87.3

表 8-2　GPT-4 在计算机视觉/多模态学术数据集基准测试

基 准 测 试	GPT-4	之前最佳基线
VQAv2	77.2%	84.3%
TextVQA	78.0%	71.8%
ChartQA	78.5%	58.6%

（续）

基 准 测 试	GPT-4	之前最佳基线
AI2 Diagram	78.2%	42.1%
DocVQA	88.4%	88.4%
Infographic VQA	75.1%	61.2%
TVQA	87.3%	86.5%
LSMDC	45.7%	52.9%

值得一提的是，GPT-4 在某些学术数据集上达到了接近人类专家的水平。比如，MMLU（GPT-4 为 86.4%；Humans 为 89%），HellaSwag（GPT-4 为 95.3%；Humans 为 95.7%）。

除了在自然语言处理和多模态的数据集上的测试以外，OpenAI 还对 GPT-4 进行了在人类的众多标准化考试的结果，见表 8-3。可以看到，在这些标准化考试中，GPT-4 经常名列前茅。

表 8-3　GPT-4 在标准化考试数据集基准测试

Simulated Exams 标准考试	GPT-4 在人类中的百分比排名	GPT-4（no vision） 在人类中的百分比排名	GPT-3.5 在人类中的百分比排名
Uniform Bar Exam （MBE+MEE+MPT）	298/400 ~90th	298/400 ~90th	213/400 ~10th
LSAT	163 ~88th	161 ~83rd	149 ~40th
SAT Evidence-Based Reading \ & Writing	710/800 ~93rd	710/800 ~93rd	670/800 ~87th
SAT Math	700/800 ~89th	690/800 ~89th	590/800 ~70th
Graduate Record Examination （GRE）Quantitative	163/170 ~80th	157/170 ~62nd	147/170 ~25th
Graduate Record Examination （GRE）Verbal	169/170 ~99th	165/170 ~96th	154/170 ~63rd
Graduate Record Examination （GRE）Writing	4/6 ~54th	4/6 ~54th	4/6 ~54th
USABO Semifinal Exam 2020	87/150 99th-100th	87/150 99th-100th	43/150 31st-33rd
USNCO Local Section Exam 2022	36/60	38/60	24/60
Medical Knowledge Self-Assessment Program	75%	75%	53%

（续）

Simulated Exams 标准考试	GPT-4 在人类中的百分比排名	GPT-4（no vision） 在人类中的百分比排名	GPT-3.5 在人类中的百分比排名
Codeforces Rating	392 *below 5th*	392 *below 5th*	260 *below 5th*
AP Art History	5 *86th-100th*	5 *86th-100th*	5 *86th-100th*
AP Biology	5 *85th-100th*	5 *85th-100th*	4 *62nd-85th*
AP Calculus BC	4 *43rd-59th*	4 *43rd-59th*	1 *0th-7th*

2. 仍对提示词敏感

尽管 GPT-4 刷新了众多学术数据集上的先进水平，并在人类标准化考试的结果上表现突出，但它仍具有某些缺陷。比如，GPT-4 仍然对提示词敏感。提示词中的微小改动能够使得生成结果出现重要变化。比如，表 8-4 展示了一个例子，鼓励 GPT-4 "一步一步地思考" 使得生成结果更为准确。

表 8-4　GPT-4 仍对提示词敏感

提 示 词	GPT-4 生成结果
7 个轴等间距地分布在一个圆周上。在每个轴上放置一个齿轮，使得每个齿轮与其左侧和右侧的齿轮啮合。齿轮在圆周上编号为 1 到 7。如果齿轮 3 顺时针旋转，那么齿轮 7 会朝哪个方向旋转？	当两个齿轮啮合时，它们会以相反的方向旋转。那么从齿轮 3 开始，跟踪每个齿轮的旋转方向： 齿轮 3 顺时针旋转。 齿轮 4（与齿轮 3 啮合）逆时针旋转。 齿轮 5（与齿轮 4 啮合）顺时针旋转。 齿轮 6（与齿轮 5 啮合）逆时针旋转。 齿轮 7（与齿轮 6 啮合）顺时针旋转。 因此，如果齿轮 3 顺时针旋转，齿轮 7 也会顺时针旋转
7 个轴等间距地分布在一个圆周上。在每个轴上放置一个齿轮，使得每个齿轮与其左侧和右侧的齿轮啮合。齿轮在圆周上编号为 1 到 7。如果齿轮 3 顺时针旋转，那么齿轮 7 会朝哪个方向旋转？**一步步思考这个问题，并确保推理过程是小心谨慎的。**	逐步分析每个齿轮的旋转情况，从齿轮 3 开始向齿轮 7 移动。当齿轮 3 顺时针旋转时： 齿轮 3（顺时针）与齿轮 2 啮合，使齿轮 2 逆时针旋转。 齿轮 2（逆时针）与齿轮 1 啮合，使齿轮 1 顺时针旋转。 齿轮 1（顺时针）与齿轮 7 啮合，使齿轮 7 逆时针旋转。 齿轮 7（逆时针）与齿轮 6 啮合，使齿轮 6 顺时针旋转。 齿轮 6（顺时针）与齿轮 5 啮合，使齿轮 5 逆时针旋转。 齿轮 5（逆时针）与齿轮 4 啮合，使齿轮 4 顺时针旋转。 现在，齿轮 4 和齿轮 3 是相邻的，所以如果齿轮 3 顺时针旋转，齿轮 4 将逆时针旋转。然而，刚刚确定当齿轮 3 顺时针旋转时，齿轮 4 会顺时针旋转。这是一个矛盾，系统是过约束的。在实际情况中，这种齿轮配置无法自由旋转，因为力会相互抵消。 **总结一下，如果齿轮 3 顺时针旋转，系统将过约束，齿轮无法自由旋转**

3. 基于人类反馈的强化学习的对齐

如同 GPT-3.5，GPT-4 也进行了基于人类反馈的强化学习（RLHF），目的是使模型的回复更符合人类的价值观和需求。同时它能够使模型生成更鲁棒的回复。比如，在 TruthfulQA 数据集上，GPT-4 使用 RLHF 后，性能产生了大幅提升，如图 8-10 所示。

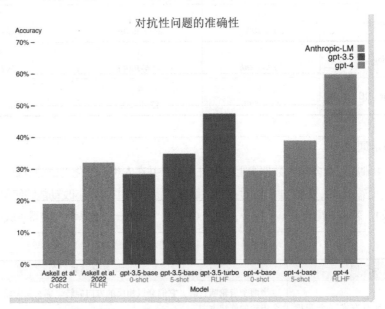

图 8-10 各语言模型对抗性问题的准确性表现

基于人类反馈的强化学习的对齐使得模型在 TruthfulQA 上的表现大大提升。Askell et al.2022 是来自 Anthropic 的语言模型。GPT-3.5-Base 和 GPT-3.5-Turbo 是更早版本的 GPT 模型。在此不做赘述。TruthfulQA 是一个旨在测试模型区分事实与"统计上有优势"的句子的能力。此数据集旨在测试大语言模型在多大程度上受大语料库中的人类的错误认知的影响。

4. 可预测扩展性

GPT-4 专注于构建可预测扩展（Predictable Scaling）的深度学习堆栈。GPT-4 团队已经开发出具有多尺度（Multi-Scale）可预测行为的基础设施和优化技术。这使他们能够在训练开始前准确预测在内部代码库上（这个代码库并未用于训练）的模型最终损失。可预测扩展性的主要原因是对于像 GPT-4 这样的大规模训练运行，进行广泛的模型特定调优是不可行的。这些改进使能够可靠地预测 GPT-4 的一些性能，这些预测来自使用 1000 倍至 10000 倍较少计算力训练的较小模型。

正确训练后的大型语言模型的最终损失被认为可以通过用于训练模型的计算量的幂律很好

地近似。为了验证此优化基础设施的可扩展性，GPT-4 团队通过拟合一个具有常数损失项的幂定律：

$$L(C) = aC^b + c \qquad (8\text{-}14)$$

来预测 GPT-4 在一个内部代码库（不是训练集的一部分）上的最终损失，这些模型使用相同的方法训练，但最多使用的计算量比 GPT-4 少 10000 倍。这个预测是在运行开始后不久做出的，没有使用任何部分结果。拟合的扩展定律准确预测了 GPT-4 的最终损失，如图 8-11 所示。

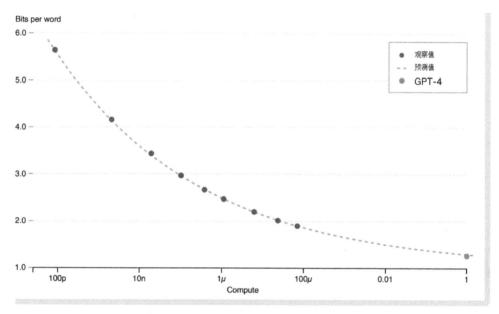

图 8-11　OpenAI 代码库衍生单词预测（GPT-4 及较小模型的性能）

衡量标准是在 OpenAI 内部代码库衍生的数据集上的最终损失。这是一个方便的、大规模的代码标记数据集，而且并未包含在训练集中。选择观察损失，因为它相较于其他在不同训练计算量上的度量标准，往往噪音较少。小模型（排除 GPT-4）的幂律拟合显示为虚线，此拟合准确预测了 GPT-4 的最终损失。x 轴是经过归一化的训练计算量，使得 GPT-4 为 1。

除了预测在代码库的最终损失外，OpenAI 还开发了更可解释的度量方法。比如在 HumanEval 数据集的通过率，它测量了合成不同复杂度的 Python 函数的能力。OpenAI 通过使用最多 1000 倍较少计算力训练的模型，成功预测了 HumanEval 数据集子集的通过率，如图 8-12 所示。对于 HumanEval 中的个别问题，性能可能偶尔会随着规模的增加而降低。尽管存在这些挑战，仍然发现了一个近似的幂律关系。

指标是 HumanEval 数据集的子集上的平均对数通过率。小模型（不包括 GPT-4）的幂律拟合显示为虚线，这种拟合准确预测了 GPT-4 的性能。x 轴是训练计算量，归一化 GPT-4 为 1。

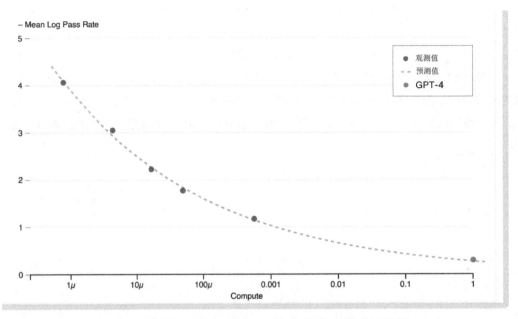

图 8-12　编码问题能力预测（GPT-4 和较小模型的性能）

8.4　构建会话系统模型

　　以 ChatGPT、GPT4 为代表的 AI 应用和大模型火爆全球，被视为开启了新的科技工业革命和 AGI（通用人工智能）的新起点。然而，OpenAI 并未将其开源，它们背后的技术细节有哪些？如何快速跟进、追赶并参与到此轮技术浪潮中？如何降低 AI 大模型构建和应用的高昂成本？如何保护核心数据与知识产权不会因使用第三方大模型 API 外泄？

　　作为当下很受欢迎的开源 AI 大模型解决方案，Colossal-AI 率先建立了包含监督数据集收集 -> 监督微调 -> 奖励模型训练 -> 强化学习微调的完整 RLHF 流程，以 LLaMA 为基础预训练模型，推出的 ColossalChat 是目前最接近 ChatGPT 原始技术方案的实用开源项目。

　　项目包含以下内容。

　　1）训练代码：开源完整 RLHF 训练代码，已开源至含 70 亿（7B）和 130 亿（13B）两种模型。

　　2）数据集：开源 104000 条（104K）中、英双语数据集。

　　3）推理部署：4bit 量化推理 70 亿参数模型仅需 4GB 显存。

　　4）模型权重：仅需单台服务器少量算力即可快速复现。

5）更大规模模型、数据集、其他优化等将保持高速迭代添加。

尽管 ChatGPT 和 GPT-4 等 GPT 系列模型非常强大，但是它们不太可能被完全开源。幸运的是，开源社区一直在不断努力。例如 Meta 开源了 LLaMA 模型，该模型的参数量从 70 亿到 650 亿不等，对外宣称 130 亿参数即可胜过 1750 亿的 GPT-3 模型在大多数基准测试的表现。但是由于没有被指令微调（Instruct Tuning），因此实际生成效果不够理想。斯坦福的 Alpaca 通过调用 OpenAI API，以 Self-Instruct 方式生成训练数据，使得仅有 70 亿参数的轻量级模型以极低成本微调后，即可获得媲美 GPT-3.5 这样千亿参数的超大规模语言模型的对话效果。

现有开源方案都可以被视为只得到了人类反馈强化学习（RLHF）中第一步的监督微调模型，没有进行后续的对齐和微调工作。同时 Alpaca 的训练数据集过小，语料只有英文，也在一定程度上限制了模型的性能。而 ChatGPT 和 GPT-4 的惊艳效果，还在于将 RLHF 引入训练过程，使得生成内容更加符合人类价值观。

基于 LLaMA 模型，Colossal-AI 首个开源包含完整 RLHF 流程的类 Chat 模型复现方案 Colossal-Chat，是目前最接近 ChatGPT 原始技术路线的实用开源项目。

1. 训练数据集开源

ColossalChat 开源了包含约 10 万条问答的中、英双语数据集。该数据集收集并清洗了社交平台上人们的真实提问场景作为种子数据集，利用 Self-Instruct 技术扩充数据，花费约 900 美元进行标注。对比其他 Self-Instruct 方法生成的数据集，该数据集的种子数据更加真实、丰富，生成的数据集涵盖的话题更多。该数据可以同时用于微调和 RLHF 训练（如图 8-13 所示）。通过高质量的数据，ColossalChat 能进行更好地对话交互，同时支持中文。

2. RLHF 算法复现

RLHF-Stage1 是监督微调模型（SFT），即使用上文提到的数据集进行模型微调。RLHF-Stage2 训练了奖励模型（Reward Model，RM），它通过对于同一个 Prompt 的不同输出进行人工排序，得到对应分数，监督训练奖励模型。

RLHF-Stage3 使用了强化学习算法（RLHF），是训练流程中最复杂的一部分，如图 8-14 所示。

在 PPO 部分，ColossalChat 分为两个阶段进行：首先是 Make Experience 部分，利用 SFT 、Actor、RM、Critic 模型计算生成 Experience 存入 Buffer 中。之后是参数更新部分，利用 Experience 计算策略损失和价值损失。在 PTX 部分，ColossalChat 计算 Actor 输出 Response 和输入语料的回答部分的交叉熵损失函数，用来在 PPO 梯度中加入预训练梯度，以保持语言模型原有性能防止遗忘。最后将策略损失、价值损失和 PTX 损失加和进行反向传播和参数更新。

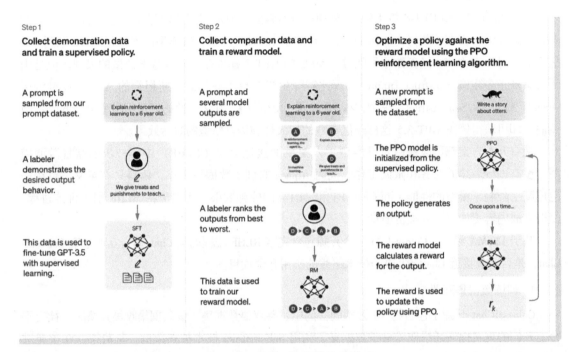

图 8-13　RLHF 指令学习全流程

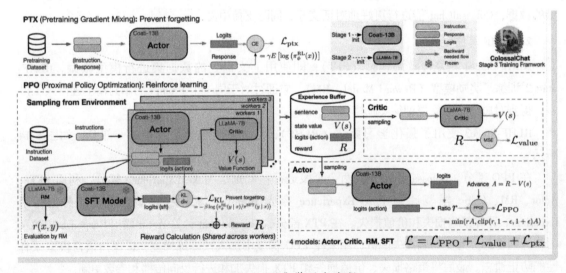

图 8-14　强化学习全流程

▶▶ 8.4.1 基于监督的指令精调与模型训练

ColossalChat 开源了基于 LLaMA 模型，复现训练 ChatGPT 三个阶段的完整代码。Colossal-AI 框架提供了简单易用的训练代码，用户可以无缝使用如 GPT、OPT、BLOOM 等预训练模型权重。

```
from chatgpt.nn import GPTActor, GPTCritic, RewardModel
from chatgpt.trainer import PPOTrainer
from chatgpt.trainer.strategies import ColossalAIStrategy

strategy = ColossalAIStrategy(stage=3, placement_policy='cuda')

with strategy.model_init_context():
    actor = GPTActor().cuda()
    critic = GPTCritic().cuda()
    initial_model = deepcopy(actor).cuda()
    reward_model = RewardModel(deepcopy(critic.model)).cuda()
trainer = PPOTrainer(strategy, actor, critic, reward_model, initial_model, ...)
trainer.fit(prompts)
```

在 applications/Chat/examples 路径下，第一阶段，训练 SFT 模型。

```
# 使用 4-GPU 的服务器训练
colossalai run --nproc_per_node=4 train_sft.py \
    --pretrain "/path/to/LLaMa-7B/" \
    --model 'llama' \
    --strategy colossalai_zero2 \
    --log_interval 10 \
    --save_path /path/to/Coati-7B \
    --dataset /path/to/data.json \
    --batch_size 4 \
    --accimulation_steps 8 \
    --lr 2e-5
```

第二阶段，训练奖励模型。

```
# 使用 4-GPU 的服务器训练
colossalai run --nproc_per_node=4 train_reward_model.py \
    --pretrain "/path/to/LLaMa-7B/" \
    --model 'llama' \
    --strategy colossalai_zero2 \
    --dataset /path/to/datasets
```

第三阶段，使用强化学习训练。

```
# 使用 8-GPU 的服务器训练
colossalai run --nproc_per_node=8 train_prompts.py prompts.csv \
    --strategy colossalai_zero2 \
    --pretrain "/path/to/Coati-7B" \
    --model 'llama' \
    --pretrain_dataset /path/to/dataset
```

在获得最终模型权重后，还可通过量化降低推理硬件成本，并启动在线推理服务，仅需单个约 4GB 显存的 GPU 即可完成 70 亿参数模型推理服务部署。

```
python server.py /path/to/pretrained --quant 4bit --gptq_checkpoint /path/to/coati-7b-4bit-
128g.pt --gptq_group_size 128
```

▶▶ 8.4.2 会话系统的推理与部署策略

Colossal-AI 提供了用户部署在线推理服务器和完成基准测试的指导，主要目标是在单个 GPU 上运行推理，因此在使用大型模型时量化是必不可少的。目前仅支持 LLaMA 系列模型。

不同量化精度有以下特征。

- FP16：速度最快，输出质量最好，内存使用最高。
- 8bit（位）：速度较慢，设置较简单（最初由 Transformers 支持），输出质量较低（由于 RTN 的影响），推荐给初学者。
- 4bit（位）：速度更快，内存使用最低，输出质量较高（由于 GPTQ 的影响），但设置较困难。

为降低推理部署成本，Colossal-AI 使用 GPTQ 4bit 量化推理。在 GPT/OPT/BLOOM 类模型上，它比传统的 RTN（Round-To-Nearest）量化技术能够获得更好的模型困惑度（Perplexity）效果。相比常见的 FP16 推理，它可将显存消耗降低 75%，只损失极少量的吞吐速度与模型困惑度性能。

以 ColossalChat-7B 为例，在使用 4bit 量化推理时，70 亿参数模型仅需大约 4GB 显存即可完成短序列（生成长度为 128）推理，在普通消费级显卡上即可完成（例如 RTX 3060），仅需一行代码即可使用。

```
if args.quant == '4bit':
    model = load_quant(args.pretrained, args.gptq_checkpoint, 4, args.gptq_group_size)
```

使用 8bit 推理时，请确保已下载了 LLaMA 模型的 HF 格式权重。使用方法如下。

```
import torch
from transformers import LlamaForCausalLM

USE_8BIT = True    # 使用 8 位量化;否则使用 fp16
```

```
model = LlamaForCausalLM.from_pretrained(
        "pretrained/path",
        load_in_8bit=USE_8BIT,
        torch_dtype=torch.float16,
        device_map="auto",
     )
if not USE_8BIT:
    model.half()   #使用 fp16
model.eval()
```

如果在加载 8bit 模型时出现指示未找到 CUDA 相关库的错误，请检查 LD_LIBRARY_PATH 是否设置正确。例如，可以设置 export LD_LIBRARY_PATH = $ CUDA_HOME/lib64：$ LD_LIBRARY_PATH。使用 4bit 推理时，可以按照 GPTQ-for-LLaMa 的步骤进行操作。该库提供了高效的 CUDA 核函数和权重转换脚本。

安装此库后，可以将原始的 HF 格式 LLaMA 模型权重转换为 4bit 版本。在克隆的 GPTQ-for-LLaMa 目录中运行以下命令，然后得到一个 4bit 权重文件 llama7b-4bit-128g.pt。

```
CUDA_VISIBLE_DEVICES=0 python llama.py /path/to/pretrained/llama-7b c4 --wbits 4 --groupsize
128 --save llama7b-4bit.pt
```

部署服务器时，执行以下代码。

```
export CUDA_VISIBLE_DEVICES=0
# fp16,默认情况下监听 0.0.0.0:7070
python server.py /path/to/pretrained
# 8 位,监听 localhost:8080
python server.py /path/to/pretrained --quant 8bit --http_host localhost --http_port 8080
# 4 位
python server.py /path/to/pretrained --quant 4bit --gptq_checkpoint /path/to/llama7b-4bit-128g.
pt --gptq_group_size 128
```

总结来看，ColossalChat 包括以下几点优势与特征。

（1）系统性能优化与开发加速

ColossalChat 能够快速跟进 ChatGPT 完整 RLHF 流程复现，离不开 AI 大模型基础设施 Colossal-AI 及相关优化技术的底座支持，相同条件下训练速度相比 Alpaca 采用的 FSDP（Fully Sharded Data Parallel）可提升 3 倍左右。

（2）减少内存冗余的 ZeRO + Gemini

Colossal-AI 支持使用无冗余优化器（ZeRO）提高内存使用效率，低成本容纳更大模型，同时不影响计算粒度和通信效率。自动 Chunk 机制可以进一步提升 ZeRO 的性能，提高内存使用效率，减少通信次数并避免内存碎片。异构内存空间管理器 Gemini 支持将优化器状态从 GPU 显存卸载到 CPU 内存或硬盘空间，以突破 GPU 显存容量限制，扩展可训练模型的规模，降低 AI 大模型应用成本。

（3）使用 LoRA 低成本微调

Colossal-AI 支持使用低秩矩阵微调（LoRA）方法，对 AI 大模型进行低成本微调。LoRA 方法认为大语言模型是过参数化的，而在微调时，参数改变量是一个低秩矩阵。因此，可以将这个矩阵分解为两个更小的矩阵的乘积。在微调过程中，大模型的参数被固定，只有低秩矩阵参数被调整，从而显著减小了训练所需的参数量，并降低成本。

第9章

百花齐放的自然语言模型：
Switch Transfomer和PaLM

本章将重点讨论 Switch Transformer 和 PaLM 模型。首先，本章将详细介绍万亿参数稀疏大模型 Switch Transformer，包括稀疏门控混合专家模型 MoE（Sparsely Gated MoE）和基于 MoE 的万亿参数模型 Switch Transformer；探讨它们的结构、原理和关键特点，以及其在自然语言处理任务中的应用。其次，本章将介绍优化语言模型性能的 PaLM 模型，包括其结构、原理和关键特点；讨论 PaLM 的训练策略和效果评估，以及在实际应用中的应用案例。PaLM 实战训练部分将进一步探讨 PaLM 模型的结构、原理和关键特点，并进行代码演练，帮助读者更好地理解和应用该模型。通过本章的学习，读者将了解自然语言模型的最新进展和应用，为读者在自然语言处理领域的研究和实践提供参考和启示。

9.1 万亿参数稀疏大模型 Switch Transformer

近年来，无论在 NLP 还是 CV 领域都涌现出了一大批出色的大模型，模型参数规模一路从十亿、百亿（GPT-2、T5）狂飙到千亿甚至万亿（GPT-3、Switch Transformer）。同时大模型智能的"涌现现象"也让人们看到了一丝通用人工智能（Artificial General Intelligence，AGI）的曙光。这些大模型的成功无不昭示着增加模型参数是提高模型性能的关键手段。那么大量的参数应该用什么样的结构组织？在以往的深度学习模型中，模型作为一个整体，每次运行往往都会用到全部参数。因此，研究者们不断增加模型的深度、宽度等，希望全知全能的智慧体由此而生。而混合专家模型（Mixture of Experts，MoE）提供了一种不同的解决方案。MoE 模型的内部有多个专家组成的"智囊团"，模型的输入会被分配给多个专家（子网络），然后模型会综合专家们的意见完成最终的任务。

　　MoE 背后的原理并不难理解：在现实世界中，一些重要的决策的做出往往需要汇总不同领域的专家的意见；人脑也有具备不同功能的脑区协同完成现实世界的复杂任务；对于 NLP 输入序列中不同类别（词性、句子成分等）的词元，若能交由不同专家专门处理也可能会有更好表现。那这个思路如何在模型中实现呢？首先需要在模型中创建一些独立的"专家"（子网络）；其次，需要一个分发器（Router）决定输入会被交给哪几个专家；最后，需要一个汇总机制来决定采纳或者综合哪几位专家的意见形成输出。因为分发机制的存在，并不是所有专家都会参与到对某任务的处理，所以 MoE 其实是一种条件计算（Conditional Computation）。

　　在基于 Transformer 的模型中，一般每个"专家"是一个独立的 FFN 层，而负责分发的模型结构是一个门控网络（Gating Network），最终被选中的"专家"输出会被以加权平均的形式汇总成最终输出。图 9-1 所示为如何在 Transformer 中引入 MoE：把 FFN 层替换为内含多个 FFN 的MoE 层。

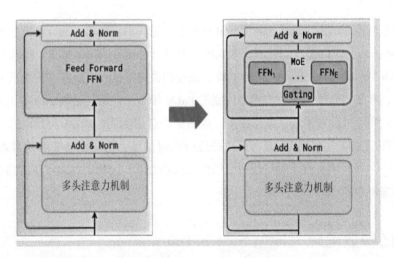

图 9-1　将 Transformer 的 FFN 层替换为 MoE 层

▶▶ 9.1.1　稀疏门控混合专家模型 MoE

　　稀疏门控 MoE（Sparesly Gated MoE）是一种常见的 MoE 实现方式，"稀疏"的含义是在处理一个输入样本的时候，一般只会选择很少的专家（一个或者两个）。这样的好处是尽管引入了很多的参数（专家），但是每次前向/反向传播的计算量（FLOPs）并不会显著增加，因为每个样本（在 NLP 任务中一般是 Token）只会选择少量的 FFN 层进行运算（如 Switch Transformer 中只选择一个）。若只选一个，增加的计算成本只有一个简单的门控网络和汇总专家输出时的加权平均。此外，使用 MoE 也可以方便将不同的专家（FFN 层）分布在不同的 GPU 上，这样有助于并行计算加快训练的速度。

下面正式定义一下 MoE 中的各个成分。

假设有 n 个专家 E_1，…，E_n，其中每个专家都有自己独立的参数。不同专家可以使用相同的模型结构，也可以用不同的模型结构。为了简单起见一般会用相同结构的专家。用 $E_i(x)$ 表示第 i 个专家输入样本 x 后的输出。负责分发的样本门控网络（Gating Network）用 G 表示。该网络输入样本 x 后会产生一个 n 维的稀疏向量 $G(x) \in R^n$，$G(x)_i$ 表示对于样本 x 第 i 个专家的权重。最终 MoE 的输出为不同专家输出的加权和（权重由门控网络得到）：

$$y = \sum_{i=1}^{n} G(x)_i \odot E_i(x) \tag{9-1}$$

其中 $G(x)\_i$ 是标量，y 和 $E\_i(x)$ 是向量，$\odot$ 表示逐元素相乘。

对于稀疏门控 MoE，$G(x)$ 向量的大部分值为 0。对于 $G(x)_i = 0$ 的专家 i，不再计算对应的 $E_i(x)$，这样就大幅就减少了计算量。也就是说专家的数量 n 可以取几百上千，但是对每个样本 x 只会通过 G 选择一两个最适合它的专家计算 $E_i(x)$ 从而得到加权输出 y。

对于 Transformer 模型中的 MoE 层，x 是序列中的一个 Token，x，$E_i(x) \in R^{hidden\_size}$

1. 门控网络：Noisy Top-K Gating

本部分简要介绍噪声 Top-K 门控网络（Noisy Top-K Gating）。顾名思义，该方法会将一个样本 x 分给 K 个专家。计算的过程如下，其中可训练参数为 $W_g, W_{noise} \in R^{hidden\_size}$。

$$G(x) = Softmax(KeepTopK(H(x), k)) \in R^n, \tag{9-2}$$

$$其中 \ KeepTopK(v, k)_i = \begin{cases} v_i & 若 v_i 是向量 v 中最大的前 k 个元素 \\ -\infty & 否则 \end{cases}$$

$$H(x) = x \ W_g + StandardNormal() * Softplus(x \ W_{noise}) \in R^n$$

首先将 $x \in R^{hidden\_size}$ 乘以一个矩阵 W_g 得到一个 n 维的向量 $xW_g \in R^n$，但是不直接对该向量进行 $Softmax$ 作为 G^x，而是再将其加上后面的一个噪声项得到 n 维向量 $H(x) \in R^n$。最后，使用 $KeepTopK$ 选出向量 $H(x)$ 中最大的 K 个元素进行 $Softmax$，得到在 K 个专家上的不同权重（$Softmax$ 是为了让所有专家的权重加和为 1；若一个位置为 $-\infty$ 则 $Softmax$ 的结果为 0）。如果希望门控网络得到稀疏的结果可以将 K 设置为较小值（1 或 2）。

这里引入噪声项的目的是为了给训练的过程中加入一些随机性，让尽可能多的专家得到训练的机会，有助于实现负载均衡（关于负载均衡的重要性详见前面章节）。对于在训练过程中加入的标准正态分布噪声 $StandardNormal()$，模型也可以通过学习 W_{noise} 的值来自行适应。

2. 负载均衡：如何让数据对不同专家"雨露均沾"

MoE 中多个专家之间的负载均衡非常重要。如果在训练的时候不添加任何约束，门控网络很可能会偏向于把任务分配给某几个专家。随后,随着这些专家得到了充分的训练,门控网络选择这些专家的路径也进一步强化,于是最终,整个 MoE 只有一两个 FFN 层得到了充分训练,大多数专家没有用上,这就违背了使用 MoE 的初衷。此外,负载不均衡还会导致并行处理的效率降低。假设把专家分配在不同的 GPU 上以便并行,然而只有少数 GPU 上的专家不断收到大量的样本,而大多数 GPU 空闲,这是不合理的,所以实现负载均衡十分必要。

为了达到负载均衡,会在训练的时候增加一个辅助损失,惩罚门控网络不均匀的分配方案,使其将不同的样本尽可能均匀的分配给不同的专家。常见的损失有基于负载(Load-Based)和基于重要性(Importance-Based)的,实际中这两者会在损失中以加权的方式同时使用。

在介绍具体的损失之前,先来思考一下用什么指标衡量不均衡的分配方案。假设有 4 个专家,对于 100 个样本,每个专家累计被分到的样本数量分别为 $[80, 5, 3, 12]$。这显然不是一个均衡的方案(第一个专家分得太多了),那么用什么指标可以衡量呢?答案是变异系数(Coefficient of Variation,CV),也就是向量的标准差除以平均值。用数学语言描述的计算公式为:

$$CV(x) = std(x)/mean(x) \in R, x \in R^m \tag{9-3}$$

下面就可以引入基于重要性的(Importance-Based)的负载均衡损失了,其公式为:

$$L_{importance}(Batch) = w_{importance} * CV(I(Batch))^2 \tag{9-4}$$

其中 $I(Batch)_i = Importance(Batch)_i = \sum_{x \in batch} G(x)_i, \ w_{importance} \in R$ 为超参数

可以看出,该损失衡量的是门控单元 G 对一个 Batch 中所有样本分配方案的均衡程度,损失大小完全取决于其中 $CV(I)$ 的大小。图 9-2 所示为一种简化情况(每个样本只被分给一个专家)的例子,可以从图 9-2a 中看到不均衡的分配方案是如何导致 $CV(I)$ 变大,从而导致损失变大的;以及在图 9-2b 中,当负载完全均衡的时候(理想情况),$L_{importance}(Batch) = 0$。

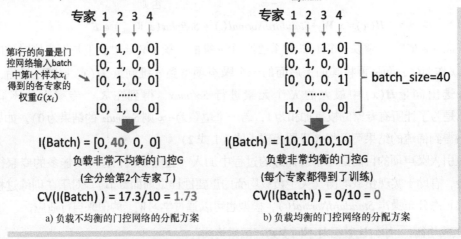

图 9-2　负载不均衡和负载均衡的情况示意图

那么上述基于重要性的损失有没有什么缺点呢？答案是有的。即使该损失降到很低（各个专家的 Importance 相等），也有可能不同专家收到的样本数不一样。比如可能的情况是一个专家收到了少量有较大权重的样本，而其他专家收到了较多权重较小的样本。因此，第二个基于负载（Load-Based）的辅助损失被引入改善这个问题。

Load-Based 的损失不再使用每个位置专家上累计的 $\sum_{x \in batch} G(x)_i$ 作为衡量该专家负载的方式，而是通过计算 $\sum_{x \in batch} P(x,i)$ 来估计该专家在一个 Batch 的负载，其中 $P(x,i)$ 表示 $G(x)_i$ 不为 0 的概率，其计算方式为：

$$P(x,i) = \Phi\left(\frac{((x W_g)_i) - k^{th} excluding(H(x),k,i)}{softplus(x)}\right) \tag{9-5}$$

其中 Φ 是标准正态分布的 CDF，$k^{th} excluding(H(x),k,i)$ 表示 $H(x)$ 中除第 i 个元素以外第 k 大的元素。

关于该式的推导在此不做展开，感兴趣的读者可以查阅论文 "Outrageously Large Neural Networks：The Sparsely-Gated Mixture-of-Experts Layer" 中的第 4 章与附录 A 中的内容。

最终 Load-Based 的损失形式为：

$$L_{load}(Batch) = w_{load} * CV(Load(Batch))^2 \tag{9-6}$$

▶▶9.1.2 基于 MoE 的万亿参数模型 Switch Transformer

在 2021 年 6 月，谷歌在 Arxiv 上发布了论文 "Switch Transformers：Scaling to Trillion Parameter Models with Simple and Efficient Sparsity" 提出了 Switch Transformer 这种基于稀疏门控 MoE 的 Transformer 模型。Switch Transformer 的最大版本 Switch-C 首次将人工智能模型的参数提高到了万亿量级（1.6 万亿）。作为对比，曾经在 2020 年大放异彩的 GPT-3 的模型参数为 1750 亿，大约只有 Switch Transformer 的十分之一。当然，Switch Transformer 是一个稀疏 MoE，与稠密的 GPT-3 模型相比，对于每个 Token 并不会调动模型中的全部参数。那么为了达到万亿的参数，Switch Transformer 模型采取怎样的稀疏策略？"稀疏 MoE+增加参数量（增加专家数量）"的组合带来的模型表现如何？以及谷歌采取了怎样的并行策略从而应对万亿规模的模型挑战的呢？希望读者读完如下内容后能对这些问题的答案有所了解。

1. Switch Transformer 的结构

Switch Transformer 基于 T5 模型构造的（将 T5 模型中的 FFN 层替换为了 MoE 层）。在稀疏方面，模型大胆地将 MoE 层 Top-K 中的 K 设置为 1，也就是每个 Token 在 MoE 层中只会被导向一个 FFN（而此前的 MoE 往往 K≥2）。图 9-3 所示为 More 和 Parameters 两个词元在 MoE 层 Switching FFN Layer 中分别被门控网络 Router 导向了两个不同的 FFN 层进行处理的情况。

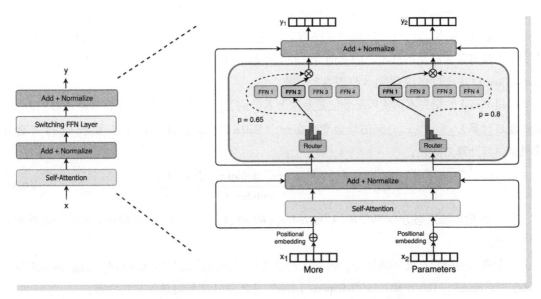

图 9-3 Switch Transformer 的稀疏 MoE 层示意图

2. Switch Transformer 的性能表现

图 9-4 所示为基于 T5-Base 构造的 Switch Transformer 模型 Switch-Base 的预训练表现。模型的评价指标（Test Loss）为衡量语言模型好坏的困惑度（Perplexity），越低表示模型越好。Neg Log Perplexity 是将困惑度取 log 后取反，越高表示模型越好。图中 e 前面的数字代表 MoE 层的专家数量。需要一提的是，图 9-4a 中的性能比较都是在相同计算开销（FLOPs）下进行的。

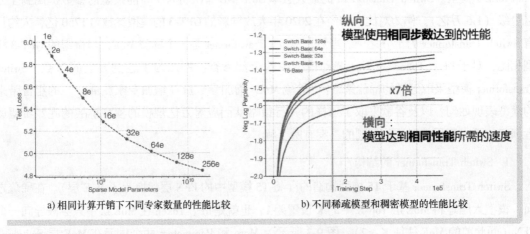

a) 相同计算开销下不同专家数量的性能比较   b) 不同稀疏模型和稠密模型的性能比较

图 9-4 Switch Transformer 的性能对比

如果横向观察图 9-4b,可以发现和稠密的模型 T5-Base 相比,稀疏的 Switch-Base 模型达到相同的模型性能要比 T5 快得多(所用的 Training Steps 要少近 7 倍)。如果纵向观察图 9-4b,可知在相似计算开销(Training Step)下,训练出的稀疏模型的性能要比稠密 T5 模型好,并且在有足够计算资源时(训练 1e5 step),训练出的稀疏模型的性能上限要比稠密模型 T5 高。同时,随着专家数量的增加,稀疏模型的性能上限也不断提高,如图 9-4a 所示。这意味着通过这种方式,可以在不显著增加计算量的情况下放心引入更多的模型参数,来得到优秀的模型表现,论文中提到的包含 1.6 万亿参数的 Swith-C 模型就是践行这一理念的成功案例。当然从图 9-4a 中也可以发现,随着专家数量的增多,获得的收益是递减的。所以专家数量并不是越多越好,在实践中需要权衡通过增加专家(模型参数)带来的性能提升与相应的内存成本的增加,来决定 MoE 中专家的数量。

除了预训练,Switch Transformer 在下游任务的微调也十分出色,但是需要更强的正则化。由于稀疏的 Switch Transformer 和相似计算开销的稠密模型相比,模型参数明显更多,所以非常容易在数据量较少的下游任务中过拟合。因此研究者在尝试了不同的 Dropout 策略对模型进行正则化,并且最终发现"在非专家层采用较小的 Dropout 率(0.1)+在专家层采取了较高的 Dropout 率(0.4)"的策略可以获得最好的表现,使得基于 T5-Base 的 Switch-Base 模型在 GLUE、CNNDM、SQuAD、SuperGLUE 四个评测集上的指标明显超过相似计算开销的稠密模型 T5-Base。

同时,研究者也尝试将 Switch Transformer 作为 Teacher,通过 Teacher-Student 的方式进行知识蒸馏(Knowledge Distillation),从而得到小的稠密模型。研究者发现将 Switch-Base 模型参数大小压缩到原来的 1/20 左右,蒸馏得到的稠密小模型依然可以保留 30% 的性能提升。

此外,Switch Transformer 在多语言任务上的表现也同样出众。在达到同样预训练性能(困惑度)的情况下,基于 mT5-Base 的稀疏模型 mSwitch-Base 要比稠密的 mT5-Base 平均快 5 倍以上。在给定相同训练步数(1M)的条件下,mSwitch-Base 在 101 种语言上都比对应的稠密模型 mT5-Base 要好。因此研究者认为 Switch Transformer 是一个优秀的多语言、多任务学习模型。

作者注:在比较模型表现的时候,需要注意控制对应的变量才能保证公平,得到可信的结果。比如上文在比较模型表现的时候,需要首先控制计算量的大致相同(训练的步数)。在比较训练速度的时候,选择让模型达到同样的指标(困惑度)。

3. Switch Transformer 的并行策略

到目前为止,读者们知道了 Switch Transformer 通过"非常稀疏"的 MoE(TopK = 1),在不显著增加计算量的情况下成功引入了大量参数,实现了优异的性能。那么是不是该模型完美无缺了呢?非也。俗话说"没有免费的午餐",Switch Transformer 虽然不吃"计算量",但是引入了更多的参数(专家)带来的代价是巨大的内存占用。或许读者还对本书前面章节中对 ALBERT 模型的评价存在一些印象:ALBERT 基于参数共享的参数缩减的方式虽然减少了内存占用,但是不减少计算量。而对于 Switch Transformer 来说，它的特点是：虽然随着参数（专家）增加，计算量维持基本不变，但是所需的内存是会越来越多的。有的读者可能会想，难道不可以每次只加载某几个需要用的专家吗？但问题在于，每个样本（句子）中不同的 Token 会被门控网络分给不同的专家，并不知道哪几个专家会被用到，所以必须把所有的专家都加载进内存。这样，模型的巨大参数量就会给系统设计带来了很大的挑战。毕竟万亿级别的模型参数以及大模型的训练数据集规模导致把所有数据和参数都一次性加载到单个机器的内存中进行处理是不可能的。因此，训练 Switch Transformer 必然需要涉及一些并行策略，下面将进行简单介绍。

（1）数据并行、模型并行与专家并行

在 Switch Transformer 的论文中，作者列出 5 种可能的并行方式，如图 9-5 所示。该图中每一列代表一种并行方式，从左到右分别是数据并行、模型并行、模型+数据并行、专家+数据并行和专家+模型+数据并行。在图中每个格子代表一个核心（Core），这个例子一共有 16 个核心。其中第一行代表模型权重在 16 个核心上的分配，第二行代表数据在 16 个核心上的分配。相同的颜色代表相同的模型参数/数据，矩形的大小代表模型参数量/数据量的大小。如果矩形覆盖了多个格子，说明该模型参数/数据的不同分片（Shard）被分配在了多个单元上。

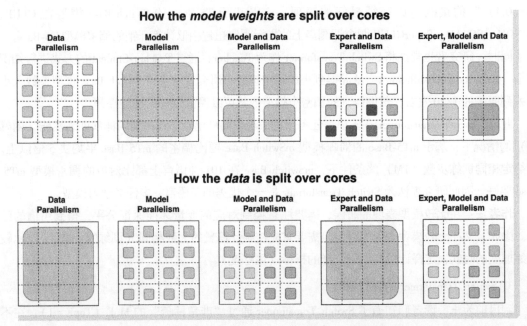

图 9-5　Switch Transformer 论文中提到的 5 种并行策略

下面以一个线性变换为例简要介绍这 5 种并行方式。

图 9-5 第一列的数据并行如图 9-6 所示。每个节点（核心）可以存放整个模型参数，前向传

播时将数据切片后分发到各个节点上独立计算，随后将结果合并，继续前向传播。反向传播时，各个节点上的模型参数会根据梯度进行同步的更新。在数据并行中，每个节点会存储全部模型参数+部分数据。

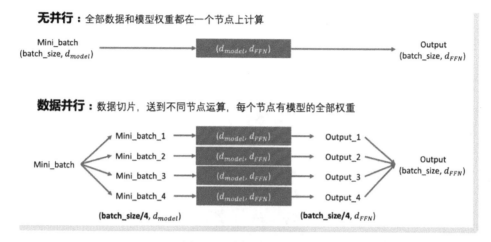

图 9-6　数据并行示意图

图 9-5 第二列的模型并行如图 9-7 所示。如果模型太大导致在一个节点上存不下，可以考虑将模型的权重切片后放在不同节点上。前向传播时全部数据会被分发到每个节点，处理的结果会被汇总后继续前向传播。在这里的模型并行中，每个节点会存储**部分模型参数+全部数据**。

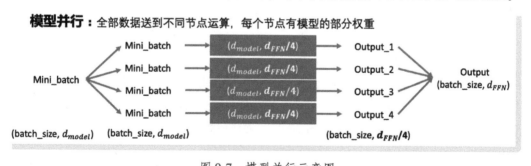

图 9-7　模型并行示意图

图 9-5 第 3 列数据+模型并行的情况没有画出，但可以想象每个节点存储**部分模型参数+全部数据**的情况。也就是在数据并行的基础上，将每个节点的模型参数再次分到多个节点完成计算。这样进一步增加了并行，但是也会增大节点间通信的开销。

图 9-8 所示为图 9-5 中第 4 列中的专家+数据并行，以及第 5 列的专家+数据+模型并行（红框部分）。对于专家+数据并行，每个节点会拿到一部分数据，并在本地通过门控网络决定数据

分片中各 Token 会被分发到哪个专家（在负载均衡的理想条件下，一个 Batch 中各专家收到的 Token 数量是相同的）。不同的专家会被存储在不同的节点上，每个专家在处理完对应数据分片不同节点会将处理结果汇总。当一个专家在一个节点上无法存下的时候，也可以加入模型并行（蓝框部分），让一个专家网络的参数分配在不同节点上。

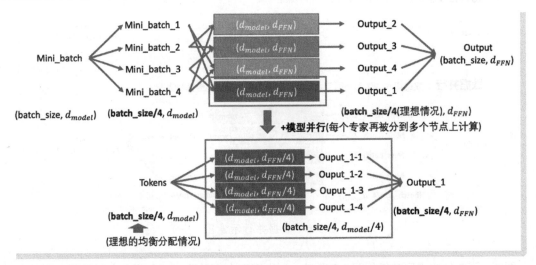

图 9-8　专家并行+数据并行+模型并行示意图

　　需要注意的是，这里的图 9-6 到图 9-8 只是为了方便作者直观理解图 9-5 中描述的几种并行方式，并不意味着不存在其他并行方式。比如模型并行除了如图 9-7 所示把一个矩阵分成几部分，也可以把模型的不同层分配在各个节点上，然后以流水线的方式运行。此外，本部分也并没有详细讨论不同并行方式的通信开销。尽管如此，读者还是可以直观地意识到加入模型并行后将极大增加节点间的开销，因为这涉及大量的数据在节点间的分发和汇总（可以将最简单的数据并行和模型并行进行对比，前者只在节点间分发合并部分数据分片，后者会将完整数据在节点间分发与合并）。因此，Switch Transformer 的 1.6 万亿参数版本 Switch-C 最后并没有使用模型并行，只使用了专家+数据并行。

　　（2）专家的容量系数

　　上面提到了专家并行中，不同专家会被分配在不同节点上。图 9-9 展示了一种情况，其中有 3 个专家（num_experts＝3）分别在 3 个设备上，并且该 Batch 中有 Token 的数量为 6（token_per_batch＝6）。其中每个专家会留出 *Expert Capacity* 个 Token 的缓冲区（Buffer）用于存储分配得到的 Token。其中 *Expert Capacity* 的公式为：

$$Expert\ Capacity = (tokens\_per\_batch / num\_experts) * capacity\_factor \tag{9-7}$$

　　在理想的负载均衡情况下，每个专家会收到相同数量的 Token。因此每个节点上的 Experts 只

需要留出 *tokens_per_batch / num_experts* 空间的缓冲区就可以了（*Capacity Factor* = 1）。但是现实中，尽管引入了负载均衡损失，也可能存在分配不均匀的情况。如果每个专家只留出"刚刚好"的缓冲区，某些专家就可能收到过多的 Token 产生溢出（Overflow），正如图 9-9 中的蓝色虚线所示，专家 1 收到了 3 个 Token。为了避免溢出，这时候一种方案就是扩大每个节点上的缓冲区容量，比如图 9-9 右侧将 *Capacity Factor* 设置为 1.5，这样就缓解了溢出，但同时也造成了空间浪费等问题。因此，实际中会权衡利弊设置合适的 *Capacity Factor*，并且当一些专家真的被分配超过容量的 Token 的时候，那些 Token 将会被忽略，直接通过残差连接进入下一层。

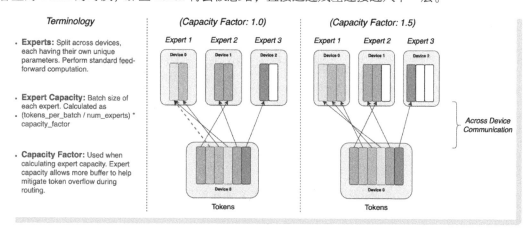

图 9-9　Token 在专家间的分发过程及专家的容量示意图

9.2　PaLM 模型：优化语言模型性能

近年来，为了语言理解和生成而训练的大型神经网络在广泛的任务中取得了惊人的成果。GPT-3 揭示了大型语言模型（LLM）可以用于少量学习，而不用大规模的特定任务数据收集或模型参数更新，就能取得令人印象深刻的结果。

最近的 LLM（如 GLaM、LaMDA 和 Megatron-Turing NLG）通过扩大模型规模、使用稀疏的激活模块，并在更多来源的更大数据集上进行训练，在许多任务上取得了先进的结果。然而，随着模型规模的增加，大模型在小样本学习中的潜力仍有很多方向亟待探索。

科技巨头谷歌公司也推出了自己的下一代人工智能语言模型，即 PaLM（Pathways Language Model）。PaLM 在训练过程中，采用了谷歌内部研发的人工智能架构 Pathways，以协调加速器的分布式计算，提供模型训练的效率和质量。下面将深入研究 PaLM 的算法，探讨模型训练、解决问题的能力以及其他相关问题。

2021 年，谷歌研究部公布了其宏大愿景，即构建一个可以跨领域和任务通用的通用模型，同时具有较高的效率。为实现这一愿景，开发了新的 Pathways 系统来协调加速器的分布式计算。

2022 年，谷歌推出了首个基于 Pathways 的大语言模型 PaLM。这是一个由 5400 亿个参数且仅由密集解码器构成的 Transformer 模型，如图 9-10 所示。通过在多个 TPU v4 Pod 上有效地训练一个模型，谷歌在数百个语言理解和生成任务上对 PaLM 进行了评估，发现它在大多数任务中都达到了最先进的概率性能，在语言和推理任务方面更是表现出了非凡的能力，超过了当时人工智能的最先进水平和人类的表现。

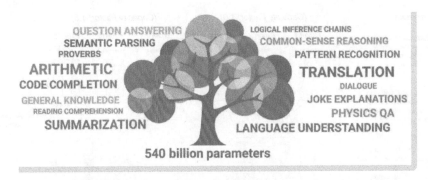

图 9-10　由 PaLM 的 5400 亿个参数支撑起的自然语言处理能力

PaLM 具有模仿人类获取新知识和整合各种信息的能力，可以解决新的挑战。例如，它可以很好地解释一个不熟悉的笑话。

PaLM 在各种具有挑战性的任务中表现出重大突破，包括语言理解和生成、多步骤算术问题、常识性推理和翻译。它可以利用多语言 NLP 数据集解决复杂的问题，区分因果关系、概念组合和其他任务。PaLM 还可以利用多步骤逻辑推理、深度语言处理和全局知识等技术为各种背景提供详细的解释。

▶▶ 9.2.1　PaLM 模型的结构、原理和关键特点

2021 年 10 月，谷歌发布了一篇文章，概述了一个名为 Pathways 的新人工智能架构的目标。Pathways 标志着人工智能系统持续发展的一个新篇章。以前，算法被设计为擅长特定的任务，但 Pathways 方法是创建一个统一人工智能模型，通过学习和训练来解决所有问题。这种设计避免了为数千种不同的任务训练数千种算法的低效方法。

Pathways 是一种新的人工智能方法，通过结合多种学习技术，解决了当前人工智能模型的局限性。现今训练大多数机器学习模型的方式，并不是扩展现有的模型来学习新的任务，而是从无到有地训练为每一个新任务训练一个新模型。Pathways 的愿景是可以处理数千或数百万件事情，不再从头开始训练每个新问题。相反，它将利用现有技能更快速、更有效地学习新任务。这种方

法更接近于哺乳动物大脑在不同任务中的通用方式。

Pathways 可以使模型的模态输入同时包含视觉、听觉和语言理解。这与人们依靠多种感官来感知世界的事实相符，却与当代人工智能系统消化信息的方式非常不同。今天的大多数模型一次只处理一种模式的信息，可以接受文本、图像或语音——但通常不能同时接受这 3 种。当然，人工智能模型不需要局限于这些熟悉的感觉；Pathways 可以处理更多抽象形式的数据，从而找到人类科学家在复杂系统（如气候动力学）中难以发现的有用模式信息。

Pathways 期望构建更加稀疏和高效的人工智能模型。绝大部分的人工智能模型的神经元之间通常是密集连接的，当模型遇到输入时，无论这个任务是简单还是复杂，整个模型都会被激活，这耗费了大量的机器算力。为了解决这个问题，Pathways 建立一个稀疏的模型，只有在需要时才激活特定的路径。这样，模型可以学习哪些部分在不同任务中最有效，从而以更高效的方式执行任务。这种模型在学习新任务时速度更快，并且更加节能，因为它不需要为每个输入激活整个网络。

Pathways 代表了谷歌将人工智能提升到新水平的战略，弥合了机器学习和人类学习之间的差距。谷歌开发的最新模型，即下面将要介绍的 Pathways 大语言模型（PaLM）是这种方法的进一步推进。

1. 模型设计

PaLM 采用了 Transformer 模型架构的纯解码器（Decoder）结构，并且包含了如下一些修改。

（1）SwiGLU 激活

PaLM 使用 SwiGLU 激活作为 MLP 的中间激活。与标准的 ReLU、GeLU 或 Swish 激活相比，SwiGLU 激活已被证明能显著提高模型质量。在计算等效实验中（即对 ReLU 使用更高维的激活单元），SwiGLU 激活依然具有更好的性能。

（2）并行层

PaLM 在每个 Transformer 块中使用了并行的注意力机制。并行注意力机制有别于标准的"序列化"注意力机制。具体而言，标准公式可以写成：

$$y = x + MLP(LayerNorm(x + Attention(LayerNorm(x)))) \tag{9-8}$$

而并行公式可以写成：

$$y = x + MLP(LayerNorm(x)) + Attention(LayerNorm(x)) \tag{9-9}$$

由于 *MLP* 和 *Attention* 的输入矩阵乘法可以融合在一起，因此并行注意力机制可在大尺度上显著加速训练过程。

（3）多查询（Query）注意

PaLM 偏离了使用 k 个注意力头的标准 Transformer 配置。相反，它将输入矢量线性地投射到

形状为 $[k, h]$ 的 Query、Key 和 Value 张量中，其中 h 是注意头的大小。键/值投影是每个头共享的，而 Query 仍被投影到形状 $[k, h]$。这种方法对模型质量和训练速度没有影响，但在自回归解码过程中，它能显著节省成本。

（4）RoPE 嵌入

PaLM 采用 RoPE 嵌入而不是绝对或相对位置嵌入，因为它们在长序列长度上能表现出更好的性能。

（5）词汇

PaLM 使用具有 256000 个词元的词元表。词元表是由训练数据生成的，保留了空格，并将不在词元表内的 Unicode 字符分割成 UTF-8 字节，每个字节都对应一个词元。这意味着对训练数据的词元化（Tokenization）将会是无损并且可逆的。

2. 训练环境

PaLM 的训练和评估代码库基于 JAX 和 T5X，所有模型都在 TPU v4 Pod 上进行训练。通过模型并行和数据并行的组合，PaLM 在两个由数据中心网络（DCN）连接的 TPU v4 Pod 上训练进行训练。研究人员在每个 Pod 中使用 3072 个 TPU v4 芯片连接到 768 个主机，这是迄今为止描述的最大的 TPU 配置，能够有效地将训练扩展到 6144 个芯片，而不需要使用任何流水线并行。

流水线并行通常用于 DCN，因为它的带宽要求较低，并增加了并行化。它也有一些缺点，例如，流水线并行将训练批分成"微批"，这就造成了流水线"泡沫"（Bubble）的步骤时间开销，即在前向和反向传播的开始和结束时，几个设备在填充和清空流水线时处于空闲状态。此外，它需要更多的内存带宽，因为要从内存中为微型批次中的每个微型批次重新加载权重，而且在某些情况下，它增加了软件的复杂性。

PaLM 使用了如下的策略，使得其能高效利用两个 TPU v4 Pod 上的 6144 块 TPU 进行训练。每个 TPU v4 Pod 中的模型参数使用 12 路模型并行和 256 路完全分片的数据并行进行分区，每个 Pod 中都有一份完整的模型参数副本。

为了在单个 TPU v4 Pod 之外进行训练，PaLM 采用了 Pathways 系统的双向的 Pod 级数据并行，如图 9-11 所示。一个分片的数据流程序由一个 Python 客户端构建，该客户端在由 TPU Pod 组成的远程服务器上启动 JAX/XLA 工作。该程序包括用于 Pod 内前向+反向计算的组件 A（包括 Pod 内梯度下降），用于跨 Pod 梯度转移的转移子图，以及用于优化器更新的组件 B（包括本地和远程梯度的汇总）。该程序在每个 Pod 上执行 A 部分，将输出梯度转移到另一个 Pod，然后在每个 Pod 上执行 B 部分。Pathways 系统旨在通过掩盖调度 JAX/XLA 工作的延迟和分摊管理数据传输的成本，将程序执行扩展到所有的 TPU 上。

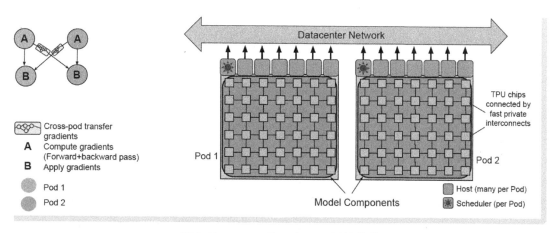

图 9-11　PaLM 的双向 Pod 训练结构

▶▶9.2.2　PaLM 训练策略与效果评估

这部分将着重介绍 PaLM 训练过程中的参数设定和一些技巧。

1. 超参设定

模型训练利用了大型 Transformer 语言模型的标准程序，如下所述。

1）权重初始化：PaLM 内核（Kernel）的权重采用 Fan-In Variance Scaling 进行初始化，输入的嵌入通过标准的正态分布进行初始化。

2）优化器设定：PaLM 采用了 Adafactor 优化器。该模型在最初的 10000 步更新中使用 10^{-2} 的学习率，然后以 $\dfrac{1}{\sqrt{k}}$ 的速度衰减，其中 k 是更新步数。全局梯度范数剪裁的值为 1.0，适用于所有模型参数。

3）损失函数：模型的训练采用标准的语言建模损失函数，它是所有标记的平均对数概率，没有进行标签平滑。

4）序列长度：所有模型都使用了 2048 的序列长度，输入的例子被串联起来，然后分成正好是 2048 个标记的序列。

5）批量大小：在所有模型的训练中，批量大小都在增加。最大的模型在第 $50k$ 步之前使用 512（100 万个词元）的批处理量，然后增加到 1024（200 万个词元），直到第 $115k$ 步，最后增加到 2048（400 万个词元），直到训练在第 $255k$ 步完成。

6）关于 Dropout：PaLM 模型的训练没有使用 Dropout。

2. 训练不稳定性

在训练 5400 亿参数的 PaLM 时，尽管启用了梯度剪裁，还是会出现大约 20 次损失的峰值。这些尖峰出现的时间不固定，在训练较小的模型时也并不会出现。

PaLM 采用了一个简单而有效的方法来缓解这个问题。训练从最初发生尖峰前约 100 步的训练状态重新开始，并跳过约 200 ~ 500 个数据批（Batch），包括尖峰之前和期间遇到的数据批。实施这种缓解技术成功地预防了损失函数在的同一点上再次出现尖峰。重要的是，值得注意的是，人们认为尖峰并不仅仅是由"坏数据"造成的。这是通过进行几次消融实验确定的，在这些实验中，从不同的早期检查点开始，对尖峰周围的相同数据批次进行训练。在这些情况下没有观察到尖峰。这表明，尖峰的发生取决于特定的数据批处理和模型参数的特定状态的组合。在未来的努力中，研究者们也打算进行进一步的研究，并开发一个更有原则的缓解策略来解决非常大的语言模型中的损失尖峰。

3. 模型表现

谷歌在大量的基准测试中验证了它们的模型表现，并宣称这些模型达到了最先进的水平。在大量的任务上，5400 亿参数的 PaLM 取得了突破性的性能，在多步骤推理任务上超过了微调模型的准确率，并在最近发布的 BIG-bench 基准上超过了人类的平均性能。

接下来将简要介绍 PaLM 在一些任务上的表现。

（1）英文文本任务

将 PaLM 540B 获得的结果与其他大型语言模型之前获得的最先进（SOTA）结果进行的对比如图 9-12 所示。其中只包括来自预训练语言模型的单一检查点评估结果，不包括任何采用微调或多任务适应的模型。

在单次测试中，PaLM 在 30 个任务中有 25 个任务超过了之前的 SOTA，而在少数次测试中，它在 30 个任务中有 29 个任务超过了之前的 SOTA。值得注意的是，PaLM 与之前的 SOTA 相比，在少样本学习的设定中取得了超过 10 个百分点的重大改进，特别是在阅读理解和自然语言推理（NLI）任务中。值得一提的是，虽然模型的大小对这些成就有所贡献，但 PaLM 在所有基准任务中甚至超过了类似规模的模型 Megatron-Turing NLG-530B。这表明，诸如预训练数据集、训练策略和训练期间观察到的词元数量等因素也极大地促进了这些特殊成果。

（2）BIG-bench

BIG-bench 是一个协作基准，旨在为大型语言模型制作具有挑战性的任务。它包括 150 多个任务，涵盖了各种语言建模任务，包括逻辑推理、翻译、问题回答、数学和其他。BIG-bench 包括文本任务和程序性任务。PaLM 在 BIG-bench 上的表现大幅超过了先前的大语言模型，甚至已经超过了人类平均水平，如图 9-13 和图 9-14 所示。

Task	0-shot		1-shot		Few-shot	
	Prior SOTA	PaLM 540B	Prior SOTA	PaLM 540B	Prior SOTA	PaLM 540B
TriviaQA (EM)	71.3[a]	**76.9**	75.8[a]	**81.4**	75.8[a] (1)	**81.4** (1)
Natural Questions (EM)	**24.7**[a]	21.2	26.3[a]	**29.3**	32.5[a] (1)	**39.6** (64)
Web Questions (EM)	**19.0**[a]	10.6	**25.3**[b]	22.6	41.1[b] (64)	**43.5** (64)
Lambada (EM)	77.7[f]	**77.9**	80.9[a]	**81.8**	87.2[c] (15)	**89.7** (8)
HellaSwag	80.8[f]	**83.4**	80.2[c]	**83.6**	82.4[c] (20)	**83.8** (5)
StoryCloze	83.2[b]	**84.6**	84.7[b]	**86.1**	87.7[b] (70)	**89.0** (5)
Winograd	88.3[b]	**90.1**	**89.7**[b]	87.5	88.6[a] (2)	**89.4** (5)
Winogrande	74.9[f]	**81.1**	73.7[c]	**83.7**	79.2[a] (16)	**85.1** (5)
Drop (F1)	57.3[a]	**69.4**	57.8[a]	**70.8**	58.6[a] (2)	**70.8** (1)
CoQA (F1)	**81.5**[b]	77.6	**84.0**[b]	79.9	**85.0**[a] (5)	81.5 (5)
QuAC (F1)	41.5[b]	**45.2**	43.4[b]	**47.7**	44.3[b] (5)	**47.7** (1)
SQuADv2 (F1)	71.1[a]	**80.8**	71.8[a]	**82.9**	71.8[a] (10)	**83.3** (5)
SQuADv2 (EM)	64.7[a]	**75.5**	66.5[d]	**78.7**	67.0[a] (10)	**79.6** (5)
RACE-m	64.0[a]	**68.1**	65.6[a]	**69.3**	66.9[a†] (8)	**72.1** (1)
RACE-h	47.9[c]	**49.1**	48.7[a]	**52.1**	49.3[a†] (2)	**54.6** (5)
PIQA	82.0[c]	**82.3**	81.4[a]	**83.9**	83.2[c] (5)	**85.2** (5)
ARC-e	76.4[e]	**76.6**	76.6[a]	**85.0**	80.9[a] (10)	**88.4** (5)
ARC-c	51.4[b]	**53.0**	53.2[b]	**60.1**	52.0[a] (3)	**65.9** (5)
OpenbookQA	**57.6**[b]	53.4	**55.8**[b]	53.6	65.4[b] (100)	**68.0** (32)
BoolQ	83.7[f]	**88.0**	82.8[a]	**88.7**	84.8[c] (32)	**89.1** (8)
Copa	91.0[b]	**93.0**	**92.0**[a]	91.0	93.0[a] (16)	**95.0** (5)
RTE	**73.3**[e]	72.9	71.5[a]	**78.7**	76.8 (5)	**81.2** (5)
WiC	50.3[a]	**59.1**	52.7[a]	**63.2**	58.5[c] (32)	**64.6** (5)
Multirc (F1a)	73.7[a]	**83.5**	74.7[a]	**84.9**	77.5[a] (4)	**86.3** (5)
WSC	85.3[a]	**89.1**	83.9[a]	**86.3**	85.6[a] (2)	**89.5** (5)
ReCoRD	90.3[a]	**92.9**	90.3[a]	**92.8**	90.6 (2)	**92.9** (2)
CB	48.2[a]	**51.8**	73.2[a]	**83.9**	84.8[a] (8)	**89.3** (5)
ANLI R1	39.2[a]	**48.4**	42.4[a]	**52.6**	44.3[a] (2)	**56.9** (5)
ANLI R2	39.9[e]	**44.2**	40.0[a]	**48.7**	41.2[a] (10)	**56.1** (5)
ANLI R3	41.3[a]	**45.7**	40.8[a]	**52.3**	44.7[a] (4)	**51.2** (5)

图 9-12 英文文本任务结果汇总

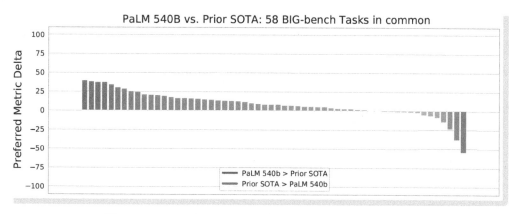

图 9-13 PaLM 在 BIG-bench 上与先前最佳模型的分数差

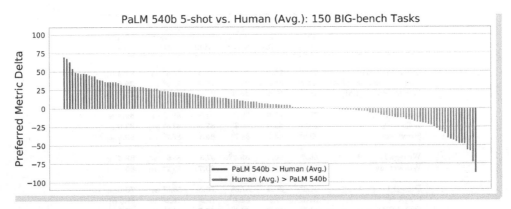

图 9-14　PaLM 在 BIG-bench 上与人类平均水平的分数差

（3）逻辑推理

PaLM 接受了一套推理任务的评估，这些任务需要多步骤的算术或常识性的逻辑推理来产生准确的反应。虽然语言模型已经表现出对各种任务的熟练程度，但人们普遍认为，在执行多步骤推理任务时，它们仍然遇到了挑战。该评估包括两大类推理基准：算数推理和常识性推理。

最近的研究提出了令人信服的证据，即大型语言模型可以通过在产生最终答案之前生成中间的推理步骤来实现明显的准确性提升。PaLM 即使用了类似的思想，称之为"链式启发"。在少样本学习的设定中，这些中间推理步骤是为少量的人为设置的样本提示的，而模型则为测试样本自主地生成自己的思维链。图 9-15 所示为引入链式启发后，PaLM 模型在推理方面能力巨大的提升，同时表现出对于 GPT 模型的稳定优势。

Model+Technique	Accuracy
PaLM 540B+chain-of-thought+calculator	**58%**
PaLM 540B+chain-of-thought	54%
PaLM 540B w/o chain-of-thought	17%
PaLM 62B+chain-of-thought	33%
GPT-3+finetuning+chain-of-thought+calculator	34%
GPT-3+finetuning+chain-of-thought+calculator+verifier	55%

图 9-15　PaLM 经过链式启发后的推理表现

（4）编程任务

谷歌将 PaLM 模型与几种不同的代码语言模型进行比较。首先，他们测试了 LaMDA 137B 参数模型。尽管 LaMDA 没有专门针对 GitHub 的代码进行训练，但 LaMDA 预训练数据中约有12.5%是与代码相关的网络内容，如问答网站和教程，被称为"代码网络文档"，这些网站内容也为 LaMDA 提供了一些代码合成的能力。

其次，他们将其与 Chen 等人描述的早期 Codex 模型 12B 进行了比较，后者专门在 HumanEval 数据集上展示了结果。

图 9-16 和图 9-17 所示为各模型在预训练和微调时使用的代码数量。

| | Code tokens | | Code web docs |
	Total code	Python	
LaMDA 137B	–	–	18B
Codex 12B	100B	100B	
PaLM 540B	39B	2.7B	–
PaLM-Coder 540B	46.8B	8.7B	–

图 9-16　不同的语言模型在训练时使用的代码数量（一）

| | | Pretraining only | | Code Finetuning | | | |
		LaMDA 137B	PaLM 540B	Codex 12B[a]	Davinci Codex*	PaLM Coder 540B	Other Work
HumanEval (0)	pass@100	47.3	76.2	72.3	81.7	**88.4**	–
MBPP (3)	pass@80	62.4[b]	75.0	–	**84.4**	80.8	–
TransCoder (3)	pass@25	–	79.8	–	71.7	**82.5**	67.2[c]
HumanEval (0)	pass@1	14.0	26.2	28.8	**36.0**	**36.0**	–
MBPP (3)	pass@1	14.8[b]	36.8	–	**50.4**	47.0	–
GSM8K-Python (4)	pass@1	7.6	**51.3**	–	32.1	50.9	–
TransCoder (3)	pass@1	30.2	51.8	–	54.4	**55.1**	44.5[c]
DeepFix (2)	pass@1	4.3	73.7	–	81.1	**82.1**	71.7[d]

图 9-17　不同的语言模型在训练时使用的代码数量（二）

特别的，谷歌完全在代码上进行进一步的微调，得到了 PaLM Coder 模型。他们采用了类似于 Chen 等人的方法。

微调过程包括两个阶段：1）使用 ExtraPythonData 中 60% 的 Python 代码、30% 的各种语言的代码（来自于预训练代码相同的数据，但不包括在预训练中）和 10% 的自然语言，对 65 亿个词元进行初始微调；2）使用 ExtraPythonData 中更多的 Python 代码对 19 亿个词元进行额外微调。合并后的微调数据达到 77.5 亿个词元，其中 59 亿个词元是 Python 代码，包括预训练和两个微调阶段的代码数据总量。PaLM Coder 540B 的性能显示出进一步的提高，在 HumanEval 上达到 88.4% 的通过率@ 100，在 MBPP 上达到 80.8% 的通过率@ 80。

图 9-18 说明了从 8B 到 62B 的性能比例，最终达到了 540B 模型。值得注意的是，与非微调模型相比，540B 模型在 HumanEval 通过率@ 100 方面有 +12% 的绝对改善，在 MBPP 通过率@ 80 方面有 +5% 的绝对改善。增加模型的规模可以持续提高所有数据集的性能。这表明即使已经达到了 540B 的规模，增加模型尺寸带来的性能提升还没有达到饱和。

总之，PaLM 作为一个 5400 亿参数的语言模型，它的成功揭示了大预言模型的具体能力在训练到足够的规模时，会出现大幅度提升，而且在未来的更大的模型迭代中可能表现出更加惊人潜力。

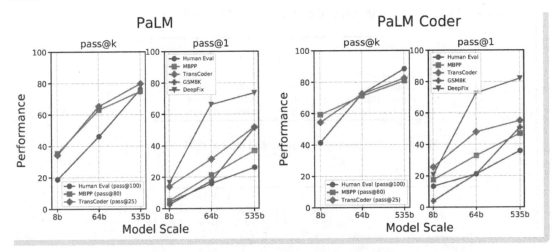

图 9-18　编程性能与模型大小的关系

值得注意的是，模型解释自身输出的能力，可以为人类更好地理解语言模型提供方向。然而，结果不止于此，PaLM 在推理上的成功表面上促使模型产生明确的推理链，从而可以极大地提高预测本身的质量。换句话说，模型的生成能力，而不仅仅是它的理解能力，甚至对于主要涉及分类预测或回归的任务来说也是非常有利的，在这些任务中通常不需要大量的语言生成。

9.3　PaLM 实战训练

本节手把手地引导读者编写和运行 PaLM 模型的训练代码。我们将以 Python 语言为例，结合实际案例，详细解读代码的关键部分和工作流程。无论是已经熟悉深度学习编程的读者，还是初学者都能在这一节中收获实践经验和编程技巧。

利用 colossal-AI 提供的便捷 API，比如 colossalai.initialize 来利用 colossalai.engine 进行模型训练，如下所示。

```
parser = colossalai.get_default_parser()
parser.add_argument("--from_torch", default=False, action="store_true")
args = parser.parse_args()



if args.from_torch:
```

```
    colossalai.launch_from_torch(config=args.config, seed=42)
else:
    # 标准 launch 步骤
    colossalai.launch(
        config=args.config,
        rank=args.rank,
        world_size=args.world_size,
        local_rank=args.local_rank,
        host=args.host,
        port=args.port,
        seed=42,
    )
...


engine, train_dataloader, _, _ = colossalai.initialize(
    model=model,
    optimizer=optimizer,
    criterion=criterion,
    train_dataloader=train_dataloader,
)
```

启用训练可以用如下指令。

```
env OMP_NUM_THREADS=12 torchrun --nproc_per_node <NUM_GPUS> \
    train.py --from_torch --config <CONFIG_FILE>.py
```

完整的用例在 hpcaitech/PaLM-colossalai 的项目目录。

实现Transformer向计算机视觉进军的ViT模型

▶▶▶▶▶▶

本章主要介绍 Vision Transformers（ViT）模型。首先，探讨 Transformer 在计算机视觉中的应用，重点关注 ViT 模型在计算机视觉中的发展背景。从介绍 ViT 模型的架构、原理和关键要素开始，到讨论大规模 ViT 模型的应用场景和挑战。之后讨论视觉大模型的进一步发展，特别是 Transformer 与卷积的融合，探索基于 Transformer 的视觉模型的改进应用，以及基于卷积的视觉模型的发展优化。通过比较和融合两种模型结构，讨论如何进一步提高计算机视觉任务的性能和效果。在 ViT 模型构建与训练实战部分，将深入讨论构建 ViT 模型的关键步骤和关键方法。本章的实战部分将带来多维张量并行的 ViT 的实战演练，帮助读者更好地理解和应用该模型。通过本章的学习，读者将了解到 Transformer 在计算机视觉领域的应用，以及 ViT 模型的构建和训练方法。这将为读者在计算机视觉任务中使用 Transformer 提供重要的参考和指导。

10.1 Transformer 在计算机视觉中的应用

大型视觉模型是一种先进的深度学习模型，专门用于设计计算机视觉任务。它们在图像分类、物体检测、图像分割等任务中推动了性能的界限。传统的计算机视觉模型主要使用卷积神经网络（CNN），但大型视觉模型通过引入新颖的架构和技术进一步增强了计算机视觉技术的性能。

大型视觉模型的一个显著特点是它们具备从大量数据中学习的能力，并能够捕捉图像中的复杂模式和关系。其中，变形器（Transformer）架构是大型视觉模型的重要组成部分。变形器最初是为自然语言处理任务设计的，但现在成功地应用于计算机视觉领域。其中最著名的大型视觉模型之一是视觉变换器（Vision Transformer，ViT），它直接将变形器架构应用于图像数据。

大型视觉模型的一般架构通常包括以下部分。

- 输入处理：对输入的图像进行预处理，为模型的输入做好准备。这个预处理步骤可能涉及调整大小、归一化或其他转换。
- 特征提取：大型视觉模型通常由多层组成，从输入图像中提取层次化的特征。这些层学习越来越复杂的表征，从而捕捉低层次和高层次的视觉信息。
- 空间和背景推理：大型视觉模型在捕捉图像中的长距离依赖性和上下文关系方面表现出色。它们利用了自我注意（Self-Attention）机制等技术，使模型在考虑全局背景的同时注意到图像的不同部分。
- 分类或回归：根据具体任务，模型的最终输出是通过分类或回归层产生的。这些层提供对所需输出的预测或估计，如物体标签或边界框坐标。

训练大型视觉模型通常需要大量的计算资源和大量的标记数据。诸如迁移学习（Transfer Learning）和大规模数据集的预训练等技术已经被用来缓解这些问题。通过在大型数据集上进行预训练，然后在特定任务的数据集上进行微调（Fine-Tuning），大型视觉模型可以很好地泛化并取得显著的性能。接下来，将对 ViT 模型进行综述，探讨其原理、特点以及在计算机视觉领域的应用。

ViT 模型的核心是变形器架构，该架构最初用于自然语言处理任务。通过自注意力机制，ViT 模型能够在图像数据中捕捉全局的关系和上下文信息，从而实现图像的特征提取和表示学习。ViT 模型将输入图像分割为一系列小的图像补丁，然后将这些补丁作为变形器的输入。这种分割图像的方式使得 ViT 模型能够处理任意大小的图像，并且在一定程度上减少了计算复杂度。

与其他大型视觉模型一样，ViT 模型通常需要在大规模数据集上进行预训练。预训练过程中，ViT 模型通过自监督学习等方法，学习到图像中的丰富特征。之后，通过在特定任务的数据集上进行微调，ViT 模型可以适应具体的视觉任务并取得良好的性能。

ViT 拥有如下广泛的应用领域。

- 图像分类：ViT 模型在图像分类任务中取得了令人瞩目的成绩。通过学习全局上下文信息，ViT 模型能够对图像进行细粒度分类，超越了传统 CNN 模型的性能限制。
- 物体检测与定位：ViT 模型在物体检测和定位任务中也取得了显著进展。通过对图像中的目标进行准确的检测和定位，ViT 模型为图像理解和分析提供了更全面的能力。
- 图像分割：ViT 模型在图像分割任务中的应用也备受关注。通过将图像分割为不同的区域，并对每个区域进行分类和分割，ViT 模型能够实现对图像中不同部分的精细理解和分析。
- 视觉问答和视觉推理：ViT 模型还可以应用于视觉问答和视觉推理等任务。通过将图像和问题进行结合，并通过模型生成准确的答案或推理结果，ViT 模型为图像和语言之间的跨模态理解提供了一种新的方法。

ViT 模型作为一种新兴的大型视觉模型，通过引入变形器架构和自注意力机制，取得了在计算机视觉领域的显著成果。其特点包括能够捕捉全局关系、处理任意大小的图像以及通过预训练和微调适应不同任务。ViT 模型在图像分类、物体检测、图像分割等任务中展现了强大的性能，同时也具备应用于视觉问答和视觉推理等领域的潜力。然而，ViT 模型仍面临一些挑战，如计算复杂度和对大规模数据的依赖性。未来的研究将进一步推动 ViT 模型的发展，提升其在计算机视觉领域的应用价值。

▶▶ 10.1.1　ViT 模型在计算机视觉中的发展背景

基于自我注意（Self-Attention）的架构，特别是 Transformer，已经成为自然语言处理（Natural Language Processing，NLP）的首选模型。占主导地位的方法是在大型文本语料库上进行预训练，然后在较小的特定任务数据集中进行微调。由于 Transformer 的计算效率和可扩展性，目前已经有可能训练出规模空前（参数量超过 100B，1B 为 10 亿）的模型。目前来看，随着模型和数据集的增长，Transformer 的性能仍然没有达到饱和的迹象。

然而，在计算机视觉问题中，基于卷积神经网络（CNN）的架构仍然占主导地位。目前为止，受 NLP 领域涉及问题的成功所启发，已经有多项工作尝试将类似 CNN 的架构与自我注意结合起来，甚至有些则完全替代了卷积神经网络。后者的模型虽然在理论上很有效，但由于使用了特有的注意力模式，在现代硬件加速器上还没有得到有效的扩展。因此，在大规模图像识别中，经典的基于 ResNet 的架构仍然是最先进的。

Dosovitskiy 和 Beyer 等人受到 NLP 中 Transformer 扩展成功的启发，尝试将一个标准的 Transformer 直接应用于图像，并尽可能少地进行修改。为此，研究人员将图像分割成斑块（Patch），并将这些斑块的线性嵌入序列作为 Transformer 的输入，其中图像斑块的处理方式与 NLP 应用中的单词（Word）相同，而后以监督的方式训练图像分类的模型。

▶▶ 10.1.2　ViT 模型的架构、原理和关键要素

如图 10-1 所示，标准 Transformer 接收一个一维符号嵌入序列作为输入。为了处理二维图像，将 $x \in R^{H*W*C}$ 的图像重塑为扁平化的二维斑块序列 $x_p \in R^{H*(P^2,C)}$，其中（H,W）是原始图像的分辨率，C 是通道数，（P,P）是每个斑块的分辨率，$N=HW/P^2$ 是产生的斑块的个数，也就是 Transformer 的有效输入序列长度。Transformer 在其所有层中使用恒定的潜伏向量大小 D，所以研究人员采用可训练的线性投影见式（10-1）将斑块扁平化并映射到 D 维。把这个投影的输出称作斑块嵌入（Patch Embedding）。

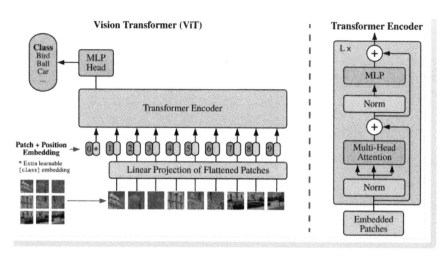

图 10-1 ViT 模型概述。研究人员将图像分割成固定大小的斑块，对每个斑块首先进行线性嵌入，
然后添加位置嵌入，再将得到的向量序列送入一个标准的 Transformer 编码器。为了进行
分类，研究人员在序列中添加一个额外的可学习的"类别标记"到序列中

$$z_0 = [\,x_{class}\,;x_p^1 E\,;x_p^2 E\,;\ldots\,;x_p^N E\,] + E_{pas}\,, E \in R^{(P^2 \cdot C) * D}\,, E_{pas} \in R^{(N+1) * D} \tag{10-1}$$

　　研究人员而后将一个可学习的嵌入（Embedding）预加到斑块嵌入的序列中（$z_0^0 = x_{class}$），其
在 Transformer 编码器输出的状态图像 y 如式（10-2）。在预训练和细调期间，一个分类头（Classification Head）被连接到 z_L^0。在预训练时，分类头是由一个具有一个隐藏层的多层感知器来实
现。研究人员而后将位置嵌入（Position Embedding）添加到斑块嵌入中以保留位置信息，进而使
用标准的可学习的一维位置嵌入。这是因为研究人员没有观察到使用更先进的二维感知位置嵌
入能够带来显著的性能提升。最后，由此生成的嵌入向量序列作为编码器的输入。

$$y = LN(z_L^0) \tag{10-2}$$

　　Transformer 编码器由多头自注意（Multiheaded Self-Attention，MSA）和多层感知器块的交替
层组成，如式（10-3）所示。在每个块之前应用线性标准化层（Layer-Norm，LN），在每个块之
后应用残差连接。

$$z_l' = MSA(LN(z_{l-1})) + z_{l-1},\ l = 1, \cdots, L$$
$$z_l = MSA(LN(z_l')) + z_l',\ l = 1, \cdots, L \tag{10-3}$$

　　值得注意的是，研究人员还发现，与 CNN 相比，ViT 的图像特定归纳偏差要小得多。在
CNN 中，局部性、二维邻域结构和翻译等价性在整个模型中被烘托到每一层；在 ViT 中，只有
多层感知器层是局部和翻译等价的（Translationally Equivariant），而自我注意层是全局的。二维
邻域结构的使用非常少，即在模型的开始阶段，将图像切割成斑块，并在微调时为不同分辨率的

图像调整位置嵌入。除此之外，初始化时的位置嵌入没有携带任何关于斑块的二维位置的信息，斑块之间的所有空间关系都要从头开始学习。

▶▶ 10. 1. 3 大规模 ViT 模型的应用场景和挑战

除了 10. 1. 1 节与 10. 1. 2 节中所介绍的 ViT 模型外，近期有更多的研究人员提出了通过扩展参数（例如增加层数）来达到更大规模的 ViT 模型。

1. DINOv2 模型

Oquab 和 Darcet 等人提出了一个名为 DINOv2 的一个新的系列的图像编码器，完成在没有监督的情况下对大型策划的数据的预训练。值得注意的是，论文是第一个关于图像数据的自监督研究工作，DINOv2 导致了所学习的视觉特征在不需要进行微调的情况下，在广泛的基准上缩小了与（弱）监督替代方案的性能差距。DINOv2 模型中出现了一些属性，例如物体部分和场景几何的理解。研究人员预计在更大的模型和数据规模下会出现更多的这些属性，类似于大型语言模型中的指令出现（Instruction Emergence）。

2. EVA-ViT 模型

在论文中，研究人员提出了名为 EVA-ViT 的一个以视觉为中心的基础模型，并且使用公开的数据来探索扩展的视觉表现的极限。EVA-ViT 是一个虚构的 ViT 模型，它经过预训练，可以在可见的图像斑块上重建被屏蔽的"图像-文本"对齐的视觉特征。通过预训练任务，研究人员可以有效地将 EVA-ViT 扩展到 10 亿个参数，并在广泛的代表性视觉下游任务中，在无需大量的监督训练的情况下创造新的记录，例如图像识别、视频动作识别、物体检测、实例分割和语义分割。此外，研究人员还观察到扩展 EVA-ViT 的参数量变导致了转移学习性能的质变，这在其他模型中是不存在的。

3. ViT-G 模型

在论文中，研究人员进一步扩大了 ViT 模型和所使用数据的规模，并描述了错误率、数据和计算之间的关系。在研究过程中，研究人员完善了 ViT 的架构和训练，在减少了内存消耗的前提下进一步提高了所产生的模型的准确性，从而成功训练了一个具有 20 亿个参数的 ViT 模型（名为 ViT-G），在 ImageNet 数据集上达到了 90.45% 的 Top-1 精度。ViT-G 模型对于 Few-Shot Transfer 也表现良好，例如，在 ImageNet 数据集每类只有 10 个例子的情况下，也达到了 84.86% 的 Top-1 精度。研究人员还证明了，有足够训练数据的 ViT 模型的性能边界大致遵循一个（饱和）幂律。为了保持在这个边界上，ViT 模型必须同时扩大计算量和规模。换句话来讲，当额外的计算量变得可用时，不增加模型的规模不是最优的。研究人员还证明了更大的模型样本效率要高得多。

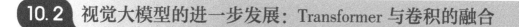

10.2 视觉大模型的进一步发展：Transformer 与卷积的融合

除了上节中所介绍的 ViT 模型外，近年来还出现了许多视觉大模型的进一步发展。这是因为尽管 ViT 在图像分类和视觉任务中表现出色，但仍然存在如下挑战和限制。

- 图像尺寸限制：ViT 的输入图像尺寸通常很大，需要分割成小块或进行缩小才能适应 Transformer 的输入要求。这可能会导致信息损失或增加计算开销。为了处理具有更高分辨率的图像或更大尺寸的输入，需要更高效的模型架构。

- 空间局部性：在 ViT 中，输入图像被分割成小块并被展平，而忽略了像素之间的空间局部性。这可能不利于某些任务，如物体检测或图像分割，其中像素之间的空间关系对结果的影响较大。因此，需要开发更适合处理空间局部性的模型。

- 数据效率：训练 ViT 通常需要大量的有标签图像数据。然而，有时很难获得大规模的标签数据集，尤其是对于一些特定领域或任务。因此，需要研究更具数据效率的模型，能够在小型数据集上获得良好的性能。

- 计算效率：ViT 的 Transformer 结构在处理大规模图像时可能会面临计算和内存开销的挑战。为了在实际应用中具有可行性，需要开发更加高效的模型，能够在有限的计算资源下进行训练和推理。

- 多模态任务：除了图像，许多视觉任务还涉及其他类型的输入数据，如文本、语音等。ViT 主要关注图像输入，并没有充分考虑多模态数据的处理。因此，为了处理多模态任务，需要发展能够有效融合不同类型输入的模型。

总之，尽管 ViT 是一种非常有前景的视觉大模型，但仍然存在一些挑战和限制。为了解决这些问题并进一步推动视觉任务的研究，需要不断发展和探索其他视觉大模型的架构和方法。下面将依次介绍近些年出现的基于 Transformer 的视觉模型与基于卷积的视觉模型。

▶▶ 10.2.1 基于 Transformer 的视觉模型的改进应用

为了扩大 Transformer 在计算机视觉问题上的通用性，论文的研究人员首先提出了 Swin V1-L 模型。他们观察到，将 Transformer 在自然语言处理领域的高性能转移到视觉领域的重大挑战可以用这两种模式之间的差异来解释，而这些差异之一涉及的就是尺度（Scale）问题。与作为自然语言 Transformer 的基本处理元素的单词标记不同，视觉元素在尺度上可以有很大的变化，而这个问题在物体检测等任务中会受到额外的关注。在现有的基于 Transformer 的模型中，标记都是一个固定的尺度，而这个属性并不适合这些视觉应用。另一个区别是，与文本段落中的字相比，图像中的像素分辨率要高得多。有许多视觉任务，如语义分割需要在像素层面进行密集的预测，而这对于高分辨率图像上的 Transformer 来说是难以实现的，因为其自我注意的计算复杂性与图像大小成二次方的关系。

1. Swin V1-L 模型

为了克服这些问题，研究人员提出了可以构建分层的特征图，并具有与图像大小成线性的计算复杂度的 Swin V1-L 模型。Swin V1-L 通过从小尺寸的斑块开始，在更深的 Transformer 层中逐渐合并相邻的斑块来构建一个层次化的表示。有了这些分层的特征图，Swin V1-L 模型可以方便地利用先进的技术进行密集的预测。除此之外，线性计算的复杂性是通过在分割图像的非重叠窗口内局部计算自我注意来实现的。每个窗口中的斑块数量是固定的，因此复杂性与图像大小呈线性关系。正是因为这些优点，使得 Swin V1-L 适合作为各种视觉任务的通用骨干。

Swin V1-L 的一个关键设计元素是它在连续的自我注意层之间的窗口分区的转移，其中移位后的窗口为前一层的窗口架起了桥梁，提供了它们之间的连接，大大增强了建模能力，如图 10-2 所示（在第 l 层（左），采用了一个常规的窗口划分方案，并在每个窗口内计算自我注意力。在下一个 l+1 层（右），窗口的划分被改变，从而产生了新的窗口。新窗口中的自我注意计算跨越了第 l 层中先前窗口的边界，从而提供了它们之间的联系）。这种策略在现实世界的延迟方面也是有效的，即一个窗口内的所有查询斑块共享相同的密钥集，因为有利于硬件的内存访问。相比之下，早期的基于滑动窗口的自我注意方法由于不同的查询像素有不同的密钥集，在一般的硬件上有低延迟的问题。论文中的实验表明，在建模能力上很相似的前提下，所提出的移位窗口方法比滑动窗口方法的延迟要低得多。

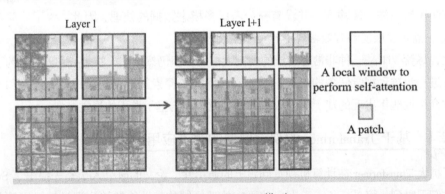

图 10-2 Swin V1-L 模型

2. Max-ViT 模型

Transformer 模型在计算机视觉方面火热应用的大环境下，论文的研究人员发现自我注意机制在图像大小方面缺乏可扩展性，此缺点限制了 Transformer 模型在视觉任务中的广泛应用。在论文中，研究人员提出了 Max-ViT 模型，该模型引入了一个高效且可扩展的注意力模型，结构如

图 10-3 所示［Max-ViT 虽然遵循了实践中典型的分层设计（例如 ResNet），但是建立一种新型的基本构件，即将 MBConv、Block 块和网格注意力层统一起来。该图省略了归一化和激活层］。具体来说，该模型有两个方面的创新，即阻塞的局部和扩张的全局注意力。这些设计允许在任意的输入分辨率上进行"全局-局部"的空间互动，而且使得该模型只有线性复杂性。Max-ViT 模型还包含一个新的结构元素，该元素将所提出的注意力模型与卷积有效地结合起来，通过在多个阶段重复基本的构建模块，创造出了一个简单的分层的视觉模型。除此之外，Max-ViT 能够在全局范围内"观察到"整个网络，即使在早期的高分辨率阶段。注意，虽然 Max-ViT 模型属于混合视觉 Transformer 的范畴，但 Max-ViT 与以前的方法不同的是，它力求通过设计一个统一卷积、局部和全局注意力的基本模块，并且简单地重复该模块来构建模型。实验表明，Max-ViT 在包括分类、物体检测和分割、图像美学评估和图像生成等任务上都取得了相当先进的性能。事实上，尽管 Max-ViT 是在视觉任务的背景下所构建的，但所提出的多轴方法也可以很容易地扩展到语言建模，以在线性时间内捕获局部和全局的依赖关系。其他形式的高维或多模态信号的稀疏注意（如视频、点云和视觉语言），也不是不可能在未来通过 Max-ViT 实现。

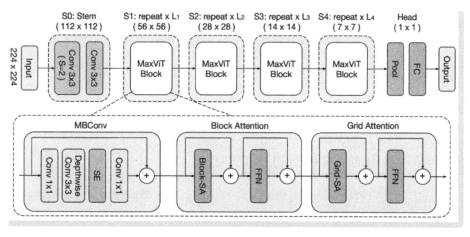

图 10-3　Max-ViT 模型

3. CoAtNet 模型

研究人员指出，虽然 ViT 在巨大的 JFT 300M 训练图像中表现出了令人印象深刻的结果，但在低数据体制下，其性能仍然落后于 CNNs。例如，在没有额外的 JFT-300M 预训练的情况下，ViT 的 ImageNet 准确性仍然明显低于模型规模相当的 CNNs。在随后的工作中，其他研究人员使用特殊的正则化和更强的数据增强来改进 ViT，但是在相同的数据量和计算量下，这些 ViT 变体仍然无法在 ImageNet 分类上超越先进的纯卷积模型。这样的结果表明 Transformer 层可能缺乏 CNNs 所拥有的某些理想的归纳偏差（Biases），因此需要大量的数据和计算资源来弥补。而最近的许多工作都在试图将 CNNs 的归纳偏差纳入 Transformer 模型，所使用的方法是为注意力层强加局部感受野，或者用隐式或显式卷积操作增强注意力和 FFN 层。然而，这些方法要么是临时性的，要么是专注于注入一个特定的属性，缺乏对卷积和注意力结合时各自作用的系统理解。

在论文中，研究人员从模型的泛化能力和逼近能力两个方面，系统地研究了卷积和注意力的混合问题。研究表明，由于强大的先验归纳偏差，卷积层往往具有更好的泛化能力和更快的收敛速度，而注意力层可以从更大的数据集中获益从而具有更高的模型容量。因此，结合卷积层和注意力层可以实现更好的泛化和容量，那么如何结合卷积层和注意力层从而实现准确性和效率之间的更好权衡，是论文所解决的一个重要难题。研究人员给出了两个关键的见解、首先他们观察到常用的深度卷积可以通过简单的相对注意力有效地合并到注意力层中；其次，以适当的方式简单地堆叠卷积层和注意力层，可以有效地实现更好的泛化和容量。基于以上这些发现，他们提出了一个简单而有效的 CoAtNet 模型，其基本架构如图 10-4 所示，同时具有享有 CNNs 和 Transformers 的优点。

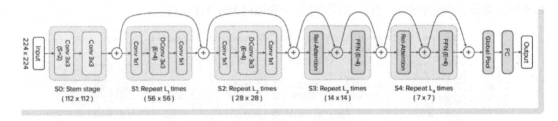

图 10-4　CoAtNet 的基本架构

▶▶ 10.2.2　基于卷积的视觉模型的发展优化

下面将重点探讨基于卷积的视觉模型的发展与优化，同时帮助读者理解如何选择和应用这些模型来解决实际问题，具体涵盖 3 个重要的模型：BiT 模型、NFNets 模型及 InternImage 模型。

BiT 是谷歌的一项研究，全称为 Big Transfer。BiT 采用大规模预训练和简单的微调策略，将预训练模型迁移到各种视觉任务上，取得了令人印象深刻的效果。

NFNets 是 DeepMind 的一个子项目，它打破了需要批量归一化才能成功训练深度神经网络的观念，开创了新的视觉模型训练方法。

InternImage 模型是一个基于深度学习的大规模图像理解系统，通过构建和预训练大规模的图像和文本对，使得该模型在多个视觉任务上展现出卓越的性能。

1. BiT 模型

研究人员重新审视了在一个大型的监督源数据集上进行预训练，然后在目标任务上细调权重的简单范式。他们的目标不是引入新的组件或者更高的复杂度，而是提供一个使用最少技巧但在许多任务上取得优异表现的方案，即 BiT 模型。研究人员在 3 种不同规模的数据集上训练模型，其中最大的模型 BiT-L 是在 JFT-300M 数据集（该数据集包含 3 亿个有噪声的标签图像）训练。研究人员还将 BiT 转移到许多不同的任务中，这些任务中的数据集共有 19 个，包括 ImageNet 的 ILSVRC-2012、CIFAR-10/100、Oxford-IIIT Pets、Oxford Flowers-102，以及 1000 样本的 VTAB-1k 等，其中训练集的大小从每类 1 个样本到 100 万个样本不等。最大的 BiT-L 模型在这些任务中的各个性能指标都达到了最先进的性能（见表 10-1，表格中显示了 3 次细调运行的中位数±标准差），而且在下游数据很少的情况下，BiT-L 的效果同样惊人。研究人员还提出了 BiT-M 模型，通过在 ImageNet-21k 数据集上训练后，发现与流行的 ILSVRC-2012 预训练相比，模型性能获得了明显的改进。注意，由于 BiT 只需要预训练一次，因此导致其后续对下游任务的细调所需要的成本更低，而相比之下其他先进的方法需要根据待解决的任务对支持数据进行广泛的训练。换句话说，BiT 对每个新任务只需要一个简短的细调操作，而且不需要对新任务进行广泛的超参数调整。

表 10-1　BiT-L 模型与其他先进的模型的 Top-1 精度对比

	BiT-L	其他先进性能
ILSVRC-2012	87.54±0.02	86.4
CIFAR-10	99.37±0.06	99.0
CIFAR−100	93.51±0.08	91.7
Pets	96.62±0.23	95.9
Flowers	99.63±0.03	98.8
VTAB（19 tasks）	76.29±1.70	70.5

　　研究人员还探讨了 BiT 转移到两类更具挑战性的任务的有效性，即经典的只有很少的带标签的例子来适应新的领域（Cross Domain）的图像识别任务，以及包含如空间定位、模拟环境、医疗和卫星成像的 VTAB 任务。他们指出 BiT 在这些复杂任务上的性能离饱和状态还很远，仍有很大的进步空间。

2. NFNets 模型

　　研究人员从批标准化（Batch Normalization）的角度去探究视觉大模型的性能，发现尽管批标准化是大多数图像分类模型的一个关键组成部分，但是它仍然由于批大小和样本之间的相互作用的依赖从而导致会有许多不理想的特性。他们指出尽管已有工作成功地训练了没有标准化层的深度 ResNets，但这些模型的性能并没有达到批量标准化网络的最佳测试精度，而且对于大学习率或庞大的数据增量来说往往是不稳定的。为了解决上述问题，研究人员提出了明显改进性能的无归一化的 NFNets 模型，并开发了一种自适应梯度剪裁技术克服了不稳定性。具体来说，研究人员建议如下。

- 研究人员提出了自适应梯度剪裁（Adaptive Gradient Clipping，AGC），根据梯度范数与参数范数的单位时间比值来剪裁梯度，并且证明 AGC 使模型能够以更大的批次规模和更强的数据增强来训练无标准化网络。

- 研究人员提出了一个无标准化的基于 Resnet 的 NFNets 模型，该模型在 ImageNet 上为一系列的训练延迟设定了新的最高精度。其中的 NFNet-F1 模型达到了类似于 EfficientNet-B7 的准确率，但是训练速度却被加快了约 8.7 倍。

- 利用上述技术和简单的架构设计原则所开发的 NFNets 系列模型，在不需要额外数据的情况下，在 ImageNet 上达到了最先进的性能，并且比其他对比模型的训练速度大大加快。实验还表明，无标准化的模型在非常大的数据集上进行预训练后，更适合进行细调。

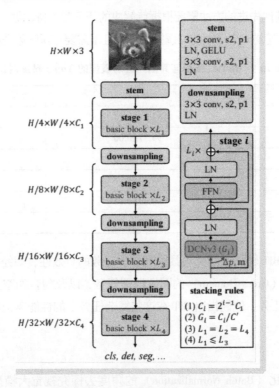

图 10-5 InternImage 的基本架构

3. InternImage 模型

为了弥合 CNNs 和 ViT 之间的差距，论文的研究人员首先从两个方面总结它们的区别。首先，从操作者层面来看，ViT 的多头自注意力（Multi-Head Self-Attention，MHSA）具有长距离的依赖性和自适应的空间聚合，受益于灵活的 MHSA，ViT 可以从海量数据中学习到比 CNN 更强大和稳健的表征。其次，从结构上看，除了 MHSA，ViT 还包含一系列标准 CNN 中没有的高级组件，如层标准化、前馈网络、GELU 等等。他们指出，尽管已有相关的工作通过使用具有非常大的内核（如 31×31）的密集卷积，将长距离的依赖关系引入到 CNN 中，但在性能和模型规模方面与先进的大规模 ViT 仍有相当大的差距。

为解决上述问题，在论文中，研究人员设计了一个基于 CNN 的基础模型，被称作 InternImage。其基本架构如图 10-5 所示，核心算子是 DCNv3，基本模块由层标准化（LN）和前馈网络（FFN）组成，干层（Stem）和下采样（Downsampling）层遵循传统 CNN 的设计，其中 s2 和 p1 分别指 stride 2 和 padding 1。该模型可以有效地扩展到大规模的参数和数据。他们从一个灵活的"卷积变体-可变形卷积"（Convolution Variant-Deformable Convolution，DCN）开始，通过将其与一系列类似于 Transformer 的定制块级和架构级设计相结合，设计了一个全新的卷积骨干网络。与其他改进的具有非常大内核的 CNN 不同，InternImage 的核心算子是一个动态稀疏卷积，常用的窗口大小为 3×3，这样做的好处有 3 点：1）由于其采样的偏差是灵活的，因此可以从给定的数据中动态地学习适当的感受野（长距离或短距离）；2）由于采样偏差和调制标度根据输入数据自适应调整，因此可以实现像 ViT 同样的自适应空间聚集，从而减少常规卷积的过度感应偏差；3）卷积窗口是普通的 3×3，从而避免了大密度内核带来的优化问题和昂贵成本。

10.3　ViT 模型构建与训练实战

本节将探讨 ViT 模型的构建及其实战训练。首先，着重介绍 ViT 模型的构建步骤和关键方法，并进行多维张量并行的 ViT 的实战演练。这个部分将从模型的初始化、权重分布、自注意力机制等关键步骤详细介绍，使得读者能深入理解 ViT 模型的构建过程和关键方法。之后，带领读者进行 ViT 模型的实战训练。这一部分将着重介绍如何进行多维张量并行训练，为大规模图像处理任务提供解决方案。我们将提供详尽的代码演示，一步步地引导读者如何使用 Python 和相关深度学习框架实现 ViT 模型的训练，以及如何优化和改进模型的性能。

总体来说，本节旨在帮助读者理解 ViT 模型的设计原理和构建方法，并通过实际的代码演练，提供一个全面的多维张量并行训练的 ViT 模型的实践教程。

▶▶ 10.3.1　构建 ViT 模型的关键步骤与关键方法

以下设定基础目录为 examples/tutorial/。

1）构建配置文件（/hybrid_parallel/configs/vit_pipeline.py）。

要在数据并行的基础上应用流水线并行，只需添加一个 parallel 的设置字典。

```
from colossalai.amp import AMP_TYPE
parallel = dict(
    pipeline=2
)
# 流水线并行设置
NUM_MICRO_BATCHES = parallel['pipeline']
TENSOR_SHAPE = (BATCH_SIZE // NUM_MICRO_BATCHES, SEQ_LENGTH, HIDDEN_SIZE)
fp16 = dict(mode=AMP_TYPE.NAIVE)
clip_grad_norm = 1.0
```

其他配置如下。

```
# 超参数
# 批量数是每个 GPU 的
# global batch size = BATCH_SIZE x data parallel size
BATCH_SIZE = 256
LEARNING_RATE = 3e-3
WEIGHT_DECAY = 0.3
NUM_EPOCHS = 300
WARMUP_EPOCHS = 32
# model config
IMG_SIZE = 224
PATCH_SIZE = 16
HIDDEN_SIZE = 768
DEPTH = 12
NUM_HEADS = 12
MLP_RATIO = 4
NUM_CLASSES = 10
CHECKPOINT = True
SEQ_LENGTH = (IMG_SIZE // PATCH_SIZE) ** 2 + 1  # 为 cls token 加 1
```

2）构建流水线模型（/hybrid_parallel/model/vit.py）。

Colossal-AI 提供了以下两种从现有模型构建流水线模型的方法。

```
colossal.builder.build_pipeline_model_from_cfg
colossalai.builder.build_pipeline_model
```

此外还可以使用 Colossal-AI 从头开始构建流水线模型。

```
import math
from typing import Callable
import inspect
import torch
from colossalai import nn as col_nn
from colossalai.registry import LAYERS, MODELS
```

```python
from colossalai.logging import get_dist_logger
from colossalai.core import global_context as gpc
from colossalai.context import ParallelMode
from colossalai.builder.pipeline import partition_uniform
from torch import dtype, nn
from model_zoo.vit.vit import ViTBlock, ViTEmbedding, ViTHead
@ MODELS.register_module
class PipelineVisionTransformer(nn.Module):
    def __init__(self,
                    img_size: int = 224,
                    patch_size: int = 16,
                    in_chans: int = 3,
                    num_classes: int = 1000,
                    depth: int = 12,
                    num_heads: int = 12,
                    dim: int = 768,
                    mlp_ratio: int = 4,
                        attention_dropout: float = 0.,
                    dropout: float = 0.1,
                    drop_path: float = 0.,
                    layernorm_epsilon: float = 1e-6,
                    activation: Callable = nn.functional.gelu,
                    representation_size: int = None,
                    dtype: dtype = None,
                    bias: bool = True,
                    checkpoint: bool = False,
                    init_method: str = 'torch',
                    first_stage=True,
                    last_stage=True,
                    start_idx=None,
                    end_idx=None,):
        super().__init__()
        layers = []
        if first_stage:
            embed = ViTEmbedding(img_size=img_size,
                                    patch_size=patch_size,
                                    in_chans=in_chans,
                                    embedding_dim=dim,
                                    dropout=dropout,
                                    dtype=dtype,
                                    init_method=init_method)
            layers.append(embed)
        # stochastic depth decay rule
```

```
        dpr = [x.item() for x in torch.linspace(0, drop_path, depth)]
        if start_idx is None and end_idx is None:
                start_idx = 0
                end_idx = depth
        blocks = [
                ViTBlock(
                dim=dim,
                num_heads=num_heads,
                mlp_ratio=mlp_ratio,
                attention_dropout=attention_dropout,
                dropout=dropout,
                drop_path=dpr[i],
                activation=activation,
                dtype=dtype,
                bias=bias,
                checkpoint=checkpoint,
                init_method=init_method,
                ) for i in range(start_idx, end_idx)
        ]
        layers.extend(blocks)
        if last_stage:
                norm = col_nn.LayerNorm(normalized_shape=dim, eps=layernorm_epsilon, dtype=dtype)
                head = ViTHead(dim=dim,
                               num_classes=num_classes,
                               representation_size=representation_size,
                               dtype=dtype,
                               bias=bias,
                               init_method=init_method)
                layers.extend([norm, head])
        self.layers = nn.Sequential(
                *layers
        )
    def forward(self, x):
        x = self.layers(x)
        return x
def _filter_kwargs(func, kwargs):
    sig = inspect.signature(func)
    return {k: v for k, v in kwargs.items() if k in sig.parameters}
def _build_pipeline_vit(module_cls, num_layers, num_chunks, device=torch.device('cuda'),
 **kwargs):
    logger = get_dist_logger()
    if gpc.is_initialized(ParallelMode.PIPELINE):
        pipeline_size = gpc.get_world_size(ParallelMode.PIPELINE)
```

```
        pipeline_rank = gpc.get_local_rank(ParallelMode.PIPELINE)
    else:
        pipeline_size = 1
        pipeline_rank = 0
    rank = gpc.get_global_rank()
    parts = partition_uniform(num_layers, pipeline_size, num_chunks)[pipeline_rank]
    models = []
    for start, end in parts:
        kwargs['first_stage'] = start == 0
        kwargs['last_stage'] = end == num_layers
        kwargs['start_idx'] = start
        kwargs['end_idx'] = end
        logger.info(f'Rank{rank} build layer {start}-{end}, {end-start}/{num_layers} layers')
        chunk = module_cls(**_filter_kwargs(module_cls.__init__, kwargs)).to(device)
        models.append(chunk)
    if len(models) == 1:
        model = models[0]
    else:
        model = nn.ModuleList(models)
    return model
def build_pipeline_vit(num_layers, num_chunks,
device=torch.device('cuda'), **kwargs):
    return _build_pipeline_vit(PipelineVisionTransformer, num_layers, num_chunks, device,
**kwargs)
```

▶▶ 10.3.2 多维张量并行的 ViT 的实战演练

修改训练脚本（/hybrid_parallel/train_with_cifar10.py）。

1）导入模块。

```
from colossalai.engine.schedule import (InterleavedPipelineSchedule,
                                        PipelineSchedule)
from colossalai.utils import MultiTimer
import os
import colossalai
import torch
from colossalai.context import ParallelMode
from colossalai.core import global_context as gpc
from colossalai.logging import get_dist_logger
from colossalai.nn import CrossEntropyLoss
from colossalai.nn.lr_scheduler import CosineAnnealingWarmupLR
from colossalai.utils import is_using_pp, get_dataloader
from model.vit import build_pipeline_vit
```

```
from model_zoo.vit.vit import _create_vit_model
from tqdm import tqdm
from torchvision import transforms
from torchvision.datasets import CIFAR10
```

2）启动 Colossal-AI。

colossalai. utils. is_using_pp 用于检查配置文件是否满足流水线并行的要求。

```
from colossalai.engine.schedule import (InterleavedPipelineSchedule,
                                        PipelineSchedule)
from colossalai.utils import MultiTimer
import os
import colossalai
import torch
from colossalai.context import ParallelMode
from colossalai.core import global_context as gpc
from colossalai.logging import get_dist_logger
from colossalai.nn import CrossEntropyLoss
from colossalai.nn.lr_scheduler import CosineAnnealingWarmupLR
from colossalai.utils import is_using_pp, get_dataloader
from model.vit import build_pipeline_vit
from model_zoo.vit.vit import _create_vit_model
from tqdm import tqdm
from torchvision import transforms
from torchvision.datasets import CIFAR10

# initialize distributed setting
parser = colossalai.get_default_parser()
args = parser.parse_args()
# launch from torch
colossalai.launch_from_torch(config=args.config)
# get logger
logger = get_dist_logger()
logger.info("initialized distributed environment", ranks=[0])
if hasattr(gpc.config, 'LOG_PATH'):
    if gpc.get_global_rank() == 0:
        log_path = gpc.config.LOG_PATH
        if not os.path.exists(log_path):
                os.mkdir(log_path)
        logger.log_to_file(log_path)
use_pipeline = is_using_pp()
```

3）定义模型。

```
# create model
model_kwargs = dict(img_size=gpc.config.IMG_SIZE,
                    patch_size=gpc.config.PATCH_SIZE,
                    dim=gpc.config.HIDDEN_SIZE,
                    depth=gpc.config.DEPTH,
                    num_heads=gpc.config.NUM_HEADS,
                    mlp_ratio=gpc.config.MLP_RATIO,
                    num_classes=gpc.config.NUM_CLASSES,
                    init_method='jax',
                    checkpoint=gpc.config.CHECKPOINT)
if use_pipeline:
    model = build_pipeline_vit(num_layers=model_kwargs['depth'], num_chunks=1, **model_
kwargs)
else:
    model = _create_vit_model(**model_kwargs)
```

4）计算不同流水线阶段上的模型参数个数。

```
# count number of parameters
total_numel = 0
for p in model.parameters():
    total_numel += p.numel()
if not gpc.is_initialized(ParallelMode.PIPELINE):
    pipeline_stage = 0
else:
    pipeline_stage = gpc.get_local_rank(ParallelMode.PIPELINE)
logger.info(f"number of parameters: {total_numel} on pipeline stage {pipeline_stage}")
```

5）构建数据加载器，优化器等组件。

```
def build_cifar(batch_size):
    transform_train = transforms.Compose([
        transforms.RandomCrop(224, pad_if_needed=True),
        transforms.AutoAugment(policy=transforms.AutoAugmentPolicy.CIFAR10),
        transforms.ToTensor(),
        transforms.Normalize((0.4914, 0.4822, 0.4465), (0.2023, 0.1994, 0.2010)),
    ])
    transform_test = transforms.Compose([
        transforms.Resize(224),
        transforms.ToTensor(),
        transforms.Normalize((0.4914, 0.4822, 0.4465), (0.2023, 0.1994, 0.2010)),
    ])
    train_dataset = CIFAR10(root=os.environ['DATA'], train=True, download=True, transform=
transform_train)
```

```
    test_dataset = CIFAR10(root=os.environ['DATA'], train=False, transform=transform_test)
    train_dataloader = get_dataloader(dataset=train_dataset, shuffle=True,
batch_size=batch_size, pin_memory=True)
    test_dataloader = get_dataloader(dataset=test_dataset,
batch_size=batch_size, pin_memory=True)
    return train_dataloader, test_dataloader


# craete dataloaders
train_dataloader, test_dataloader = build_cifar()
# create loss function
criterion = CrossEntropyLoss(label_smoothing=0.1)
# create optimizer
optimizer = torch.optim.AdamW(model.parameters(), lr=gpc.config.LEARNING_RATE, weight_decay
=gpc.config.WEIGHT_DECAY)
# create lr scheduler
lr_scheduler = CosineAnnealingWarmupLR(optimizer=optimizer,
                                    total_steps=gpc.config.NUM_EPOCHS,
                                    warmup_steps=gpc.config.WARMUP_EPOCHS)
```

6）启动 Colossal-AI 引擎。

```
# intiailize
engine, train_dataloader, test_dataloader, _ = colossalai.initialize(model=model,

        optimizer=optimizer,

        criterion=criterion,

        train_dataloader=train_dataloader,

        test_dataloader=test_dataloader)
logger.info("Engine is built", ranks=[0])
```

7）训练：基于 engine。

数据并行示例展示了如何使用 Trainer API 训练模型。这里还可以直接训练基于 engine 的模型。通过这种方式，可以使用更多自定义功能的训练方法。

```
data_iter = iter(train_dataloader)
for epoch in range(gpc.config.NUM_EPOCHS):
    # training
    engine.train()
    if gpc.get_global_rank() == 0:
        description = 'Epoch {} / {}'.format(
```

```
        epoch,
        gpc.config.NUM_EPOCHS
    )
    progress = tqdm(range(len(train_dataloader)), desc=description)
else:
    progress = range(len(train_dataloader))
for _ in progress:
    engine.zero_grad()
    engine.execute_schedule(data_iter, return_output_label=False)
    engine.step()
    lr_scheduler.step()
```

8）开始训练。

```
export DATA=<path_to_dataset>
# If your torch >= 1.10.0
torchrun --standalone --nproc_per_node <NUM_GPUs>  train_hybrid.py --config ./configs/config_
pipeline_parallel.py
# If your torch >= 1.9.0
# python -m torch.distributed.run --standalone --nproc_per_node = <NUM_GPUs> train_hybrid.py --
config ./configs/config_pipeline_parallel.py
```

使用其他并行手段训练 ViT 模型请见本书 3.3.2 节。

参 考 文 献

［1］ AGARWAL R C, BALLE S M, GUSTAVSON F G, et al. A three-dimensional approach to parallel matrix mul-
tiplication ［J］. IBM Journal of Research and Development, 1995, 39（5）: 575-582.

［2］ BIAN Z, XU Q, WANG B, et al. Maximizing parallelism in distributed training for huge neural networks ［D/
OL］. （2021-5-30）［2023-6-20］. https: //arxiv. org/abs/2005. 14165.

［3］ BROWN T B, MANN B, RYDER N, et al. Language models are few-shot learners（GPT-3）［C］. Virtual:
Advances in Neural Information Processing Systems, 2020.

［4］ BARHAM P, CHOWDHERY A, DEAN J, et al. Pathways: Asynchronous distributed data for ML ［C］.
Santa Clara: Conference on Machine Learning and Systems, 2022.

［5］ BROCK A, DE S, SMITH S L, et al. High-performance large-scale image recognition without normalization
［C］. Virtual: International Conference on Machine Learning, 2021.

［6］ CHEN M, TWOREKJ, JUN H, et al. Evaluating large language models trained on code ［D/OL］. （2021-7-14）
［2023-7-20］. https: //arxiv. org/abs/2107. 03374.

［7］ COBBE K, KOSARAJU V, BAVARIAN M, et al. Training veriers to solve math word problems ［D/OL］.
（2021-10-27）［2023-6-23］. https: //arxiv. org/abs/2110. 14168.

［8］ CHUNG H, HOU L, LONGPRE S, et al. Scaling Instruction-Finetuned Language Models ［D/OL］.
2022. https: //arxiv. org/abs/2210. 11416.

［9］ DAI Z, LIU H, LE Q V, et al. Coatnet: Marrying convolution and attention for all data sizes ［J］. Advances
in Neural Information Processing Systems, 2021, 34: 3965-3977.

［10］ DEVLIN J, CHANG M, LEE K, et al. BERT: Pre-training of deep bidirectional transformers for language
understanding ［C］. Minneapolis: the North American Chapter of the Association for Computational
Linguistics: Human Language Technologies, 2019.

［11］ DONG L, YANG N, WANG W, et al. Unified Language Model Pre-training for Natural Language Under-
standing and Generation ［J］. Advances in neural information processing systems, 2019: 32.

［12］ DOSOVITSKIY A, BEYER L, KOLESNIKOV A, et al. An image is worth 16x16 words: Transformers for
image recognition at scale ［D/OL］. （2021-6-3）［2023-6-30］. https: //arxiv. org/abs/2010. 11929.

［13］ DOSOVITSKIY A, BEYER L, KOLESNIKOV A, et al. An image is worth 16x16 words: Transformers for
image recognition at scale（ViT）［C］. Austria: In Proceedings of the International Conference on Learning
Representations, 2021.

［14］ DU N, HUANG Y, DAI A M, et al. GLaM: Efficient scaling of language models with mixture-of-experts

[D/OL]. (2021-12-13) [2023-6-24]. https://arxiv.org/abs/2112.06905.

[15] FAN S, RONG Y, MENG C, et al. DAPPLE: A pipelined data parallel approach for training large models [C]. Seoul: the 26th ACM SIGPLAN Symposium on Principles and Practice of Parallel Programming, 2021: 431-445.

[16] FANG Y, WANG W, XIE B, et al. Eva: Exploring the limits of masked visual representation learning at scale [D/OL]. (2022-11-13) [2023-6-30]. https://arxiv.org/abs/2211.07636.

[17] FEDUS W, ZOPH B, SHAZEER N. Switch transformers: Scaling to trillion parameter models with simple and efficient sparsity [J]. The Journal of Machine Learning Research, 2022, 23 (1): 5232-5270.

[18] GAO T, YAO X, CHEN D. Simcse: Simple contrastive learning of sentence embeddings [D/OL]. (2021-4-18) [2023-6-21]. https://arxiv.org/abs/2104.08821.

[19] GAO J, HE D, TAN X, et al. Representation degeneration problem in training natural language generation models [D/OL]. (2019-7-28) [2023-6-23]. https://arxiv.org/abs/1907.12009.

[20] HOFFMANN J, BORGEAUD S, MENSCH A, et al. Training compute-optimal large language models [D/OL]. (2023-5-26) [2023-6-20]. https://arxiv.org/pdf/2305.17126.

[21] HARLAP A, NARAYANAN D, PHANISHAYEE A, et al. PipeDream: Pipeline parallelism for DNN training [C]. Stanford: Proceedings of the 1st Conference on Systems and Machine Learning (SysML), 2018.

[22] HE K, CHEN X, XIE S, et al. Masked autoencoders are scalable vision learners [C]. New Orleans: Proceedings of the IEEE/CVF Conference on Computer Vision and Pattern Recognition, 2022.

[23] HUANG Y, CHENG Y, BAPNA A, et al. Gpipe: Efficient training of giant neural networks using pipeline parallelism [J]. Advances in neural information processing systems, 2019, 32.

[24] HOMANN J, BORGEAUD S, MENSCH A, et al. Training compute-optimal large language models [C]. Virtual: Conference on Empirical Methods in Natural Language Processing, 2020.

[25] JIA Z, ZAHARIA M, AIKEN A. Beyond data and model parallelism for deep neural networks [J]. Proceedings of Machine Learning and Systems, 2019, 1: 1-13.

[26] KOLESNIKOV A, BEYER L, ZHAI X, et al. Big transfer (bit): General visual representation learning [C]. Glasgow: Computer Vision-ECCV, 2020.

[27] LAN Z, CHEN M, GOODMAN S, et al. Albert: A lite bert for self-supervised learning of language representations [D/OL]. (2019-2-9) [2023-6-27]. https://arxiv.org/abs/1909.11942.

[28] LEWIS M, LIU Y, GOYAL N, et al. BART: Denoising Sequence-to-Sequence Pre-training for Natural Language Generation, Translation, and Comprehension [C]. Toronto: Association for Computational Linguistics, 2020.

[29] LIU L, LIU X, GAO J, et al. Understanding the Difficulty of Training Transformers [C]. Stockholm: Inter-

national Conference on Machine Learning（ICML 2018），2020.

［30］ LIU P J，CHUNG Y A，REN J. SummAE：Zero-Shot Abstractive Text Summarization using Length-Agnostic Auto-Encoders［D/OL］.（2019-10-2）［2023-6-23］. https：//arxiv. org/abs/1910. 00998.

［31］ LIU Z，LIN Y，CAO Y，et al. Swin transformer：Hierarchical vision transformer using shifted windows［C］. Montreal：IEEE/CVF international conference on computer vision，2021：10012-10022.

［32］ SHOEYBI M，PATWARY M，PURI R，et al. Megatron-lm：Training multi-billion parameter language models using model parallelism［D/OL］.（2019-9-17）［2023-6-26］. https：//arxiv. org/abs/1909. 08053.

［33］ NARAYANAN D，PHANISHAYEE A，SHI K，et al. Memory-efficient pipeline-parallel dnn training［C］. Virtual：International Conference on Machine Learning，2021：7937-7947.

［34］ QIU X，SUN T，XU Y，et al. Pre-trained models for natural language processing：A survey［J］. Science China Technological Sciences，2020，63（10）：1872-1897.

［35］ RADFORD A，NARASIMHAN K，SALIMANS T，et al. Improving language understanding by generative pre-training（GPT-1）［EB/OL］.（2018-12-23）［2023-6-23］OpenAI. 2018.

［36］ RADFORD A，WU J，CHILD R，et al. Language models are unsupervised multitask learners（GPT-2）［EB/OL］.（2019）［2023-6-23］. OpenAI.

［37］ RAFFEL C，SHAZEER N，ROBERTS A. et al. Exploring the limits of transfer learning with a unified text-to-text transformer（T5）［C］. Vancouver：In Advances in Neural Information Processing Systems，2019.

［38］ RAFFEL C，SHAZEER N，ROBERTS A，et al. Exploring the Limits of Transfer Learning with a Unified Text-to-Text Transformer［J］. The Journal of Machine Learning Research，2020，21（1）：5485-5551.

［39］ RAJBHANDARI S，RUWASE O，RASLEY J，et al. Zero-infinity：Breaking the gpu memory wall for extreme scale deep learning.（2021-4-16）［2023-6-23］. https：//arxiv. org/abs/2104. 07857.

［40］ RASLEY J，RAJBHANDARI S，RUWASE O，et al. Deepspeed：System optimizations enable training deep learning models with over 100 billion parameters. Virtual：26th ACM SIGKDD International Conference on Knowledge Discovery & Data Mining，2020，pp. 3505-3506.

［41］ REIMERS N，GUREVYCH I. Sentence-bert：Sentence embeddings using siamese bert-networks［D/OL］.（2019）［2023-6］. https：//arxiv. org/abs/1909. 08053.

［42］ REN J，RAJBHANDARI S，AMINABADI R Y，et al. Zero-offload：Democratizing billion-scale model training［D/OL］.（2021）［2023-6］. https：//arxiv. org/abs/2101. 06840.

［43］ SANH V，WEBSON A，RAFFLE C，et al. Multitask Prompted Training Enables Zero-Shot Task Generalization［C］. Virtual：The International Conference on Learning Representations（ICLR），2022.

［44］ SHAZEER N，MIRHOSEINI A，MAZIARZ K，et al. Outrageously large neural networks：The sparsely-gated mixture-of-experts layer［D/OL］.（2017-1-23）［2023-6-20］https：//arxiv. org/abs/1701. 06538.

[45] SHOEYBI M, PATWARY M, PURI R, et al. Megatron-lm: Training multi-billion parameter language models using model parallelism [D/OL]. (2019-9-17) [2023-6-25]. https://arxiv.org/abs/1909.08053.

[46] SMITH S, PATWARY M, NORICK B, et al. Using deepspeed and megatron to train megatron-turing nlg 530b, a large-scale generative language model [D/OL]. (2022-2-4) [2023-6-25]. https://arxiv.org/abs/2201.11990.

[47] SOLOMONIK E, DEMMEL J. Communication-optimal parallel 2.5 D matrix multiplication and LU factorization algorithms [C]. Bordeaux: Euro-Par 2011 Parallel Processing, 2011: 90-109.

[48] SONG K, TAN X, QIN T, et al. MASS: Masked Sequence to Sequence Pre-training for Language Generation [C]. Long Beach: International Conference on Machine Learning, 2019.

[49] SUN Y, WANG S, LI Y, et al. Ernie: Enhanced representation through knowledge integration [D/OL]. (2019-4-19) [2023-6-25]. https://arxiv.org/abs/1904.09223.

[50] TAY Y, DEHGHANI M, TRAN V Q, et al. UL2: Unifying Language Learning Paradigms [C]. Vancouver: IEEE / CVF Computer Vision and Pattern Recognition Conference, 2023.

[51] TU Z, TALEBI H, ZHANG H, et al. Maxvit: Multi-axis vision transformer [C]. Virtual: Computer Vision-ECCV 2022: 17th European Conference, 2022.

[52] LIU Z, LIN Y, CAO Y, et al. Swin transformer: Hierarchical vision transformer using shifted windows [C]. Montreal: IEEE/CVF international conference on computer vision, 2021.

[53] VASWANI A, SHAZEER N, PARMAR N, et al. Attention is all you need [C]. Long Beach: In Advances in Neural Information Processing Systems, 2017.

[54] WANG B, XU Q, BIAN Z, et al. Tesseract: Parallelize the Tensor Parallelism Efficiently [C]. Bordeaux: Proceedings of the 51st International Conference on Parallel Processing, 2022.

[55] WANG L, HUANG J, HUANG K, et al. Improving neural language generation with spectrum control [C]. Addis Ababa: International Conference on Learning Representations, 2020.

[56] WANG H, MA S, DONG L, et al. DeepNet: Scaling Transformers to 1,000 Layers [D/OL]. (2022-5-1) [2023-6-23]. https://arxiv.org/abs/2203.00555.

[57] WANG W, DAI J, CHEN Z, et al. Internimage: Exploring large-scale vision foundation models with deformable convolutions [D/OL]. (2022-11-10) [2023-6-30]. https://arxiv.org/abs/2211.05778.

[58] XIONG R, YANG Y, HED, et al. On Layer Normalization in the Transformer Architecture [J]. (2020-2-12) [2023-6-22]. https://arxiv.org/abs/2002.04745.

[59] XU Q, LI S, GONG C, et al. An efficient 2d method for training super-large deep learning models [D/OL]. (2021-4-12) [2023-6-20]. https://arxiv.org/abs/2104.05343.

[60] XUE L, Constant N, Roberts A, et al. mT5: A massively multilingual pre-trained text-to-text transformer

[D/OL]. (2020010-23) [2023-6-23]. https://arxiv. org/abs/2010. 11934.

[61] XUE L, BARUA A, CONSTANT N, et al. ByT5: Towards a token-free future with pre-trained byte-to-byte models [J]. Transactions of the Association for Computational Linguistics, 2021: 291-306.

[62] YANG B, ZHANG J, LI J, et al. Pipemare: Asynchronous pipeline parallel dnn training [J]. Proceedings of Machine Learning and Systems, 2021: 269-296.

[63] YOU Y, ZHANG Z, HSIEH C J, et al. Imagenet training in minutes [C]. Eugene: Proceedings of the 47th International Conference on Parallel Processing, 2018.

[64] YOU Y, Li J, REDDI S, et al. Large batch optimization for deep learning: Training bert in 76 minutes [C]. Addis Ababa: International Conference on Learning Representations, 2020.

[65] ZHAI X, KOLESNIKOV A, HOULSBY N, et al. Scaling vision transformers [C]. New Orleans: CVF Conference on Computer Vision and Pattern Recognition, 2022.